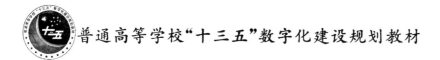普通高等学校"十三五"数字化建设规划教材

大学计算机基础——应用操作指导

主　编　刘相滨
副主编　唐文胜　谭湘键

内 容 简 介

本书是根据教育部高等院校非计算机专业计算机基础课程教学指导分委员会最新提出的大学计算机基础课程的教学要求,结合新形势下计算机应用的需要以及教学实践的具体情况而编写的《大学计算机基础——计算思维》的配套实践指导教材。

本书分为三部分。第一部分为实践指导,主要介绍了 Windows 7 和 Microsoft Office 2010(Microsoft Office Word 2010、Microsoft Office Excel 2010、Microsoft Office PowerPoint 2010)的操作。第二部分为实验,安排了 20 个实验,用以帮助读者加深对计算机应用知识的理解,熟练掌握 Windows 7 操作系统及 Microsoft Office 2010 等各种应用软件的操作方法,提高计算机的应用能力。第三部分为习题,主要给出了有关计算机基础知识的选择题并附参考答案,以巩固读者的基础知识和考查读者对基础知识的掌握情况,另外也提供了一些操作练习题,以提高读者实际操作能力。

本书也可独立使用,适合于高等院校非计算机专业本、专科学生学习,也可作为普通读者学习计算机基础知识的教程。

图书在版编目(CIP)数据

大学计算机基础:应用操作指导/刘相滨主编. —北京:北京大学出版社,2018.9
ISBN 978-7-301-29867-1

Ⅰ. ①大… Ⅱ. ①刘… Ⅲ. ①电子计算机—高等学校—教材 Ⅳ. ①TP3

中国版本图书馆 CIP 数据核字(2018)第 201959 号

书　　　名	大学计算机基础——应用操作指导 DAXUE JISUANJI JICHU——YINGYONG CAOZUO ZHIDAO
著作责任者	刘相滨　主编
责 任 编 辑	王　华
标 准 书 号	ISBN 978-7-301-29867-1
出 版 发 行	北京大学出版社
地　　　址	北京市海淀区成府路 205 号　　100871
网　　　址	http://www.pup.cn
电 子 信 箱	zpup@pup.cn
新 浪 微 博	@北京大学出版社
电　　　话	邮购部 010-62752015　　发行部 010-62750672　　编辑部 010-62765014
印 　刷 　者	长沙超峰印刷有限公司
经 销 者	新华书店
	787 毫米×1092 毫米　16 开本　19 印张　473 千字 2018 年 9 月第 1 版　2018 年 9 月第 1 次印刷
定　　　价	49.50 元

未经许可,不得以任何方式复制或抄袭本书之部分或全部内容。
版权所有,侵权必究
举报电话:010-62752024　电子信箱:fd@pup.pku.edu.cn
图书如有印装质量问题,请与出版部联系,电话:010-62756370

前　　言

随着计算机应用在各个领域的不断深入,高等院校的计算机基础教学面临着新的形势,因此要着重培养学生具备一定的计算机基础知识和基本技能,以及能利用计算机技术解决本专业领域问题的能力。

大学计算机基础是一门实践性很强的课程。本书分为三部分。第一部分为实践指导,主要介绍了 Windows 7 和 Microsoft Office(Microsoft Office Word 2010、Microsoft Office Excel 2010、Microsoft Office PowerPoint 2010)的操作;第二部分为实验,安排了 20 个实验,用以帮助读者加深对计算机应用知识的理解,熟练掌握 Windows 7 操作系统及 Microsoft Office 2010 等各种应用软件的操作方法,提高计算机的应用能力;第三部分为习题,主要给出了有关计算机基础知识的选择题并附参考答案,以巩固基础知识和考查对基础知识的掌握情况,另外也提供了一些操作练习题,以提高实际操作能力。

本书和《大学计算机基础——计算思维》配套使用,也可独立使用,适合于高等院校非计算机专业本、专科学生学习,也可作为普通读者学习计算机基础知识的教程。

本书由刘相滨教授担任主编,唐文胜、谭湘键担任副主编。第一部分中的第 1 章由李静编写,第 2 章由官理编写,第 3 章由丁亚军编写,第 4 章由汤清明编写,第 5 章由刘相滨编写;第二部分中的实验 1、9、10 由刘相滨编写,实验 2、3 由李静编写,实验 4、5 由秦宏毅编写,实验 6、7、8 由官理编写,实验 11、12 由丁亚军编写,实验 13、14 由汤清明编写,实验 15、16 由杨铁林编写,实验 17 由黄建平编写,实验 18 由杨林编写,实验 19 由唐文胜编写,实验 20 由谭湘键编写;第三部分由刘相滨编写。全书由刘相滨统稿。

苏文华、沈辉构思并设计了与本书配套的数字化教学资源的结构,余燕、付小军编辑了相关数字化教学资源内容,马双武、邓之豪组织并参与了配套教学资源的信息化实现,苏文春、陈平提供了版式和装帧设计方案。在此表示衷心感谢。

在本书的编写过程中,编者的同事给予了许多帮助和支持,特别是黄建平教授、黄金贵教授和苏文华博士对全书的编写工作提出了许多宝贵的指导意见,在此表示诚挚的谢意。此外,本书的编写还参考了大量文献资料和许多网站的资料,在此一并表示衷心的感谢。

由于时间仓促以及水平有限,书中错误和不当之处在所难免,恳请读者批评指正。

编　者
2018 年 3 月

目　　录

第一部分　实践指导

第1章　Windows 7 操作系统 … 2
- 1.1　Windows 的前世今生 … 2
  - 1.1.1　微软的兴起 … 2
  - 1.1.2　Windows 的诞生与发展 … 3
- 1.2　Windows 7 基本操作 … 16
  - 1.2.1　桌面和图标 … 16
  - 1.2.2　窗口管理 … 21
- 1.3　文件夹与文件管理 … 24
  - 1.3.1　文件和文件夹 … 24
  - 1.3.2　查看文件(夹) … 26
  - 1.3.3　管理文件(夹) … 28
- 1.4　Windows 7 系统设置 … 30
  - 1.4.1　外观和个性化 … 31
  - 1.4.2　时钟、语言和区域 … 31
  - 1.4.3　程序管理 … 32
  - 1.4.4　账户管理 … 33
  - 1.4.5　磁盘清理与维护 … 35
  - 1.4.6　任务管理器 … 36
  - 1.4.7　网络设置 … 37
- 1.5　Windows 7 的附件程序介绍 … 39
  - 1.5.1　记事本、写字板和便笺 … 40
  - 1.5.2　画图工具和截图工具 … 41
  - 1.5.3　计算器 … 41

第2章　Microsoft Office Word 2010 文字处理软件 … 42
- 2.1　Word 2010 概述 … 42
  - 2.1.1　Word 2010 的启动 … 42
  - 2.1.2　Word 2010 的退出 … 42
  - 2.1.3　Word 2010 的工作窗口 … 42
  - 2.1.4　快速访问工具栏 … 43
  - 2.1.5　文件 … 44
  - 2.1.6　视图按钮 … 48
- 2.2　开始工作 … 48
  - 2.2.1　剪贴板操作 … 49
  - 2.2.2　字体设置 … 50

2.2.3 段落设置 53
2.2.4 使用样式 53
2.2.5 查找替换 55
2.3 插入各种对象 57
2.3.1 页 58
2.3.2 表格 58
2.3.3 插图 64
2.3.4 页眉和页脚 71
2.3.5 特殊文本 71
2.3.6 公式 72
2.4 页面布局 73
2.4.1 主题 73
2.4.2 页面设置 73
2.4.3 页面背景 75
2.5 邮件功能 77

第3章 Microsoft Office Excel 2010 电子表格处理软件 81
3.1 Excel 2010 概述 81
3.1.1 Excel 2010 的基本功能 81
3.1.2 Excel 2010 的窗口组成 82
3.1.3 Excel 2010 的相关概念 83
3.2 工作表的基本操作 84
3.2.1 工作表的编辑 84
3.2.2 单元格的格式设置 91
3.2.3 工作表的管理 97
3.2.4 工作表的打印 100
3.3 数据处理与分析 103
3.3.1 单元格的引用 103
3.3.2 公式和函数 103
3.3.3 数据排序 108
3.3.4 数据筛选 109
3.3.5 数据分类汇总 110
3.3.6 建立数据透视表 111
3.3.7 数据图表 114

第4章 Microsoft Office PowerPoint 2010 演示文稿软件 117
4.1 PowerPoint 2010 概述 117
4.1.1 PowerPoint 2010 的基本功能 117
4.1.2 PowerPoint 2010 基础 118
4.2 演示文稿的基本操作 121
4.2.1 新建和保存演示文稿 121
4.2.2 幻灯片版式 121
4.2.3 幻灯片管理 122
4.2.4 放映幻灯片 123
4.3 幻灯片的编辑 123

4.3.1　插入文本 123
　　4.3.2　插入形状 125
　　4.3.3　插入图片 127
　　4.3.4　插入表格 128
　　4.3.5　插入图表 129
　　4.3.6　插入SmartArt图形 129
　　4.3.7　插入音频和视频 130
　　4.3.8　插入艺术字 130
　4.4　演示文稿的美化 130
　　4.4.1　幻灯片母版 131
　　4.4.2　主题 131
　　4.4.3　模板 132
　　4.4.4　背景 133
　4.5　幻灯片的放映 133
　　4.5.1　应用动画 133
　　4.5.2　幻灯片切换 135
　　4.5.3　幻灯片链接 135
　　4.5.4　幻灯片放映 136
　4.6　演示文稿输出 137
　　4.6.1　演示文稿打包 137
　　4.6.2　演示文稿打印 137

第5章　网页设计基础 139
　5.1　HTML语言 139
　5.2　HTML文件结构 139
　5.3　HTML常用标记 140

第二部分　实　　验

实验1　认识计算机 146
实验2　Windows 7的基本操作 154
实验3　Windows 7文件操作 159
实验4　Windows 7环境设置与系统维护 163
实验5　Windows 7操作系统综合实验 167
实验6　Word 2010文档编辑与格式编排 170
实验7　Word 2010文字排版与邮件合并 174
实验8　Word 2010图文混排 177
实验9　Word 2010长文档编排 181
实验10　Word 2010表格应用 188
实验11　Excel 2010工作表的创建与编排 195
实验12　Excel 2010数据分析与图表制作 199
实验13　PowerPoint 2010演示文稿编辑与格式化 206
实验14　PowerPoint 2010演示文稿放映 209
实验15　Internet信息检索与下载 212
实验16　电子邮件与文件传输 216

实验17　用HTML编写网页文件 …………………………………………………… 223
实验18　Access 2010 数据库应用实例 ………………………………………… 228
实验19 *　Adobe Photoshop 图像处理软件应用实例 ………………………… 237
实验20 *　Adobe Flash 动画制作 ………………………………………………… 248

第三部分　习　　题

一、选择题 ………………………………………………………………………………… 257
附　选择题参考答案 ……………………………………………………………………… 288
二、操作题 ………………………………………………………………………………… 290
参考文献 …………………………………………………………………………………… 296

第一部分

实践指导

第1章 Windows 7操作系统

操作系统是计算机最重要的系统软件,不仅高效地管理着计算机的各种软、硬件资源,而且为用户提供友好的操作界面,达到效率和易用性的统一。

从软件业巨头微软公司(Microsoft Corporation,MS)的创立到今天的霸主地位,历经了四十余年,开发了操作系统(MS-DOS、Windows)、办公自动化软件(Microsoft Office)和程序开发语言(Visual Studio)等几个系列的软件,为计算机的发展和应用做出了重要的贡献。

Windows操作系统从最初的Windows 1.0到今天的Windows 10,走过了坎坷与辉煌的发展历程。虽然Windows 10已经正式发布了两年多,但由于Windows 7的易用性,使其目前仍为计算机上使用最为广泛的Windows系统,因此,本章主要介绍Windows 7的操作。

1.1 Windows的前世今生

1.1.1 微软的兴起

时间追溯到1973年,一个来自于西雅图的18岁孩子比尔·盖茨(Bill Gates),如图1-1所示,以优异的成绩进入了他梦寐以求的哈佛大学。在这里,酷爱数学和计算机的他开始了对软件技术的钻研,写出"伟大的软件"是这个年轻人的目标和理想。也就是在这期间,比尔·盖茨开始了最初的商业尝试。他为当时的Altair 8800电脑设计出了第一款在微型计算机上使用的BASIC语言,这是一种简单易用的计算机程序设计语言,同时也是后来MS-DOS操作系统的基础——Microsoft BASIC。

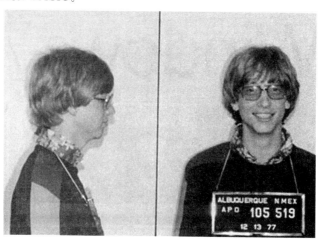

图1-1 年轻的比尔·盖茨

虽然在计算机方面取得了一些突破性的成功,但是在人才济济的哈佛,比尔·盖茨的综合成绩也只能算是一般。在大学三年级的时候,盖茨做出了一个令他人难以理解的决定,他从世界级学府哈佛退学了。凭借从 BASIC 项目上拿到的版权费,比尔·盖茨与孩提时代的好友保罗·艾伦(Paul Allen)在新墨西哥州中部城市 Albuquerque 一同创建了"Micro‑soft"("微型软件")公司。从此以后,比尔·盖茨把全部精力投入到了自己喜欢的事业。

1979 年,盖茨将公司迁往西雅图,并将公司名称从"Micro‑soft"改成了"Microsoft"(微软)。微软成立之初,正好赶上了个人电脑的研制成功,盖茨敏锐地察觉到了一个数字的时代即将到来。他们了解到当时最顶尖的计算机巨头 IBM 需要为自己的个人电脑产品寻找合适的、基于英特尔 x86 系列处理器的操作系统,于是就向 Tim Patterson 公司购买了他们的 QDOS 操作系统使用权,将其改名为 Microsoft DOS(微软磁盘操作系统),并进行了部分的改写工作,最终通过 IBM 公司在 1981 年推向了市场。

微软在接下来的几年中又推出了数个 MS‑DOS 操作系统版本,之后,MS‑DOS 的历史一直延续到了 20 世纪 90 年代的 6.x 版。微软是幸运的,MS‑DOS 在当时取得了不俗的销售量。此外,随着微软 BASIC 语言的推广,越来越多的公司开始使用微软的 BASIC 语言编写程序并与微软产品兼容。这样,微软的 BASIC 便逐渐成为公认的市场标准,公司也逐渐占领了整个市场,如图 1-2 所示为微软的巨头们,最左边为比尔·盖茨。

图 1-2　微软的巨头们

1.1.2　Windows 的诞生与发展

1981 年 8 月发行的 MS‑DOS 1.0 由 4000 行汇编代码组成,可以运行在 8 kB 的内存中。它没有图形界面,操作起来极其的不方便。而当时苹果公司的 Macintosh 操作系统具有了图形用户界面(Graphical User Interface,GUI),这种更直观的操作方式显然要比 DOS 的命令行来得更加友好。微软很清楚 GUI 将成为未来大众化操作系统的潮流,于是,他们便开始开发自己的 GUI 程序——界面管理器(Interface Manager),这就是此后三十多年来个人电脑(Personal Computer,PC)桌面操作系统的绝对霸主——Windows 的前身。

界面管理器并非真正的 Windows。事实上,直到 1983 年,微软才正式宣布开始设计 Windows——一个为个人电脑用户设计的图形界面操作系统。

1. Windows 1.x

Microsoft Windows 1.0 的设计工作花费了 55 个开发人员整整一年的时间,于 1985 年 11 月 20 日正式发布,售价 100 美元。Windows 1.0 基于 MS-DOS 2.0,支持 256 kB 的内存,显示色彩为 256 种颜色,支持鼠标操作和多任务运行,窗口(Window)成为 Windows 中最基本的界面元素,因此称为 Windows。

Windows 1.0 的窗口可以任意缩放,并且,与苹果的 Macintosh 只有一个居于顶部的系统菜单不同,每个 Windows 应用程序都有自己单独的菜单。此外,Windows 1.0 还包括了一些至今仍保留在 Windows 中的经典应用程序,如日历、记事本、计算器等等。如图 1-3 所示为 Windows 1.0 的工作界面。

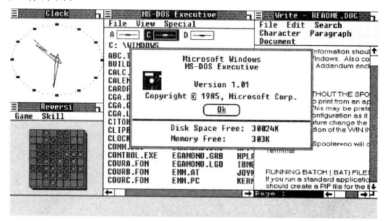

图 1-3　Windows 1.0 工作界面

尽管开创先河,但是用户对 Windows 1.0 的评价普遍不高,因为它的运行速度实在是很慢。在当时,最好的图形化个人电脑平台是 GEM 和 Desqview/X。

2. Windows 2.x

Windows 1.0 最初的失败并没有让微软停止前进,1987 年 12 月 9 日,Windows 2.0 发布,售价依然是 100 美元。

Windows 2.0 改进了 Windows 1.0 中一些不太人性化的地方,例如,我们熟悉的"最大化"和"最小化"按钮开始出现在了每个窗口的顶部。由于在图标的设计上,微软借鉴了一些 Mac OS 的风格和元素,还因此一度被苹果公司告上了法庭。除了界面上的改进,现在 Microsoft Office 系列的 Microsoft Word 和 Microsoft Excel 也初次在 Windows 2.0 中登场亮相。不到一年的时间,微软又相继发布了 Windows 2.1。如图 1-4 所示为

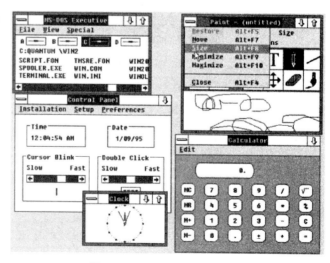

图 1-4　Windows 2.0 工作界面

Windows 2.0 的工作界面。

在当时，支持 Windows 的第三方软件还非常的少，但已经明显有越来越多的公司开始为 Windows 平台开发应用程序了。然而，从用户的反馈来看，Windows 2.0 依然不是一个成功的产品。

3. Windows 3.x

从 Windows 3.x 系列开始，微软的 Windows 操作系统才算真正走上了正轨，同时也为微软今天的辉煌埋下了伏笔。1990 年 5 月 22 日，Windows 3.0 正式发布。

前两个 Windows 版本糟糕的性能，可以说多少受到了当时硬件因素的制约。不过，这样的羁绊在 20 世纪 90 年代已经不复存在了，个人计算机的功能越来越强大，在用户的计算机上，Windows 的运行速度也随之流畅了起来。而微软也趁机在这个版本中加入了虚拟设备驱动的支持，使得 Windows 有了非常好的可扩展性，而这种优势也一直保持到了今天。虚拟技术的运用不仅提升了硬件兼容性，也提升了软件的兼容性，从 Windows 3.0 开始，MS-DOS 的程序终于可以在一个单独的窗口中运行了。此外，这一版本的操作系统还改进了内存管理技术和对 286、386 处理器的支持，并且有越来越多的 Windows 标准组件被加入。如图 1-5 所示为 Windows 3.0 的工作界面。

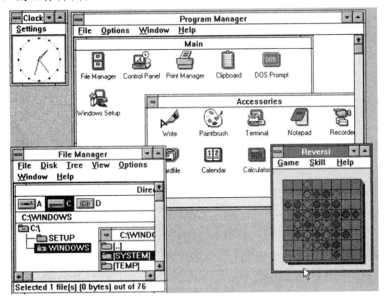

图 1-5 Windows 3.0 工作界面

借着 Windows 3.0 的成功，微软于 1992 年 3 月 18 日发布了 Windows 3.1。这是一个可靠性很高的版本，很少崩溃。多媒体技术的加入使这一版本开始支持音频和视频的播放。同时，Windows 3.1 引入可缩放的 TrueType 字体技术，使得 Windows 成了重要的桌面出版平台。如图 1-6 所示为 Windows 3.1 的工作界面。

接着，微软又分别在 1992 年底和 1993 年底发布了 Windows for Workgroups 3.1 和 Windows for Workgroups 3.11，加入了一系列的网络协议支持。随着 1992 年微软正式进入中国，Windows 逐渐开始在国内流行起来。1994 年发布的 Windows 3.2 是很多国内用户第一次接触的 Windows 操作系统，它的简单易用性深深吸引了中国的电脑玩家。Windows 3.2 根据

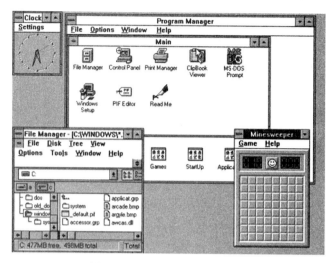

图 1-6　Windows 3.1 工作界面

Windows for Workgroups 做了不少本地化工作,事实上,这是微软针对中国市场而专门开发的产品,它只有中文版。如图 1-7 所示为 Windows 3.2 的工作界面。

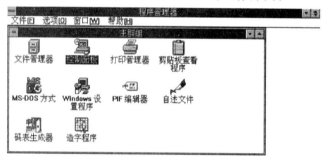

图 1-7　Windows 3.2 工作界面

1990 年,Windows 3.0 刚刚推出便一炮走红,只用了 6 周的时间便卖出了 50 万份拷贝,这是史无前例的。而 1992 的 Windows 3.1,仅仅在最初发布的 2 个月内,销售量就超过了 100 万份。至此,Windows 操作系统最终获得了用户的认同,并奠定了其在操作系统上的垄断地位。自那时起,微软的研发和销售也开始进入良性循环。1992 年,比尔·盖茨成为世界首富,轰动全球。

4. Windows NT 3.x

开发 Windows NT 的历史大概要追溯到 1988 年,这个系统本来是由微软和 IBM 联合研制的 NT OS/2。当时,微软试图打入工作站市场,而 Windows 支持的 Intel X86 芯片并不是工作站处理器,所以,微软就雇用了美国数字设备公司(Digital Equipment Corporation,DEC)的团队来专门开发这个产品。后来,由于 Windows 3.0 的成功,微软决定把 NT OS/2 的程序开发接口 OS/2 API 改为 Windows API。这一举动引起了 IBM 的不满,两家公司就此分道扬镲。IBM 继续开发自己的 OS/2,而微软则把 NT OS/2 改名为 Windows NT,并推向市场,这就是 Windows NT 3.1。如图 1-8 所示为 Windows NT 3.1 的工作界面。

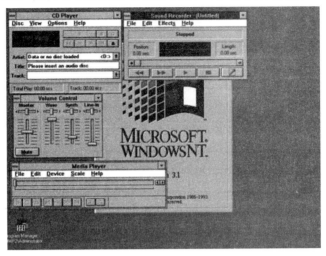

图 1-8　Windows NT 3.1 工作界面

关于 NT 这个名字的意思,有人说这是 New Technology(新技术)的缩写,另一种说法则认为这个名字来源于微软研发时使用的 Intel i860 CPU 模拟器,因为 Intel i860 CPU 的代号为"N-Ten"(N10),因而就有了 NT 这个名字。

Windows NT 3.1 于 1993 年发布。从表面上看,它和 Windows 3.1 并无太大区别。然而,由于采用完全重写的 32 位内核,注定了 Windows NT 是一个优秀的新产品,比 Windows 3.x 系列强大得多。它既可以在专业的工作站上使用,也可以在基于 Intel 芯片的 PC 上运行。从此,微软在商用和家用市场都有了自己的主打产品。

第二年,Windows NT 3.5 发布。这一次,微软把 NT 操作系统分为了工作站版本和服务器版本,这也为后来 NT 非商业系列的开花结果种下了种子。Windows NT 3.5 包括了新的开机画面,类似于 Windows for Workgroups 3.x 的用户界面以及改进的对象链接与嵌入(Object Linking and Embedding,OLE)技术。由于大量新技术的加入,Windows NT 3.1 和 3.5 成了微软在商用市场最好的试金石。如图 1-9 所示为 Windows NT 3.5 的工作界面。

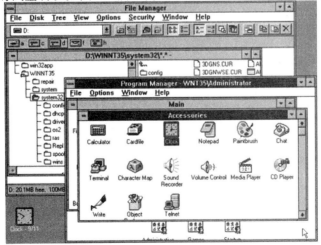

图 1-9　Windows NT 3.5 工作界面

5. Windows 95

1995年,是微软历史上最重要的里程碑之一,其深远的影响直至今日仍让人唏嘘感慨。

不管是 Windows 2.x 也好,还是 Windows 3.x 也好,它们都是基于 MS-DOS 的 Windows 系统,而微软希望在桌面市场能有一款像 NT 那样 32 位的操作系统,于是一款代号为"Chicago"(芝加哥)的操作系统被提上了开发日程,这就是 Windows 95。

1995 年 8 月 24 日,Windows 95 正式发行,这是第一款以年份来命名的 Windows,正式的版本号是 4.0。Windows 95 是一个 16/32 位混合模式的操作系统,它可以完全独立于 MS-DOS 运行。大量的组件和新概念在 Windows 95 中被引入,如开始菜单和任务栏这样的优秀桌面对象以及高性能的抢占式多任务和多线程技术,即插即用(Plug and Play)技术,更丰富的多媒体程序等等,如图 1-10 所示为 Windows 95 的桌面。由于这些功能的加入,Windows 95 也带动了一股硬件升级的狂潮。

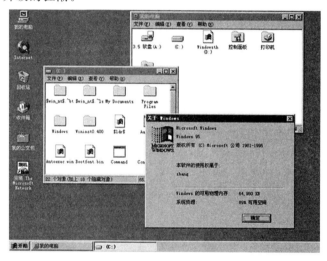

图 1-10 Windows 95 桌面

要想用上 Windows 95,你得有一块 100 MB 以上的硬盘与 16 MB 的内存,支持 640×480 分辨率和 256 色的显卡,在当时这还是一个很高的要求。也就是从这个版本开始,每一次的 Windows 重大升级,必将伴随着新一轮硬件的升级狂潮。同年年底,微软发布了 Windows 95 Service Release 1,紧接着又在第二年推出了 Windows 95 OEM Service Release 2(Windows 95 OSR2)。从此以后,Windows 操作系统正式支持 FAT32 文件系统格式,并开始捆绑互联网浏览器(Internet Explorer)。

微软在操作系统中捆绑互联网浏览器的举动引起了浏览器厂商网景公司的不满,他们认为这不公平。从此,反对微软垄断的运动逐渐兴起,并一直延续到了今天。由于 Windows 95 OSR2 的重要性,它甚至被有的人称为 Windows 97。

从各方面来看,Windows 95 都绝对是一个成功的产品,甚至可以说是有史以来最成功的操作系统。发布 Windows 95 的日子简直就是一个狂欢节,微软首先高价向滚石(Rolling Stones)乐队购买了歌曲"Start Me Up"的使用权并作为广告音乐,随后又在美国华盛顿州雷德蒙德市的微软总部举行了空前盛大的发布会。正因为这种强大的宣传攻势,很多没有电脑的顾客也开始排队购买软件,他们甚至根本不知道 Windows 95 是什么。短短 4 天时间,Windows 95 就卖出超过 100 万份拷贝。

6. Windows NT 4.0

其实,1995 年 5 月,微软发布了 Windows NT 3.51,这个版本的发布目的在于开始支持那些为 Windows 95 而设计的应用程序,微软甚至在这个系统中加入了和 Windows 95 一样的资源管理器。第二年,更接近于 Windows 95 的 Windows NT 4.0 问世。从这个版本开始,微软的 NT 系列产品终于开始走向成熟。

1996 年 6 月 29 日,Windows NT 4.0 正式发布。这个版本使用了 Windows 95 的桌面外观,增加了许多实用的服务管理工具,包括后来为微软征战 Web 服务器市场立下了汗马功劳的因特网信息服务(Internet Information Services,IIS)工具。不过,在桌面应用上,Windows NT 4.0 的易用性还是不能和 Windows 95 相提并论,它不支持新版的 DirectX 接口,这种情况直到后来的 Windows NT 5.0,也就是 Windows 2000 才有所改善。微软对 Windows NT 的技术支持一直持续了好几年,期间一共发布了 6 个服务包(Service Pack)来修补漏洞和提供一些新功能。由于不错的稳定性,Windows NT 4.0 在进入 21 世纪后仍被不少公司使用着。如图 1-11 所示为 Windows NT 4.0 的桌面。

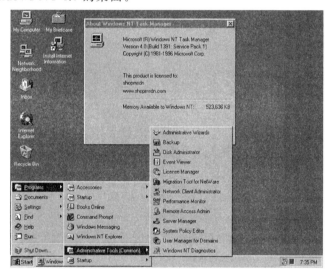

图 1-11　Windows NT 4.0 桌面

7. Windows 98

借着之前的成功,微软于 1998 年 6 月 25 日推出了 Windows 95 的接班人 Windows 98。Internet Explorer(IE 4.0)开始具有了类似资源管理器的界面,两者的紧密衔接也成为日后微软在其系统产品中捆绑 Internet Explorer 的重要理由。同时,快速启动栏(Quick Launch Bar)也作为重要的界面元素被加入,Windows 98 的安装程序比 Windows 95 更为方便易用,内存应用效率被大大提升,任务管理程序更加强大。在对 MMX 和 AGP 这些新硬件的支持上,Windows 98 也做了不小的改进,增加了 1 200 多个驱动程序的支持。据说,在对 Windows 95 的改进过程中,微软从源代码中清理了 3 000 多个 BUG。如图 1-12 所示为 Windows 98 的桌面。

Windows 98 SE(Second Edition,第二版)发行于 1999 年 6 月 10 日,它修正了前一版中的一些小问题,同时包括了一系列的更新,例如 Internet Explorer 5、Windows NetMeeting 3、局域网的 Internet 连接共享、对 DVD - ROM 和对 USB 的支持等等。而 DirectX 6.1 游戏接口的

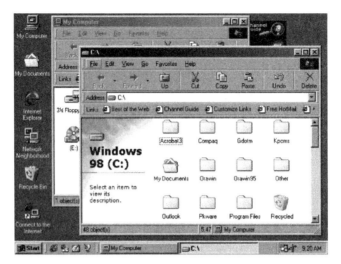

图 1-12 Windows 98 桌面

加入，更使得 Windows 系统成了绝佳的游戏平台。

总的来说，Windows 98 和 Windows 98 SE 都是成功的产品，在 PC 机上，占据了很长时间的统治地位。

在 Windows 98 SE 推出之后，微软又开始了其第三版的开发工作。后来这个系统被正式更名为 Windows Me（Millennium Edition），发行日期是 2000 年 9 月 14 日。Windows Me 的定位是家庭娱乐，相对于 Windows 98 来说更新并不大，主要升级了一些常用软件，如 Internet Explorer 5.5 和 Windows Media Player 7.0。同时，Windows Me 还新加入了一系列的小游戏，用来制作家庭电影的 Movie Maker 和并不成熟的"系统还原"技术。Windows Me 是最后一个 16/32 位混合模式的 Windows 9X 系列产品。正因如此，微软对这个操作系统的推广似乎也不太卖力，同时由于相对于 Windows 98 的更新并不多，Windows Me 并未获得用户们的普遍认同。很多人认为这几乎是微软在 Windows 3.0 以后，最失败的一次系统发布。然而，Windows Me 并非一无是处，它的开关机速度是所有 32 位 Windows 中最快的。而那些被大众批评为不成熟的新功能后来又以全新的面貌和更稳定的性能出现在了以 NT 内核为基础的个人操作系统上，微软对自己的 Windows 产品线再一次做出了重大的调整。

8. Windows 2000

在发布了 Windows NT 4.0 之后，微软 NT 产品线的下一个目标自然就是 Windows NT 5.0。不过微软又一次使用了年份来为 Windows 产品命名，1998 年 10 月，Windows NT 5 被更名为 Windows 2000。

Windows 2000 于 2000 年 2 月 17 日正式推出，针对不同的用户群体共发布了 4 个版本：Professional（专业版）、Server（服务器版）、Advanced Server（高级服务器版）以及 Data Center Server（数据中心服务器版）。其中，专业版其实是由以前的工作站（Workstation）版本演变而来，可以说是 NT 系列第一款真正意义上的桌面系统，这个版本为后来 Windows XP 的诞生做好了铺垫。而后面 3 个商业级的产品，标志着微软开始向服务器市场发起了强有力的冲击。Windows 2000 是一个革命性的产品，它包含了很多全新的技术。用户层和核心层的分离使得 NT 系统架构更加合理、稳定，而 NTFS 文件系统、EFS（文件加密系统）、RAID-5 存储方案、分布式文件系统、活动目录等大量新功能也在此时首次登场。在对硬件产品的支持上，

Windows 2000 的进步亦是相当的明显。对多路处理器的支持使得 Windows NT 可以作为专业的服务器使用,而全新的即插即用技术使我们能够方便地使用 USB、1394 等设备。同时,管理控制台(Microsoft Manager Control,MMC)也作为一个重要的管理工具被引入。而在 Windows NT 4.0 中不被支持的新游戏接口也被加入到了 Windows 2000 中,这就是 DirectX 7.0。但是,正因为大量新技术的加入,给 Windows 2000 带来了不少潜在的系统漏洞,这也为后来"冲击波"等蠕虫病毒的猖獗种下了祸根。如图 1-13 所示为 Windows 2000 的桌面。

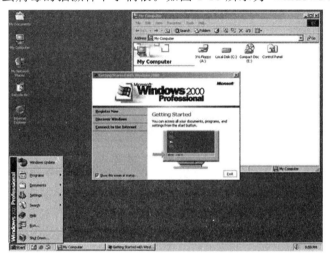

图 1-13 Windows 2000 桌面

Windows 2000 所取得的进步是前所未有的,虽然谈不上大红大紫,但它却是 Windows 95 后微软最为重要的产品。Windows 2000 的出现,意味着 Windows 9X 产品线终于走到了尽头,微软将以这个 NT 内核的产品为基础,重新划分 Windows 的市场体系。

9. Windows XP

早在 1999 年,Windows 2000 未发布的时候,微软就有推出一个 Windows 2000 家庭版的打算,这就是代号为"Neptune"(海王星)的操作系统,很可惜,在推出一个 Alpha 版本之后,这个计划便不幸夭折了。下一个家庭版的操作系统最终还是放在了 Win 9X 产品线上,也就是 Windows Me。不过微软并没有放弃为 Windows 2000 打造家庭版的打算,实际上"Neptune"是一个被代号为"Whistler"的产品取代了,这就是 Windows XP。

Windows XP 于 2001 年 8 月 24 日正式发布,没有按年份来命名,字母 XP 的意思是"体验"(由英文单词 Experience 而来)。Windows XP 的版本号是 5.1(也就是 Windows NT 5.1),最初只发行了两个版本:Professional(专业版)和 Home Edition(家庭版),后来又相继推出了 Media Center Edition(媒体中心版)、Tablet PC Edition(平板电脑版)等。如图 1-14 所示为 Windows XP 的桌面。

Windows XP 对 Windows 2000 进行了很多人性化的更新,使其更适应家庭用户。XP 继承并升级了 Windows Me 中的很多组件,包括 Media Player、Movie Maker、Windows Messenger、帮助中心和系统还原等等,此外,XP 还捆绑了 IE 6.0 和一个简单的防火墙。然而,越来越多的附加功能,也使微软遭到了越来越多的质疑。Windows XP 拥有全新设计的用户界面,这是自 Windows 95 以来,微软对 Windows 外观做的最大一次"整容手术"。此外,微软还为 Windows XP 编写了大量的硬件驱动程序,使得其兼容性有了进一步的提升。

图 1-14 Windows XP 桌面

软件兼容性同样是这次升级的重点，"兼容性"功能使得很多在 Windows 2000 上无法使用的 Win 9X 程序得以正常运行，而内置的 DirectX 8.1 更是大大提高了对游戏的支持程度。由于开发周期较短，Windows XP 在内核上相对于 Windows 2000 并没有太多的实质性改进。因而在后来 NT 病毒泛滥的日子里，Windows XP 也未能幸免。这一窘境直到 2004 年 Windows XP SP2（Service Pack 2）的推出后才得以缓解。

由于之前的几个 Windows 都饱受盗版之苦，Windows XP 改变了授权方式。在 30 天的试用期后，用户必须通过电话或者网络"激活"XP，否则就无法继续使用。这一改变遭到了用户们的猛烈批评，同时也导致了后来互联网上"破解版"和"免激活版"Windows XP 的四处蔓延。

虽然并没有造成像 Windows 95 那样万人空巷的抢购场面，但 Windows XP 依然是非常成功的。在发布后的几年内，Windows XP 逐渐普及，并成了市场占有率最高的主流操作系统。根据不完全统计，全球曾经共有 4 亿台 PC 安装了 Windows XP。

10. Windows Server 2003

在新的市场体系形成后，微软把原有的 NT 高端产品系列划分为 Windows Server 家族。与面向个人的 NT 系统（如 XP）不同，这一系列的产品继续使用年份来命名，所以，Windows Server 2003 和 XP 属于同一代产品。Windows Server 2003 于 2003 年 3 月 28 日问世，针对不同的商业需求，进一步细分为 Web 版、标准版、企业版和数据中心版。在对 Windows 2000 中的活动目录、组策略操作和管理、磁盘管理等众多服务器组件做了较大改进后，Windows Server 2003 在稳定性和安全性方面有了实质性的飞跃。其中，IIS6 的推出更是大大提升了 Windows Server 2003 作为 Web 服务器的可靠性。2005 年年中，微软发布了第一个补丁包（SP1），为 Windows Server 2003 提供了那些在 Windows XP SP2 中包含的安全性更新。同年年底，微软又推出了 Windows Server 2003 R2，包含了很多原版中不具备的新功能。如图 1-15 所示为 Windows Server 2003 的桌面。

正是从 Windows Server 2003 开始，微软在高端服务器市场才算真正拥有了一款具备足够竞争力的操作系统产品。

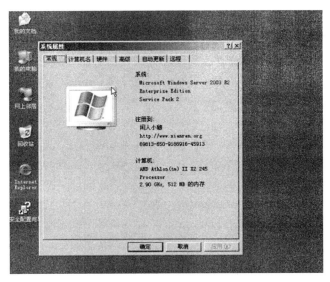

图 1-15　Windows Server 2003 桌面

11. Windows Vista

Windows Vista 的开发代号为"Longhorn",原定于 2003 年发布,最初被定位为个人操作系统,是 Windows XP 和再下一代操作系统(也就是"Blackcomb")之间的过渡产品。但是后来微软把越来越多的功能加入到了这个系统中,导致发布计划一拖再拖,甚至被嘲笑为一个"永远都发布不了的产品"。到了 2004 年,Longhorn 甚至还无法推出一个像样的测试(Beta)版本。此后,微软终于下定决心,砍掉部分功能,为 Longhorn 计划全面"瘦身"。2005 年 7 月,微软将 Longhorn 正式更名为 Windows Vista(版本号 6.0)。几天之后,微软发布了 Windows Vista 的 Beta1 版,之后又在次年的 5 月推出具有完整功能的 Beta2 版。

Windows Vista 于 2007 年 1 月正式交付使用。但是,Windows Vista 可以说是微软的灾难,其硬件和软件系统存在严重兼容问题,用户账号控制功能让用户苦恼。还因 Aero 3D 界面与宣传不符遭集体诉讼。虽然是 Windows XP 的升级产品,但用户还是坚持使用 Windows XP。

说起来很有趣,微软这期间的几个产品代号都是有一定内在联系的。在温哥华的北面有一个北美最好的滑雪胜地,那里是微软的职员最喜欢的度假地点之一。其中最有名的两座山就是 Whistler(惠斯勒山)和 Blackcomb(黑梳山)。Whistler 是 Windows XP 的开发代号,而 Longhorn(长牛角)是两座山中间的一个小酒馆。很多来这个滑雪胜地的人从 Whistler 山滑下来之后,都要到这个 Longhorn 小酒馆去休息片刻,接着再去挑战 Blackcomb。因此,自然而然地,Longhorn 接班人的代号就应该是 Blackcomb 了。

12. Windows 7

Blackcomb 是微软对 Windows 未来的版本的代号,原本安排于 Windows XP 后推出。但是在 2001 年 8 月,"Blackcomb"突然被宣布延后数年才推出,取而代之的是代号"Longhorn"的 Windows Vista。

为了避免把大众的注意力从 Vista 上转移,另一方面,重组不久的 Windows 部门也面临着整顿,因而,微软起初并没有透露太多下一代 Windows 的信息。

2006年初，Blackcomb 被重命名为 Vienna（维也纳），然后又在 2007 年改称 Windows Seven。2008 年，微软终于宣布正式版的名称为 Windows 7。

直到 2009 年 4 月 21 日发布预览版，微软才开始对这个新系统进行商业宣传，随之进入大众的视野。2009 年 7 月 14 日，Windows 7 7600.16385 编译完成，标志着 Windows 7 历时三年的开发正式完成。

Windows 7 的设计主要围绕五个重点——针对笔记本电脑的特有设计，基于应用服务的设计，用户的个性化，视听娱乐的优化，用户易用性的新引擎。

与 Windows Vista 相比，Windows 7 简化了界面，增加了更多设备支持，提升了性能，关闭了大部分令人讨厌的安全提示等。跳跃列表、系统故障快速修复等这些新功能令 Windows 7 成为最易用的 Windows，是使用最广泛的 Windows 系统。

（1）易用。Windows 7 简化了许多设计，如快速最大化，窗口半屏显示，跳转列表（Jump List），系统故障快速修复等。

（2）简单。Windows 7 让搜索和使用信息更加简单，包括本地、网络和互联网搜索功能，直观的用户体验将更加高级，还整合了自动化应用程序提交和交叉程序数据透明性。

（3）效率。Windows 7 中，系统集成的搜索功能非常强大，只要用户打开开始菜单并输入搜索内容，无论要查找应用程序、文本文档等，搜索功能都能自动运行，给用户的操作带来极大的便利。

（4）小工具。Windows 7 的小工具取消了像 Windows Vista 的边栏，这样，小工具可以单独在桌面上放置。2012 年 9 月，微软停止了对 Windows 7 小工具下载的技术支持，原因是因为 Windows 7 和 Windows Vista 中的 Windows 边栏平台具有严重漏洞。黑客可随时利用这些小工具损害你的电脑、访问你的电脑文件、显示令人厌恶的内容或更改小工具的行为。黑客甚至可能使用某个小工具完全接管你的电脑。微软已在 Windows 8 RTM 及后续版本中停用此功能。

（5）高效搜索框。Windows 7 系统资源管理器的搜索框在菜单栏的右侧，可以灵活调节宽窄。它能快速搜索 Windows 中的文档、图片、程序、Windows 帮助甚至网络等信息。Windows 7 的搜索是动态的，当我们在搜索框中输入第一个字的时刻，系统的搜索就已经开始工作了，大大提高了搜索效率。

13. Windows 8

2009 年 11 月，微软在发布 Windows 7 之后举行的"2009 年微软专业开发者大会"上展示了代号为"Windows 8"的微软最新产品路线图，并预告产品在 2012 年内推出。

2011 年 5 月，微软前首席执行官兼总裁史蒂夫·鲍尔默表示，2012 年将推出新一代的 Windows 8 操作系统，系统将支持 ARM 架构，包括平板电脑、移动设备、笔记本电脑等，预告微软将持续发展 5 大类技术领域，包括更自然的用户界面、语言、HTML 和 JavaScript、云技术。其中用户界面将涵盖语音识别、体感识别、手写识别、触摸屏等。

2011 年 6 月，微软官方正式发布 Windows 8 将会开发平板设备，同时将会针对多点触控操作模式予以调整，同时未来也将能以跨硬件平台的模式使用在各类设备上，诸如手机或平板等移动设备。

2012 年 6 月，微软前首席执行官兼总裁史蒂夫·鲍尔默在记者会上公开微软将推出自家的第一款平板电脑 Microsoft Surface 以推动 Windows 8 的发行。

2012 年 10 月 25 日(北京时间 26 日),微软在纽约宣布 Windows 8 正式上市,自称触摸革命将开始。2012 年 10 月 26 日,微软正式推出 Microsoft Surface。

如图 1-16 所示为 Windows 8 的桌面。

图 1-16 Windows 8 桌面

Windows 8 针对触摸屏设备进行了诸多优化,但删除了开始按钮而令用户抱怨不已。更糟糕的是,桌面上运行的应用在平板电脑部分无法兼容。因而,自发布以来,市场反响并不热烈,不少人都将 Windows 8 称作是另外一个版本的 Windows Vista。

14. Windows 10

2014 年 10 月 1 日,微软在旧金山召开新品发布会,对外展示了新一代 Windows 操作系统,将它命名为"Windows 10",新系统的名称跳过了数字"9"。

2015 年 1 月 21 日,微软在华盛顿发布新一代 Windows 系统,并表示向运行 Windows 7、Windows 8.1 以及 Windows Phone 8.1 的所有设备提供,用户可以在 Windows 10 发布后的第一年享受免费升级服务。

2015 年 7 月 29 日,微软正式发布 Windows 10,不仅修复了 Windows 8 犯下的众多错误、改进了设计界面,还带来了更加强大的功能,包括:开始菜单回归、Cortana 语音搜索、全新的通知中心、全新的 Edge 浏览器、虚拟桌面以及 Windows Hello 安全登陆等,成了智能手机、PC、平板、Xbox One、物联网和其他各种办公设备的心脏,使设备之间提供无缝的操作体验。

据称,Windows 10 将是微软发布的最后一个独立 Windows 版本,下一代 Windows 将作为更新形式出现,即未来 Windows 将作为软件服务方式提供。

如图 1-17 所示为 Windows 10 的桌面。

15. Windows Server 2008/2012/2016

Windows Server 2008 是新一代 Windows Server 操作系统,继承于 Windows Server 2003 R2,于 2008 年 1 月正式发布。

Windows Server 2008 建立在优秀的 Windows Server 2003 操作系统的成功和实力以及 Service Pack 1 和 Windows Server 2003 R2 中采用的创新技术的基础之上,但是 Windows Server 2008 不仅仅是先前各操作系统的提炼。Windows Server 2008 旨在为组织提供最具生产力的平台,为基础操作系统提供了令人兴奋的重要新功能和强大的功能改进,促进应用程

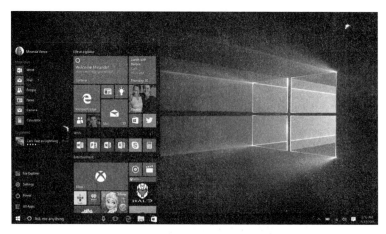

图 1-17 Windows 10 桌面

序、网络和 Web 服务从工作组转向数据中心。

除了新功能之外，与 Windows Server 2003 相比，Windows Server 2008 还为基础操作系统提供了强大的功能改进。值得注意的功能改进包括：对网络、高级安全功能、远程应用程序访问、集中式服务器角色管理、性能和可靠性监视工具、故障转移群集、部署以及文件系统的改进，从而可以帮助组织最大限度地提高灵活性、可用性和对其服务器的控制。

Windows Server 2012 是 Windows Server 2008 R2（第一个只提供 64 位版本的服务器操作系统）的继任者，于 2012 年 9 月 4 日正式发售。

Windows Server 2016 是微软于 2016 年 10 月 13 日正式发布的最新服务器操作系统，在整体的设计风格与功能上更加靠近了 Windows 10。

1.2 Windows 7基本操作

Windows 7 根据用户、消费级别提供了入门级、家庭普通版、家庭高级版、专业版、企业版及旗舰版 6 个版本。本节将介绍 Windows 7 旗舰版的基本功能和常用的操作。

1.2.1 桌面和图标

计算机加电后，如果启动正常，将直接启动 Windows 7 操作系统。如果系统设置了用户及密码，则在启动过程中要求输入或选择用户名并输入正确的密码后才能进入系统。

Windows 7 启动后展现在我们面前的屏幕画面称为桌面，主要由桌面图标、任务栏和桌面背景等部分组成，如图 1-18 所示。

图 1-18　Windows 7 桌面

1. 桌面图标

在 Windows 7 的桌面上通常会有一些小图形加上文字说明的对象,这些小图形称为图标。图标是用来代替具体的对象,如"计算机""网络"或一个具体的文件、一个驱动器磁盘等。用户可以根据需要对桌面图标进行管理,添加新图标、删除不用的图标、设置图标的属性、排列图标等。

(1) 添加新图标。

①添加系统图标。桌面系统图标包括计算机、用户的文件夹、回收站和网络,将它们添加到桌面的操作方法如下:右击桌面上的空白区域,从弹出的快菜单中选择"个性化"菜单项,打开"个性化"设置窗口,如图 1-19 所示,然后在"个性化"窗口的左侧单击"更改桌面图标"选项,打开"桌面图标设置"对话框,如图 1-20 所示。

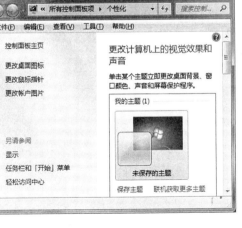

图 1-19　"个性化"设置窗口　　　　图 1-20　"桌面图标设置"对话框

在"桌面图标"选项卡中,选中想要添加到桌面的图标的复选框,或清除想要从桌面上删除的图标的复选框,然后单击【确定】按钮。

②添加其他快捷方式图标。除了常用的系统图标之外,用户会有一些常用的程序和文件,如 QQ、视频播放器等,可将它们的快捷方式图标添加到桌面上,操作方法如下:找到要为其创

建快捷方式的项目（程序或文件等），然后右击该项目，从弹出的快捷菜单中选择"发送到|桌面快捷方式"菜单项，该快捷方式图标便出现在桌面上。

快捷方式图标是一个表示与某个项目链接的图标，而不是项目本身。双击快捷方式图标便可以打开该项目。

（2）设置图标的属性。

右键单击需要设置属性的图标，将弹出与该图标相应的快捷菜单，然后选择"属性"菜单即可进行该图标属性的设置。例如，右键单击"计算机"图标，将弹出如图 1-21 所示快捷菜单，然后进行相应的操作，如改名、查看属性、删除该图标等。

（3）删除图标。

先用鼠标选中图标，然后按键盘上的[Delete]键，或在图标上右键单击，选择弹出快捷菜单中的"删除"菜单选项。

（4）排列图标。

桌面图标排列在桌面左侧，并将它们锁定在此位置，若要对桌面图标解除锁定以便可以移动并重新排列它们，在桌面上的空白区域右键单击，然后在快捷菜单中选择"查看|自动排列图标"菜单项。若"自动排列图标"菜单项前有选择标记"√"，则表示由系统自动排列桌面图标，否则用户可以拖动桌面图标以便移动它们的位置。也可以通过选定或清除"显示桌面图标"菜单项前的复选标记来显示或隐藏桌面图标，如图 1-22 所示。

在桌面上的空白区域右键单击，然后在快捷菜单中选择"排序方式"菜单项，可选择桌面图标的排列方式。

图 1-21　图标快捷菜单

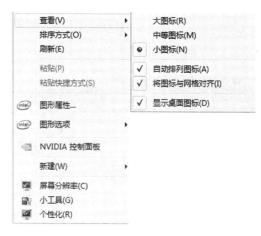

图 1-22　桌面快捷菜单

2．任务栏

任务栏是位于桌面底部的条状区域，它由开始菜单、窗口按钮栏、语言栏、通知区域和显示桌面按钮等组成，如图 1-23 所示。

图 1-23　任务栏

(1) 开始菜单。

开始菜单是引导用户使用计算机各项功能或资源的最直接的工具,单击屏幕左下角的"开始"按钮,或者按键盘上的 Windows 徽标键[ ],即可弹出"开始"菜单,如图 1-24 所示。

①常用程序区域:显示使用最频繁的程序。
②安装软件区域:包括安装在计算机上的所有程序。
③搜索区域:用户可通过输入搜索项在计算机上查找程序、文件或网络中的计算机。
④系统文件夹区域:包括最常用的文件夹,用户可从这里快速找到要打开的文件夹。
⑤系统设置区域:包含了主要用于系统设置的工具。
⑥关机区域:可实现关闭、注销、重新启动计算机等操作。

图 1-24 "开始"菜单

(2) 窗口按钮栏。

窗口按钮栏集成了常用的应用程序,包括未运行的程序和已运行的程序,单击未运行程序可启动程序。对打开的程序或文档,当鼠标指针移动到对应按钮上时,可对窗口进行预览,而且同一个程序的多个窗口能够同时预览,如图 1-25 所示,除预览功能外,用户还可以通过预览对窗口实现切换和关闭操作。

图 1-25 任务栏的预览功能

(3) 通知区域。

一些正在运行的程序、系统音量、网络图标等会显示在任务栏右侧的通知区域。隐藏一些常用图标会增加任务栏的可用空间。隐藏的图标放在一个面板中,查看时只需单击通知区域左侧向上的箭头按钮即可打开该面板,如图 1-26 所示。若想隐藏一个图标,只需将该图标向面板空白处拖动;若想重新显示被隐藏的图标,只需将该图标从面板中拖动到通知区域即可。

图 1-26 通知区域隐藏的图标

(4)显示桌面。

要想快速显示桌面可以通过[⊞]+[D]快捷键,或者单击任务栏最右侧的矩形区域,也可以将鼠标指针"无限"移动到屏幕右下角,而不需要对准该区域。

(5)任务栏属性设置。

任务栏是使用频繁的界面元素之一,符合用户操作习惯的任务栏,可以提高操作的效率。右击任务栏的空白处,在弹出的快捷菜单中选择"属性"菜单项,打开"任务栏和「开始」菜单属性"对话框,如图 1-27 所示。在"任务栏"选项卡中,可以设置是否锁定任务栏、任务栏在屏幕中的位置、任务栏按钮显示方式等外观设置;还可以对任务栏通知区域图标的行为进行设置以及是否使用 Aero Peek 预览桌面。

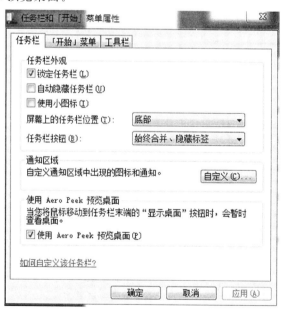

图 1-27 "任务栏和「开始」菜单属性"对话框

1.2.2 窗口管理

窗口是 Windows 7 系统的基本对象,Windows 应用程序的运行界面一般都以窗口的形式表现出来,Windows 操作系统也因此而得名。

1. 窗口的组成

Windows 窗口具有一致的界面风格,以方便用户的学习和操作,一个典型的 Windows 7 窗口(Windows 资源管理器窗口)如图 1-28 所示,主要包括以下几个部分:

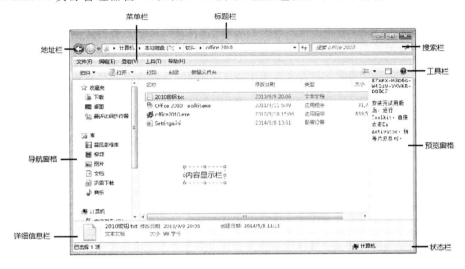

图 1-28 Windows 7 窗口组成

(1)标题栏:显示文档或程序的名称,标题栏的右端是最小化、最大化(还原)和关闭按钮,左端是应用程序的图标。

(2)菜单栏:包含程序中可单击进行选择的命令。

(3)地址栏:显示当前用户的位置,以箭头分隔的一系列链接,可以通过单击某个链接或输入位置路径导航到其他位置。

(4)搜索栏:用户可以在搜索框中输入关键字进行搜索,搜索结果与关键字相匹配部分会以黄色高亮显示,让用户更容易找到需要的结果。

(5)工具栏:当打开不同类型的窗口或选择不同类型的文档时,工具栏中的按钮会发生相应的变化,但"组织"下拉按钮、"视图"下拉按钮及"显示预览窗格"按钮是不会改变的,如图 1-29 所示。

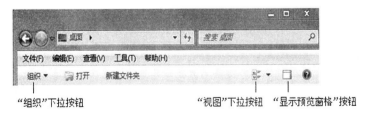

图 1-29 工具栏及典型按钮

(6)导航窗格:文件夹窗口左侧的导航窗格提供了"收藏夹""库""计算机"及"网络"选项,

用户可以单击任意选项快速跳转到相应的文件夹。可以通过选定或取消工具栏中的"组织|布局|导航窗格"来显示或隐藏导航窗格,如图1-30所示。

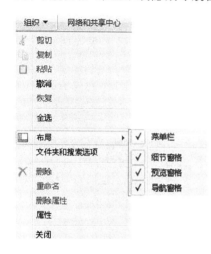

图1-30 "组织"下拉菜单

(7)详细信息栏:为用户提供当前文件夹窗口所选文件或文件夹的相关信息。

(8)预览窗格:预览窗格会调用所选文件相关联的应用程序进行预览。

(9)状态栏:用于显示当前操作的状态信息。可通过"查看"菜单显示或隐藏。

2.窗口的操作

(1)关闭。

窗口是应用程序的运行界面,因此,一个窗口的出现意味着一个相应的应用程序启动运行,而窗口的关闭则意味着应用程序的运行结束。关闭窗口的方法有以下几种:

①点击标题栏最右端的关闭按钮。

②双击标题栏最左端的图标。

③单击标题栏最左端的图标,弹出系统控制菜单,选择"关闭"菜单项。

④使用组合键[Alt]+[F4]。

⑤利用应用程序提供的菜单,结束该程序运行,一般在应用程序的第一个菜单的下拉菜单中。

(2)最小化、最大化、还原。

单击标题栏右端的"最小化"按钮,窗口将最小化到任务栏,但此时并不是窗口的关闭。单击已最小化到任务栏上的窗口按钮,则该窗口恢复原状,而单击没有最小化的在任务栏上的窗口按钮,则该窗口最小化。"最大化"和"恢复"是同一个按钮,当窗口已最大化,显示的是"恢复"按钮,否则是"最大化"按钮。单击"最大化"按钮,则窗口扩展覆盖整个屏幕,单击"恢复"按钮,则窗口恢复到上一次窗口大小。双击标题栏非按钮、图标区域的功能相当于单击"最大化/恢复"按钮。也可以通过单击标题栏左端的图标,通过控制菜单对窗口进行最小化、最大化或还原操作。

(3)改变大小。

在窗口处于非最小化、也非最大化状态,可以改变其大小。将鼠标移动到窗口边界上,当鼠标形状为左右、上下或左上右下双箭头形状时,按住左键拖动即可改变大小。

(4)移动。

在窗口处于非最小化、也非最大化状态,将鼠标移动到标题栏非按钮区域,按住左键拖动即可移动。

(5)排列。

用鼠标右键单击任务栏空白处,在弹出的快捷菜单里选择"层叠窗口""堆叠显示窗口"或"并排显示窗口"菜单项,可以改变窗口的排列方式。

(6)窗口的切换。

Windows 7是一种多任务操作系统,可以同时打开多个窗口,通过单击任务栏上的任务窗口按钮实现窗口的切换,也可以通过快捷键切换。

①[Alt]+[Tab]:按[Alt]+[Tab]组合键将弹出一个缩略图面板,按住[Alt]键不放,并重复按[Tab]键将循环切换所有打开的窗口和桌面,释放[Alt]键可以显示所选的窗口。

②[Alt]+[Esc]:[Alt]+[Esc]组合键的使用方法与[Alt]+[Tab]组合键的使用方法相同,唯一的区别是按[Alt]+[Esc]组合键不会弹出缩略图面板,而是直接在各个窗口之间切换。

③Aero 三维窗口切换:Aero 三维窗口切换以三维堆栈形式排列窗口。按住[🪟]键的同时按[Tab]键可打开 Aero 三维窗口,重复按[Tab]键可以循环切换打开的窗口,释放[🪟]键可以显示堆栈中最前面的窗口,如图 1-31 所示。

图 1-31　Aero 三维窗口切换

3．对话框

对话框是一种特殊的窗口,通常用来与用户进行信息的交互,以提问的方式从用户那里获取所需要的信息。对话框不能改变大小,但可以移动位置。如图 1-32 所示为 Windows 对话框。

对话框一般包含以下元素:

(1)选项卡(标签):对话框中的功能通过选项卡分成若干组。

(2)单选按钮:一组单选按钮中同一时该只能选择一个,其他的自动变为非选中状态。

(3)复选框:可以根据需要选择一个或多个选择项,也可以一个都不选,"√"表示选中。

(4)列表框:列出多个选择项供用户选择,可单选或多选。当选择项较多时,其右边会自动出现滚动条。

(5)下拉列表框:单击下拉按钮可打开选项的列表框,选择其中的一个后,列表自动关闭,列表框中显示被选中的对象。

(6)文本框:提示用户输入一段文字信息的矩形区域。

(7)数值框:输入一个数值,或单击数值框右边的上下按钮(称为微调按钮)来改变数值的大小。

(8)滑标:左右拖动滑标可以立即改变数值大小,用于调整参数。

(9)命令按钮:用于执行一个命令,最常见的命令按钮是【确定】与【取消】。若命令按钮呈

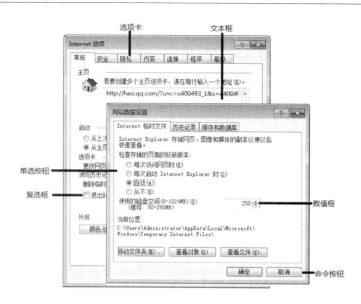

图 1-32 对话框

灰色,表示按钮不可用,若命令按钮后跟"…",表示将打开另一个对话框。

(10)帮助按钮:对话框右上角有一个"?"按钮,单击此按钮,然后单击某项目,系统会提示有关该项目的帮助信息。

1.3 文件夹与文件管理

1.3.1 文件和文件夹

1. 文件概述

计算机中的所有信息,包括不同类型的程序都是以文件的形式存放的。所谓文件就是逻辑上具有完整意义的信息的集合,它有一个名字以供识别,称为文件名。

文件名通常由主文件名和扩展名两部分组成,中间以小圆点间隔,例如:"test.txt"。主文件名即文件的名称,可以由英文字符、汉字、数字及一些符号组成,但不能使用"+""<"">""*""?""\"等符号。扩展名表示文件的类型。表 1-1 所示为常见的文件扩展名和文件类型。

表 1-1 文件类型及扩展名

扩展名	文件类型	扩展名	文件类型
.txt	文本文件	.doc .docx	Word 文件
.exe .com	可执行文件	.xls .xlsx	电子表格文件
.hlp	帮助文档	.rar .zip	压缩文件
.htm .html	网页文件	.avi .mp4 .rmvb	视频文件
.bmp .gif .jpg	图片文件	.bak	备份文件
.int .sys .dll	系统文件	.tmp	临时文件
.bat	批处理文件	.ini	系统配置文件

续表

.drv	设备驱动程序文件	.ovl	程序覆盖文件
.mp3 .wav .mid	音频文件	.obj	目标代码文件

2．文件夹（目录）结构

计算机中的文件成千上万，如果把所有文件存放在一起会有许多不便。为了有效地管理和使用文件，大多数文件系统允许用户在根目录下建立子目录（也称为文件夹），在子目录下再建立子目录，看起来像一棵倒立的树，因此被称为树型目录结构，如图1-33所示。用户可以将文件分门别类地存放在不同的目录中。

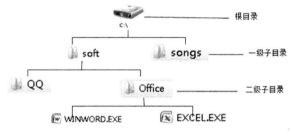

图1-33 树型目录结构

3．文件路径

文件路径是文件存取时，需要经过的子目录的名称，各级子目录之间用"\"分隔。文件路径分为绝对路径和相对路径。绝对路径指从根目录开始，依序到该文件之前的子目录名称；相对路径是从当前目录开始，到某个文件之前的子目录名称。

在如图1-33所示的目录结构中，WINWORD.EXE文件的绝对路径为"c:\soft\Office"。如果用户当前在c:\soft\QQ目录中，则WINWORD.EXE文件的相对路径为"..\Office"，..表示上一级目录。

4．库

Windows 7操作系统中，由于引进了"库"，文件管理更方便，可以把本地或局域网中的文件添加到"库"中，把文件收藏起来。

简单地讲，文件库可以将我们需要的文件和文件夹统统集中到一起，就如同网页收藏夹一样，只要单击库中的链接，就能快速打开添加到库中的文件夹——而不管它们原来深藏在本地计算机或局域网当中的任何位置。另外，它们都会随着原始文件夹的变化而自动更新，并且可以以同名的形式存在于文件库中。

打开任意一个文件夹，都可以在导航栏里观察到"库"，默认情况下，已经包含了视频、图片、文档、音乐等常用项目。要想将本地文件夹添加到库，可以右键单击"库"，在弹出菜单中选择"新建|库"菜单项，然后输入新库的名字，如新建的库名为"我的库"。接着，右键单击"我的库"选择"属性"菜单项，从弹出的对话框中单击【包含文件夹…】按钮，再将本地计算机中的文件夹添加进来即可，如图1-34所示。如果删除库，则会将该库自身移动到"回收站"中，而该库中访问的文件和文件夹存储在其他位置，因此不会删除。

图 1-34　将文件夹添加到新建库中

1.3.2　查看文件(夹)

1．资源管理器的启动

Windows 中文件的查看和管理通过资源管理器来完成，启动资源管理器通常有以下几种方法：

(1) 右键单击"开始"按钮，选择弹出的快捷菜单中的"打开 Windows 资源管理器"菜单项。

(2) 双击桌面上的"计算机"。

(3) 选择"开始|所有程序|附件|Windows 资源管理器"菜单项。

2．设置视图模式

在浏览过程中，单击"查看"菜单或者单击工具栏的"视图"下拉按钮可以选择文件(夹)的不同的显示方式；也可以选择"查看|排序方式"菜单项对排列顺序进行设置，如图 1-35 所示。

图 1-35　查看文件(夹)

3. 修改其他查看项

在图 1-35 中,单击"工具|文件夹选项…"菜单项,在打开的对话框中选择"查看"选项卡,打开如图 1-36 所示对话框,选中"显示隐藏的文件、文件夹和驱动器"可以把隐藏的文件显示出来;把"隐藏已知文件类型的扩展名"复选框的"√"去掉,可把文件的扩展名显示出来。

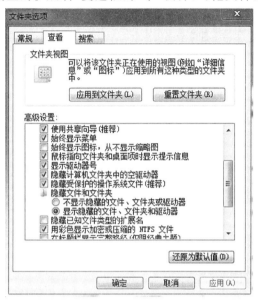

图 1-36 文件夹选项

4. 排序文件(夹)

当窗口中包含了太多的文件(夹)时,可按照一定规律对窗口的文件(夹)进行排序,以便浏览。具体方法如下:

设置窗口中文件(夹)的显示模式为"详细信息"。

单击文件列表上方的相应标题按钮,或单击标题按钮旁的下拉按钮打开下拉菜单,从中选择排序依据,如图 1-37 所示。

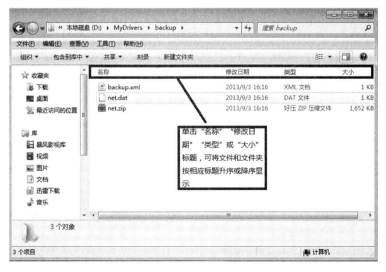

图 1-37 排序文件(夹)

1.3.3 管理文件(夹)

管理文件(夹)包括创建文件(夹)、移动文件(夹)、删除文件(夹)等。

1．选取文件(夹)

在对文件(夹)进行任何操作之前,都需要先进行选取操作。选取操作有如下几种：

(1)单选：单击文件(夹)图标即可选定。

(2)连续选定：先单击所要选定的第一个文件(夹),按住[Shift]键,再单击最后一个文件(夹);或者在窗口中按下鼠标左键,拖动指针进行框选。

(3)不连续选定：按下[Ctrl]键再在窗口中单击所需的各个文件(夹)。

(4)全选：按[Ctrl]+[A]快捷键,可选中当前窗口中的全部文件(夹)。

2．移动或复制文件(夹)

选定要移动或复制的文件(夹),单击"编辑|剪切或复制"菜单项,然后选定目标盘或目标文件夹,单击"编辑|粘贴"菜单项即可。

3．创建新文件夹

在文件夹窗格中选定新文件夹所在的文件夹,单击"文件|新建|文件夹"菜单项,输入新文件夹的名称,按回车键即可。

4．创建新的空白文件

在文件夹窗格中选定新文件所在的文件夹,选择"文件|新建"菜单项及相应的文件类型,输入新文件的名称,按回车键即可。

5．创建文件(夹)快捷方式

选定快捷方式所在的文件夹,选择"文件|新建|快捷方式"菜单项,打开"创建快捷方式"对话框,单击【浏览】按钮,选择快捷方式指向的文件(夹),输入快捷方式的名称即可。

6．更改文件(夹)的名称

右键单击选定的文件(夹),选择"重命名"菜单项,键入新的名称。

7．删除文件(夹)

选定要删除的文件(夹),选择"文件|删除"菜单项,或者直接用鼠标将文件拖入到"回收站",或者按[Delete]键,这样删除的文件会放在"回收站",如果需要,以后可以从"回收站"中恢复到原位置。如果在执行删除操作时按住[Shift]键,则文件会被彻底删除,无法恢复。

8．查看或修改文件(夹)属性

选定文件(夹),选择"文件|属性"菜单项,或者用鼠标右键单击文件,在弹出菜单中选择"属性"菜单项,打开属性对话框,显示该文件(夹)的详细信息及属性,如图1-38所示,可以对文件(夹)设置"只读"或"隐藏"属性;选择【高级…】命令按钮(NTFS文件系统下才有),打开"高级属性"对话框,如图1-39所示,可以对文件(夹)进行加密设置,有效地保护他们免受未经许可的访问。

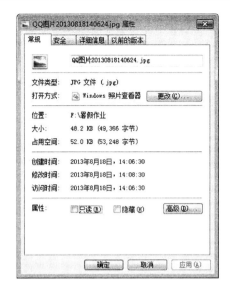

图 1-38　属性设置窗口

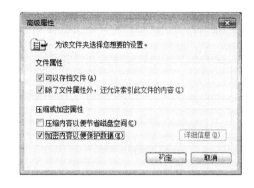

图 1-39　"高级属性"设置窗口

9．查找文件(夹)

当用户不记得文件(夹)存放的位置或文件名时，可以利用搜索功能迅速定位。方法有以下几种。

(1)使用"开始"菜单上的搜索框搜索文件(夹)。

该搜索框的默认搜索范围包括："开始"菜单中的程序，Windows 库和索引中的用户文件(图片、文档、音乐、收藏夹等)，Internet 浏览历史等。

(2)在文件夹或库中使用搜索框搜索文件(夹)。

在搜索框输入要搜索的关键字进行搜索，非常方便。搜索时也可以根据文件的生成时间或者大小来进行，单击"搜索框"空白处，在弹出的下拉列表底部单击"修改日期"或"大小"按钮，如图 1-40 所示。

图 1-40　按大小或日期进行搜索

Windows 7 对于系统预置的用户个人媒体文件夹和"库"中的内容搜索速度非常快,这是因为 Windows 7 加入了索引机制。搜索系统预置的用户个人媒体文件夹和"库"中的内容其实是在数据库中搜索,而不是扫描硬盘,所以速度大大加快。

默认情况下,Windows 7 只对预置的用户个人媒体文件夹和"库"添加索引,用户可以根据需要添加其他索引路径,以提高效率。在"开始"菜单的搜索框中输入"索引选项"或者从"控制面板"窗口中打开"索引选项"对话框,单击【修改】按钮,选中需要添加索引的盘符或文件夹,单击【确定】按钮,如图 1-41(a)和(b)所示。

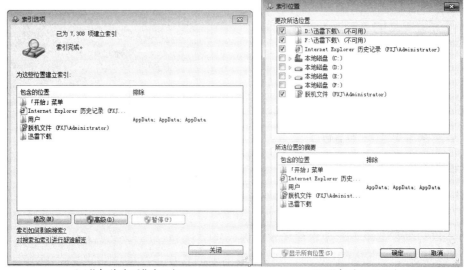

(a)"索引选项"对话框　　　　　　　　(b)"索引位置"对话框

图 1-41　添加索引路径

1.4　Windows 7 系统设置

用户可以按照自己的习惯配置 Windows 7 的系统环境,这些操作都集中在"控制面板"窗口中。单击"开始"菜单右侧的"控制面板"菜单项或单击"计算机"窗口中的"打开控制面板"工具,可打开"控制面板"窗口,通过"查看方式"下拉列表按钮选择不同的显示方式,如图 1-42 所示。

图 1-42　"控制面板"窗口

1.4.1 外观和个性化

单击"控制面板"窗口中"外观和个性化"分类下的"个性化"选项,或右击桌面空白处,在弹出的快捷菜单中选择"个性化"菜单项,弹出如图 1-43 所示窗口。单击窗口中的可选主题,可以更改主题以及所选主题下的桌面背景、窗口颜色、系统声音和屏幕保护程序等;选择窗口中"更改桌面图标""更改鼠标指针""更改账户图片"可进行相应设置;选择"显示"选项可调整显示器的分辨率、亮度等。

图 1-43　外观和个性化设置窗口

1.4.2 时钟、语言和区域

1. 添加输入法

单击"控制面板"窗口中"时钟、语言和区域"分类下的"更改键盘或其他输入法"选项,打开"区域和语言"对话框,单击【更改键盘…】按钮,弹出如图 1-44 所示的对话框。单击【添加…】按钮,可以添加 Windows 系统集成的某种语言和相应输入法。

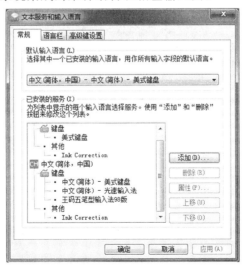

图 1-44　"文本服务和输入语言"对话框

若要安装 Windows 7 系统中没有的中文输入法,如安装五笔字型输入法,则要有相应的五笔字型输入法安装程序进行安装。

2. 删除输入法

在图 1-44 所示的对话框中选中需要删除的输入法,然后单击【删除】按钮即可删除该输入法。

3. 输入法的使用

选择某种输入法通常有下面两种方法:

(1)单击任务栏上的语言图标,然后选用某一输入法。

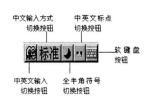

图 1-45　输入法状态栏

(2)使用快捷键[Ctrl]+[Shift]进行中文输入法的切换。当桌面上的语言栏被隐藏起来后,这是一种方便的中文输入法切换方法。

在使用中文输入法的过程中,通常会遇到中英文之间的切换、中文标点符号与英文标点符号间的切换或者全角/半角间的切换,这些可以通过单击输入法状态栏上的相应按钮来实现,如图 1-45 所示,也可以通过快捷键进行操作,如中英文切换可用[Shift]键。

使用中文输入时,经常需要输入一些特殊的符号,比如省略号、顿号、中文序号、数学符号等,在输入法状态栏的软键盘按钮处右键单击就可以打开这些特殊符号的输入菜单,如图 1-46 所示是在软键盘的快捷菜单中选择了"标点符号"后出现的界面,单击状态栏上的软键盘按钮可以关闭软键盘。当然,一些常用的中文符号也可用键盘来输入,如在中文标点符号状态下,[Shift]+[6]可输入省略号,按"\"可输入顿号等。

图 1-46　符号输入

1.4.3　程序管理

1. 更改或卸载应用程序

在控制面板窗口中,单击"程序"分类下的"卸载程序"选项,打开 Windows 应用程序管理器,如图 1-47 所示。

列表中显示了系统当前安装的应用程序,选中某个程序后,根据安装程序的不同,在工具

图 1-47　卸载或更改程序窗口

栏中可以看到"卸载""更改"等不同的按钮，可以对应用程序进行卸载或更改等操作。

2．让不兼容的程序正常运行

一些针对 Windows 以前版本开发的应用程序，在 Windows 7 操作系统中运行可能会有不兼容的情况，导致应用程序不能正常运行。对于这种情况，Windows 7 提供了兼容模式，兼容模式可以为应用程序提供 Windows XP、Windows 2000 等运行环境。

右键单击应用程序图标或其快捷方式，在弹出的快捷菜单中选择"属性"菜单项，打开属性对话框，选择"兼容性"选项卡，选中"以兼容模式运行这个程序"复选框，在其下拉列表框中选择一种操作系统版本，如图 1-48 所示，单击【确定】按钮，再尝试运行应用程序。

3．设置文件的默认打开方式

对于一个应用，用户有多个应用程序可以选择，例如打开图片文件，可以用 Windows 照片查看器，也可以用"画图"软件，完全取决于用户自身的习惯。

用户可以使用更改文件属性的方式来选择默认的打开程序。右键单击要打开的文件，在弹出的快捷

图 1-48　设置程序的兼容模式

菜单中选择"属性"菜单项，在打开的对话框中单击【更改…】按钮，打开"打开方式"对话框，选择所需应用程序即可，如图 1-49 所示。

1.4.4　账户管理

Windows 7 允许用户设置和使用多个账户，其中包括系统内置的 Administrator（管理

(a)"属性"对话框　　　　　　　　(b)"打开方式"对话框

图 1-49　设置文件的默认打开方式

员)、Guest(来宾)以及自己添加的账户。系统内置的 Administrator(管理员)账户具有最高的权限等级,拥有系统的安全控制权限。用户创建的标准账户默认运行标准权限,标准账户在尝试执行系统关键设置时,会受到用户账户控制机制的阻拦,以避免管理员权限被恶意程序利用,同时也避免了初级用户对系统的错误操作。来宾账户供临时用户使用,权限受到进一步限制,只能正常使用常规的应用程序,而无法对系统设置更改。

1. 创建新账户

单击"控制面板"窗口中"用户账户和家庭安全"分类下的"添加或删除用户账户"选项,在打开的对话框中单击"创建一个新账户"选项,输入账户名即可完成账户的创建。如图 1-50 所示,新建了一个 qaz 账户。

图 1-50　创建新账户

2. 更改账户

用户可以对账户进行设置,如更改账户名称、创建或更改密码、更改图片、设置家长控制等。在图 1-50 中双击要设置的账户打开对话框,如图 1-51 所示,然后对相应的功能做设置即可。

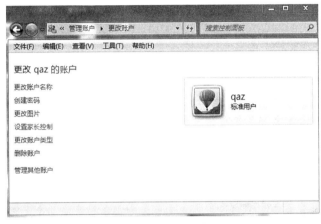

图 1-51　更改账户

1.4.5　磁盘清理与维护

1. 磁盘清理

在计算机的使用过程中,会产生一些临时文件,这些临时文件会占用一定的磁盘空间并影响系统的运行速度。因此,用户应适时对磁盘进行清理,将这些临时文件从系统中彻底删除。

单击"开始|所有程序|附件|系统工具|磁盘清理"菜单项,选择所要整理的磁盘进行清理;也可以打开"计算机"窗口,右击要整理的磁盘,在弹出的快捷菜单中选择"属性"菜单项,打开"属性"对话框,如图 1-52 所示,单击【磁盘清理】按钮,系统会花一点时间检查磁盘,当出现图 1-53 磁盘清理对话框时,在"要删除的文件"列表框中选中每个复选框,然后单击【确定】按钮删除这些文件。

图 1-52　磁盘属性对话框

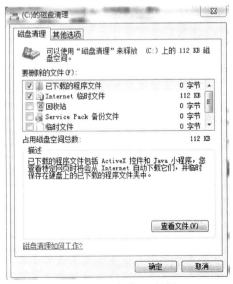

图 1-53　磁盘清理对话框

2. 磁盘碎片整理

计算机系统在存储文件时,总是使用最先满足的可用磁盘空间,但是系统会经常删除或修改一些文件,这样就会在磁盘上形成一些不连续的空间。随着文件不停地存储到这些空间,又不断地被删除,磁盘上这样的小空间就会越来越多,这种小空间就是磁盘碎片。计算机在存取大文件时,不得不把文件分成许多小块存储在这些不连续的空间内,从而影响了系统的数据存取速度。所以,磁盘在使用一段时间后,应当使用磁盘整理程序对磁盘上的文件和这些碎片空间进行重新组织,以提高系统速度。

选择"开始|所有程序|附件|系统工具|磁盘碎片整理程序"菜单项,或者在图 1-52 的磁盘属性对话框中单击"工具"选项卡打开如图 1-54 所示的对话框,再单击【立即进行碎片整理…】按钮进行磁盘碎片整理。

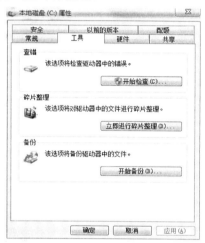

图 1-54 磁盘属性工具选项卡

图 1-55 任务管理器应用程序选项卡

1.4.6 任务管理器

任务管理器在 Windows 系统中经常被使用,通过使用任务管理器不仅可以轻松查看计算机 CPU 与内存的使用情况,还可以查看计算机网络占用情况。通过任务管理器还可以知道目前计算机中运行了哪些程序,并且可以关闭掉不需要的程序或进程。

按组合键[Ctrl]+[Shift]+[Esc]或在任务栏的空白处点右键打开快捷菜单,在快捷菜单中选择"启动任务管理器"菜单项可启动任务管理器,如图 1-55 所示。

1. 应用程序选项卡

"应用程序"选项卡显示了当前活动的应用程序列表,当计算机开启的程序过多或者开启大程序的时候,可能因为系统内部程序运行出错导致计算机死机,鼠标、键盘什么都操作不了,此时在"应用程序"选项卡下会看到有对应的程序无响应,选择无响应程序,点【结束任务】按钮即可终止该程序。

2. 进程选项卡

"进程"选项卡拥有排查和确认问题方面最有用的信息。它在默认情况下显示了 5 列信息:映像名称、用户名、CPU、内存和描述,如图 1-56 所示。如果计算机运行速度很慢,又没有响应,但应用程序选项卡上的所有程序似乎都运行很正常,可以按 CPU 或内存这一列排序进程选项卡,看看某个进程是不是在使用大量可用资源。如果发现 CPU 或内存资源被不认识的或者不清楚属于哪个应用程序的进程所使用,就有可能是可疑进程或恶意进程活动。

3.服务选项卡

服务选项卡实际上是一种精简版的服务管理控制台,只要点击服务选项卡底部的【服务…】按钮,就可以访问它,如图 1-57 所示。每个服务就是个程序,旨在执行某种功能,用户可以启动或关闭其服务。

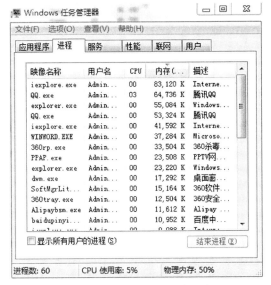

图 1-56　任务管理器进程选项卡

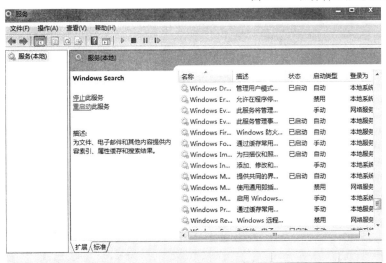

图 1-57　"服务"功能设置窗口

4.性能选项卡

在性能选项卡里可以看到 CPU 使用率,内存情况等等,如图 1-58 所示,单击【资源监视器…】按钮可打开"资源监视器"窗口,如图 1-59 所示。通过资源监视器,可以查看 CPU、内存、硬盘和网络的实时使用和读取情况。

1.4.7　网络设置

计算机连接到网络的前提是它安装有相应的网络硬件,如网络接口卡(网卡)、Modem 等设备。安装 Windows 7 系统时,安装程序会自动为网络适配器添加相应的驱动程序和相关的网络通信协议,如(Internet 协议 TCP/IP)等。

计算机系统若要正常进入网络,还需要对这些网络设备进行一些设置。在"控制面板"窗口中选择"网络和共享中心"选项,或右键单击任务栏上的网络图标,在弹出的快捷菜单中选择

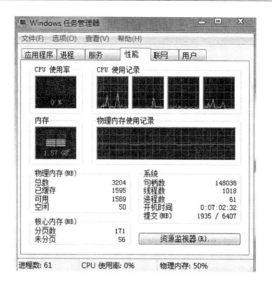

图 1-58 任务管理器性能选项卡窗口

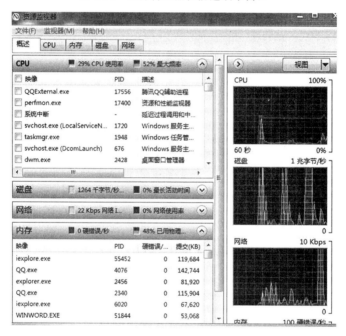

图 1-59 "资源监视器"窗口

"网络和共享中心"菜单项,打开如图 1-60 所示窗口,在此窗口中可以看到当前计算机是否连接网络或当前的活动网络。

选择"连接到网络",可以连接或重新连接到别的有线或无线网络。

选择"管理无线网络",打开如图 1-61 所示对话框。右键单击某个网络,在弹出的快捷菜单中选择"上移"或"下移"菜单项来改变无线网络的优先权;选择"属性"菜单项可以查看网络的安全密钥。

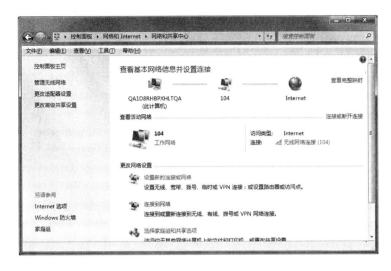

图 1-60 "网络和共享中心"窗口

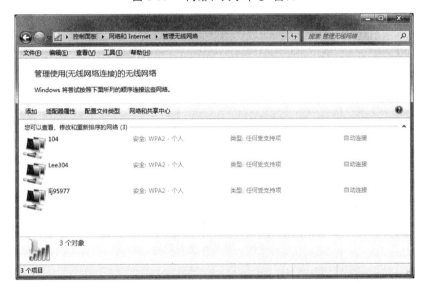

图 1-61 "管理无线网络"窗口

选择"更改适配器设置",打开如图 1-62 所示的对话框。右键单击"本地连接",在弹出的快捷菜单中选择"属性"菜单项,打开"本地连接属性"对话框,再选择"Internet 协议版本 4 (TCP/IPv4)",按【属性】按钮可以对本机的 IP 地址进行设置,如图 1-63 所示。

如果本机属于某局域网,选择"家庭组和共享选项",可以访问网络上共享的软硬件资源,或更改共享设置。

1.5 Windows 7 的附件程序介绍

Windows 7 中附带了很多实用工具,这些工具可以帮助用户完成一些日常的工作。这些工具可以通过单击"开始"菜单的"附件"文件夹中的相应命令打开它们。

图 1-62　更改适配器设置对话框

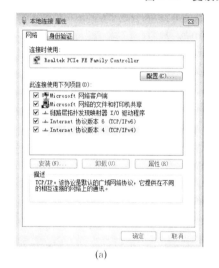
(a)

(b)

图 1-63　网络地址的设置

1.5.1　记事本、写字板和便笺

1. 记事本

记事本是一个用来创建简单文档的文本编辑器,仅支持基本的文本格式文档,不支持图形等特殊格式,常用来查看或编辑文本文件(.txt)。

2. 写字板

写字板是 Windows 7 自带的一款文字处理软件,除了具有记事本的功能外,它还可以对文档的格式、页面排列进行调整,从而编排出更加规范的文档。

3. 便笺

便笺是为了方便用户在使用计算机的过程中临时记录一些备忘信息而提供的工具,与现实生活中的便笺功能类似。它只用于临时记录信息,无须保存,所以便笺窗口仅有"新建便笺"按钮"＋"和"删除便笺"按钮"✕"。右击便笺会弹出快捷菜单,可以改变设置便笺的底色。

1.5.2 画图工具和截图工具

1. 画图工具

画图是简单的图形绘制工具，默认文件格式为.png。使用画图工具，用户可以绘制各种简单的图形，可以对图片进行简单的处理，包括裁剪图片、旋转图片等，也可以转换图片的格式，例如把.bmp另存为.jpg或.gif格式。

2. 截图工具

在使用计算机的过程中，可能需要截图。Windows提供了全屏截图（按[PrtScrnSysRq]键）和当前活动窗口截图（按[Alt]+[PrtScrnSysRq]组合键）两种方法，这两种方法都只能把图片保存到剪贴板上，还必须打开画图或者别的软件，按[Ctrl]+[V]才能把截图粘贴进去。

除此之外，Windows 7系统还自带了截图工具，它不仅可以按照常规用矩形、窗口、全屏方式截图，还可以随心所欲地按任意形状截图，截图完成以后，还可以对图片做修改、保存、发邮件等，非常方便。

单击"开始|所有程序|附件|截图工具"菜单可以打开"截图工具"窗口，单击"新建"菜单右边的下拉列表按钮弹出下拉菜单，选择截图模式，有四种选择："任意格式截图"（不规则形状）、"矩形截图""窗口截图"或"全屏幕截图"，如图1-64所示。

单击"新建"按钮或者按快捷键[Ctrl]+[PrtScrnSysRq]后，整个屏幕被蒙上一层半透明的白色，表示进入截图状态。如果想要退出截图状态，按[Esc]键就可以了。

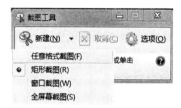

图1-64　"截图工具"窗口

拖动鼠标选取所需要的图形，截图完成之后，Windows 7还提供了一些简单的处理工具：保存、复制、发邮件、笔、荧光笔、橡皮等。

1.5.3 计算器

"计算器"是Windows系统中一个专门用来进行数学计算的应用程序，它有4种模式，可通过"查看"菜单对不同的模式进行切换。

图1-65　程序员模式计算器窗口

(1)标准型模式：标准型模式只能处理简单的加减乘除等计算。

(2)科学型模式：科学型模式提供了各种方程、函数及几何计算功能。用于日常进行各种较为复杂的公式计算。

(3)程序员模式：程序员模式提供了程序代码的转换与计算功能以及不同进制数字的快速计算功能，但只能是整数模式，小数部分被舍弃，如图1-65所示。

(4)统计信息模式：使用统计信息模式时，可以同时显示要计算的数据、运算符及结果，便于用户直观查看与核对，其他功能与标准型模式相同。

第 2 章 Microsoft Office Word 2010 文字处理软件

Microsoft Office Word 2010(以下简称 Word 2010)是 Microsoft 公司开发的 Office 2010 办公软件的重要组成部分,是目前使用最为广泛的中文文字处理软件之一。利用 Word 2010 强大的文档编辑功能,可以轻松、高效地创建公文、信函、报告、简历等规范的办公文档,同时 Word 2010 具有优秀的文档排版功能,可以帮助用户生成内容丰富、图文并茂、可供印刷的各类精美实用的文档。

本章详细介绍了 Word 2010 文档的基本操作、文本和段落的排版、表格的制作、图片等媒体对象的插入处理等,通过本章的学习,能够系统地掌握 Word 2010 的常用功能与技巧,并能够灵活应用 Word 2010 进行文字处理工作。

2.1 Word 2010 概述

2.1.1 Word 2010 的启动

通常我们可以这样启动 Word 2010:单击【开始】按钮以显示"开始"菜单,选择"所有程序|Microsoft Office|Microsoft Word 2010"菜单项即可启动 Word 2010。另外,如果在资源管理器窗口中双击某个 Word 文档,系统也会自动启动 Word 2010 并同时打开该文档。

为了能更方便快捷地启动 Word 2010,我们也可以右键单击"开始"菜单中的"Microsoft Word 2010"选项,选择"发送到|桌面快捷方式",在 Windows 桌面上创建一个 Microsoft Word 2010 的图标,今后就可以在桌面上双击这个快捷方式图标迅速启动 Word 2010 了。

2.1.2 Word 2010 的退出

关闭 Word 2010 窗口,或者单击"文件"选项卡下的"退出"即可退出 Word 2010。需要注意的是,用户在退出之前最好对正在编辑的文档进行存盘,否则在退出时系统将显示对话框,以提示用户是否将编辑的文档存盘,如果需要保存则单击【保存】按钮,否则单击【不保存】按钮,如果是误操作则单击【取消】按钮。

2.1.3 Word 2010 的工作窗口

Microsoft Office 2010 打破了原有 Office 软件"菜单+工具栏"的模式,采用了全新的"面向结果"的用户界面,代之以各种功能区,如图 2-1 所示,Word 2010 的窗口主要由快速访问工具栏、选项卡栏、功能区、编辑区、导航窗格等组成。

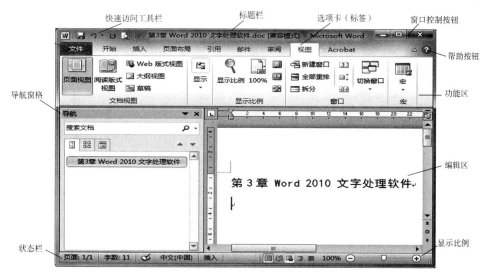

图 2-1 Word 2010 窗口界面

在 Word 2010 窗口上方看起来像菜单的名称其实是选项卡,当单击选项卡时并不会打开菜单,而是切换到与之相对应的功能区面板,每个功能区根据功能的不同又分为若干个功能组。当鼠标指针指向功能区的命令按钮时,系统会自动在下方显示该按钮的名字和操作。有些功能组右下角有一个按钮 ,单击时会打开下设的对话框或任务窗格,以便进行相应的设置。

Word 2010 的所有功能都可以通过功能区上的命令按钮来完成,可以说,认识了 Word 2010 的功能区,就了解了 Word 2010 的各种文字处理功能,因此,本章的内容主要通过各功能区的介绍来展开。

2.1.4 快速访问工具栏

快速访问工具栏用于放置一些使用相当频繁的命令按钮,使用户无论处于哪种选项卡下都能够方便快速地执行这些命令。默认情况下,快速访问工具栏中只有保存、撤销、恢复三个命令按钮,用户可以根据需要自定义快速访问工具栏,操作步骤如下:

单击快速访问工具栏右侧的 按钮,打开如图 2-2 所示的"自定义快速访问工具栏"菜单,在需要添加的命令前打√;如果菜单中没有所需的命令,则选择"其他命令",打开如图 2-3 所示的"Word 选项"对话框,在命令列表中双击所需的命令即可。

如果需要删除快速访问工具栏上的命令按钮,只要右键单击该命令按钮,选择"从快速访问工具栏"删除即可。

图 2-2 "自定义快速访问工具栏"菜单

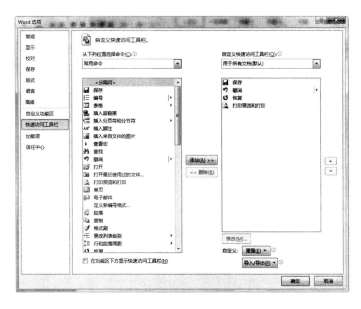

图 2-3 "Word 选项"对话框

2.1.5 文件

文件位于 Word 2010 窗口左上角,类似于早前版本的"文件"菜单,单击"文件"按钮可以打开"文件"面板,包含"信息""最近所有文件""新建""打印""打开""关闭""保存"等常用命令,可以对文档进行如下相关操作:

1. 保护文档

单击"文件"按钮,在默认打开的"信息"选项面板(如图 2-4 所示)中,用户可以进行旧版本格式转换、保护文档(包含设置 Word 文档密码,如图 2-5 所示)、检查问题和管理自动保存的版本。

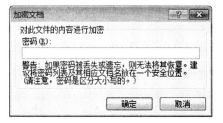

图 2-4 "信息"选项面板　　　　图 2-5 文档加密

2. 新建文档

单击"文件"按钮,选择"新建"命令,打开"新建"选项面板,如图 2-6 所示,用户可以看到丰富的 Word 2010 文档类型,包括"空白文档""博客文章""书法字帖"等 Word 2010 内置的文档类型。用户还可以通过 Office.com 提供的在线模板新建诸如"贺卡""会议议程""奖状""名片"等实用 Word 文档,最常用的是新建"空白文档"。

图 2-6 "新建"选项面板

3. 打开文档

单击"文件"按钮,选择"打开"命令,在弹出的"打开"对话框中选择需要打开的文件名即可。如果是最近使用过的文档,可以单击"文件"按钮,选择"最近所用文件",打开"最近所用文件"选项面板,在面板右侧可以查看"最近使用的文档"列表,用户可以通过该面板快速打开最近使用的 Word 文档。在每个历史 Word 文档名称的右侧含有一个固定按钮,单击该按钮可以将该记录固定在当前位置,而不会被后续历史 Word 文档所替换。Word 2010 允许同时打开多个文档,以实现在多个文档间进行数据交换。

4. 保存文档

要保存新建的文档,单击"文件"按钮,选择"保存"命令,会弹出"另存为"对话框,如图 2-7 所示,在其中指定文件的三要素:保存位置、文件名、保存类型。

Word 2010 默认的保存类型是"Word 文档",扩展名为".docx"。在"保存类型"下拉列表框中,还可以选择将文档保存为其他类型的文档,如纯文本(.txt)、PDF(.pdf)、网页(.html)等。特别是当希望保存的文档能被低版本的 Word 打开时,保存类型应该选择"Word 97－2003 文档"。

大部分文档在保存后可以继续使用 Word 2010 编辑,直到关闭文档。对于已经保存过的文档,或者打开的已有文档,当执行"保存"命令时,不会弹出"另存为"对话框,而是直接用当前文档覆盖原有文档。如果想保留原文档,可以单击"文件"按钮,选择"另存为"命令,在弹出的"另存为"对话框中将当前文档保存到其他位置,或者修改文件名,或者保存为其他类型。

为了避免因为断电、故障等突发情况造成文件丢失,Word 2010 设置有自动保存功能,默认每 10 分钟自动保存正在编辑的文档。用户可以根据需要自己设定自动保存的时间间隔,方

图 2-7 "另存为"对话框

法是：单击"文件"按钮，选择"选项"命令，打开"Word 选项"选项面板，如图 2-8 所示，在"保存"选项卡下，可以设置"保存自动恢复信息时间间隔"，也可以取消自动保存功能。另外，在"Word 选项"面板中还可以开启或关闭 Word 2010 中的许多功能或设置参数，如是否显示段落标记、是否打印背景色、默认保存位置等。

图 2-8 "保存"选项面板

5．保存并发送文档

保存并发送文档是 Word 2010 的新增功能，如果在 Microsoft Office 2010 套件中包括了

Microsoft Outlook 2010,就可以将文件作为电子邮件附件发送或者将文件作为邮件正文发送。

（1）将文件作为附件发送。单击"文件"按钮，选择"保存并发送"命令，打开"保存并发送"选项面板，如图 2-9 所示，选择"使用电子邮件发送"，有下列 4 种方式可供选择：

①作为附件发送：打开电子邮件，其中附加了采用原文件格式的文件副本。

②以 PDF 形式发送：打开电子邮件，其中附加了.pdf 格式的文件副本。

③以 XPS 形式发送：打开电子邮件，其中附加了.xps 格式的文件副本。

④以 Internet 形式发送。

图 2-9　"保存并发送"选项面板

如果希望保存的文件不被他人修改，能够轻松共享和打印且遵循行业格式，可以将文件保存为 PDF 或 XPS 格式，方法是在"保存并发送"选项面板中选择"创建 PDF/XPS 文档"。需要注意的是：保存为 PDF 或 XPS 格式的文件无法再转换回 Word 格式，也无法再使用 Word 2010 进行编辑，如果当前系统安装有 PDF 或 XPS 阅读工具（如 Adobe Reader 或 XPS Viewer），则保存生成的 PDF 或 XPS 文件将被打开。

（2）将文件作为电子邮件正文发送。首先将"发送至邮件收件人"命令添加到快速访问工具栏，打开要发送的文件，在快速访问工具栏中，单击"发送至邮件收件人"命令按钮以打开电子邮件，文件将出现在邮件正文中，输入一个或多个收件人，根据需要编辑主题行和邮件正文，然后单击【发送】按钮。

6．打印文档

单击"文件"按钮，选择"打印"命令，打开"打印"选项面板，如图 2-10 所示，在该面板的左侧可以详细设置多种打印参数，例如纸张大小、页边距、双面打印、指定打印页等，同时在右侧可以即时预览文档的打印效果，从而有效控制文档的打印结果，设置达到满意的效果后，单击【打印】按钮即可将文档打印输出。

图 2-10 "打印"选项面板

2.1.6 视图按钮

视图按钮位于状态栏右方，用于切换文档的视图方式。Word 2010 提供五种不同的视图方式，分别是：页面视图、阅读版式视图、Web 版式视图、大纲视图和草稿视图。

(1) 页面视图：是 Word 2010 默认的视图，也是编辑文档最常使用的一种视图。在这种视图下，可以显示页眉、页脚、图形对象、分栏配置、页边距等元素，具有"所见即所得"的特性，文档的显示效果与最终的打印效果完全相同，适用于排版。

(2) 阅读版式视图：以图书的分栏样式分左右两个窗口显示 Word 2010 文档，"文件"按钮、功能区等窗口元素被隐藏起来。在阅读版式视图下，用户还可以单击"工具"按钮挑选各种阅读工具，适用于阅读文档。

(3) Web 版式视图：以网页的方式显示 Word 2010 文档在 Web 网页中的外观，适用于发送电子邮件和制作发布 Web 网页。

(4) 大纲视图：显示标题的层级结构，即文档的框架，同时显示大纲工具栏，方便用户调整文档的结构，适用于长文档的高速浏览和结构组织。

(5) 草稿视图：不显示页边距、分栏、页眉页脚和页码等元素，仅显示标题和主体，是最节省计算机系统硬件资源的视图方式，适用于录入。

2.2 开始工作

"开始"功能区中包括"剪贴板""字体""段落""样式"和"编辑"5 个组，主要用于帮助用户对 Word 文档进行文字编辑和格式设置，是用户最常用的功能区，如图 2-11 所示。

第一部分 实践指导

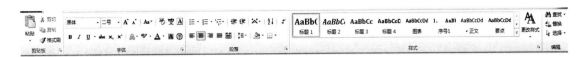

图 2-11 "开始"功能区

2.2.1 剪贴板操作

通过剪贴板操作可以对文档的内容或格式进行复制,而不必一次次重复输入文档或进行格式设置。

1. 文档内容的复制

(1)剪切([Ctrl]+[X]):删除所选内容,并将其放入剪贴板。

(2)复制([Ctrl]+[C]):复制所选内容,并将其放入剪贴板。

(3)粘贴([Ctrl]+[V]):将剪贴板上的内容粘贴到插入点位置。

Word 2010 提供 3 种粘贴选项:

①保留源格式:粘贴后仍然保留源文本的格式。

②只保留文本:粘贴后的文本和粘贴位置处的文本格式一致。

③合并格式:粘贴后的文本格式是源文本和粘贴位置处文本格式的合并。

另外,Word 2010 还提供了"选择性粘贴"和"设置默认粘贴"选项。"选择性粘贴"对话框如图 2-12 所示,如选择粘贴"图片(增强型图元文件)"可以将文本粘贴为图片;当从网页中复制文本时,为了不带有其他格式,可以选择"无格式文本"进行粘贴。

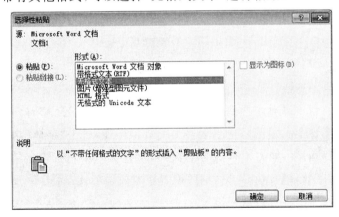

图 2-12 "选择性粘贴"对话框

若选择"设置默认粘贴",则会打开如图 2-13 所示的"Word 选项"对话框,并定位在"高级"选项卡,在"剪切、复制和粘贴"区域可以针对粘贴选项进行设置。

2. 文档格式的复制(格式刷)

选择已经设置好格式的段落或文本,单击"格式刷"按钮,此时鼠标指针会变成一把小刷子,按住鼠标左键,选择要复制格式的目标文档,释放鼠标左键后,将源文本的全部格式,包括字体、段落和底纹等复制到目标文档,而内容并没有被复制。当双击"格式刷"按钮,还可以将选择的格式多次复制到不同位置的目标文档,直到按[Esc]键或再单击"格式刷"按钮关闭格式刷。

图 2-13 "高级"选项面板

2.2.2 字体设置

通过"字体"功能组可以对文档中的字符进行字体、字号、字形、字符颜色、底纹等设置,其中各命令按钮的功能说明及使用示例如表 2-1 所示。另外,单击"字体"功能组右下角的按钮,可以打开"字体"对话框,如图 2-14 所示,在"高级"选项卡下可以设置字符间距和位置提升或降低等。单击【文字效果】按钮,可以打开"设置文本效果格式"对话框,如图 2-15 所示,可以对字符的填充、阴影、三维等进行效果设置。

图 2-14 "字体"对话框　　　　图 2-15 "设置文本效果格式"对话框

表 2-1 "字体"组各按钮功能说明及效果示例

功能按钮	功能说明	使用示例	
		使用前	使用后
华文琥珀	更改字体	计算机	**计算机（华文琥珀）**
五号	更改字号	计算机	计算机（四号）
A˄	增大字号	计算机	计算机
A˅	减小字号	计算机	计算机
Aa	更改大小写	Computer	COMPUTER（全大写）
	清除格式	计算机	计算机（恢复为默认值）
文	拼音指南	计算机	jì suàn jī 计算机
A	字符加框	计算机	计算机
B	加粗	计算机	**计算机**
I	倾斜	计算机	*计算机*
U	下划线	计算机	计算机
abc	删除线	计算机	计算机
x₂	下标	H2O	H_2O
x²	上标	x2	x^2
A	文本效果	计算机	计算机
ab	以不同颜色突出显示文本	计算机	计算机
A	字体颜色	计算机	计算机
A	字符底纹	计算机	计算机
字	带圈	计算机	㊗㊙㊗

表 2-2 "段落"组各按钮功能说明及效果示例

功能按钮	功能说明	使用示例	
		使用前	使用后
≔▾	项目符号	Word Excel PowerPoint	●Word ●Excel ●PowerPoint
≔▾	编号	Word Excel PowerPoint	1. Word 2. Excel 3. PowerPoint
⸬▾	多级列表	Word 　Excel 　　PowerPoint	1. Word 　a. Excel 　　i. PowerPoint
韭	减小缩进量	计算机	计算机
韭	增加缩进量	计算机	计算机
🗛▾	中文版式 — 纵横混排	大学计算机基础	大学计算机基础
	合并字符	计算机	计算 机
	双行合一	大学计算机基础	大学计 基础 算机
	调整宽度	计算机	计算机
	字符缩放	计算机	计算机
↕↓	排序	98 78 88	98 88 78
¶	显示/隐藏编辑标记		
≣	文本左对齐	月光如流水一般,静静地泻在这一片叶子和花上	月光如流水一般,静静地泻在这一片叶子和花上
≣	文本居中对齐	月光如流水一般,静静地泻在这一片叶子和花上	月光如流水一般,静静地泻在这一片叶子和花上
≣	文本右对齐	月光如流水一般,静静地泻在这一片叶子和花上	月光如流水一般,静静地泻在这一片叶子和花上
≣	两端对齐	月光如流水一般,静静地泻在这一片叶子和花上	月光如流水一般,静静地泻在这一片叶子和花上
≣	分散对齐	月光如流水一般,静静地泻在这一片叶子和花上	月光如流水一般,静静地泻在这 一 片 叶 子 和 花 上
‡≣▾	行和段落间距	月光如流水一般,静静地泻在这一片叶子和花上	月光如流水一般,静静地泻在这一片叶子和花上 (1.2倍行距)
🖌▾	底纹	月光如流水一般,静静地泻在这一片叶子和花上	月光如流水一般,静静地泻在这一片叶子和花上。 (深色15%)
▦▾	自定义边框	计算机	计算机

2.2.3 段落设置

通过"段落"功能组可以对段落的对齐方式、段落的缩进、行间距、段间距等进行设置,其中各命令按钮的功能说明及使用示例如表 2-2 所示。另外,单击"段落"功能组右下角的按钮 ,可以打开"段落"对话框,如图 2-16 所示,在"换行和分页"选项卡下可以设置段落的分页方式等,在"中文版式"选项卡下则可以设置"按中文习惯控制段落首尾字符"等。

(a)

(b)

图 2-16 "段落"对话框

2.2.4 使用样式

Word 2010 提供了一系列格式的组合,包括字符格式、段落格式、边框和底纹等,称为样式。用户可以直接应用这些样式对文档进行统一格式的设置,从而省略了需要一步步进行文档格式设置的步骤。特别是对于长文档的编辑,对不同级别的标题和正文应用不同的样式,不但可以节省大量操作,而且可以快速统一长文档的标题和正文的格式。且对于应用了同样样式的标题和正文,如果需要统一修改格式,只需要修改所应用的样式,则所有应用了该样式的标题和正文的格式就同时进行了修改。

1. 应用样式

在"样式"功能组左边的"快速样式"列表框中列出了 Word 2010 提供的各种样式,包括"正文""标题 1""标题""副标题""要点"等,直接单击选择即可将样式应用于所选文本。另外,单击"样式"功能组右下角的 按钮,打开"样式"任务窗格,如图 2-17 所示,还有更多的样式可供选择。

图 2-17 "样式"任务窗格

2. 清除样式

在"样式"功能组左边的"快速样式"列表框最后选择"清除格式"命令，或者在"样式"任务窗格中选择"全部清除"命令，即可清除文档所应用的样式。

3. 修改样式

在"样式"功能组左边的"快速样式"列表框中右键单击某样式，选择"修改"命令，或者在"样式"任务窗格中单击某样式右边的下拉按钮，选择"修改样式"命令，都可以打开"修改样式"对话框，如图 2-18 所示，可以对样式名称及样式格式进行修改。

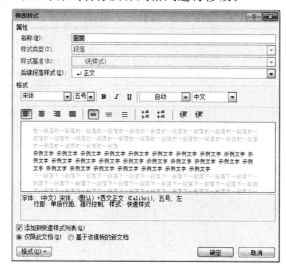

图 2-18　"修改样式"对话框

4. 删除样式

在"样式"任务窗格中右键单击某样式，选择"删除"，即可删除样式库中的该样式。

5. 创建样式

创建新样式的方法有两种：

(1) 将所选内容保存为新快速样式。选取一段格式文本，在"样式"功能组左边的"快速样式"列表框最后选择"将所选内容保存为新快速样式"命令，打开如图 2-19 所示的"根据格式设置创建新样式"对话框，可以将所选文本的格式保存为新的样式，并显示在"快速样式"列表框中。

图 2-19　创建样式

(2) 根据格式设置创建新样式。单击"样式"任务窗格左下角的"新建样式"按钮，打开如图 2-20 所示的"根据格式设置创建新样式"对话框，可以设置各种格式，并保存为新的样式。

6. 管理样式

单击"样式"任务窗格左下角的"管理样式"按钮,打开"管理样式"对话框,如图 2-21 所示,可以完成前述的新建样式、修改样式、删除样式等样式管理操作。

图 2-20　新建样式

图 2-21　管理样式

2.2.5　查找替换

1. 选择

在对文档进行编辑操作时,常常需要选择相应的文本之后才能对其进行删除、复制、编辑等操作,被选择的文本会呈反色显示,Word 2010 提供了如下多种选择文本的方法:

(1) 选择任意长度的文本块:把 I 形插入点光标移至要选择文本块的开始位置,按住鼠标左键一直拖动到要选择文本块的结束位置;或者先单击要选择文本块的开始位置,然后按住键盘上的[Shift]键并单击要选择文本块的结束位置,都可以选择任意长度的文本块,包括整个文档。

(2) 选择字词:双击某个汉字或英文单词,则该文字词被选择。

(3) 选择句子:按住键盘上的[Ctrl]键并单击句子中的任何位置,则该句子被选择。

(4) 选择一行或多行:将光标移到某行的左端(左边界处),鼠标指针变成一个向右上方的空心箭头,单击则该行被选择,按住鼠标左键向下拖动则连续多行被选择。

(5) 选择段落:将光标移到段落的左端(左边界处),鼠标指针变成一个向右上方的空心箭头,双击则该段落被选择;或者三击段落中的任何位置也可选择该段落。

(6) 选择整个文档:将光标移到文档的左端(左边界处),鼠标指针变成一个向右上方的空心箭头,三击鼠标可以选择整个文档;或者在"编辑"功能组中单击"编辑|选择|全选";或者用快捷键[Ctrl]+[A]。

(7) 选择矩形文本块:把 I 形插入点光标移至要选择矩形文本块的左上角,然后按住键盘上的[Alt]键并按住鼠标左键拖动到要选择矩形文本块的右下角,则该矩形区域内的文本被选择。

(8)选择对象：单击图片、艺术字或自选图形等可以选择该对象，按住键盘上的[Ctrl]键再单击其他对象，可以同时选择多个对象。

(9)选择格式相似的文本：选择一段文本，在"编辑"功能组中单击"编辑|选择|选择格式相似的文本"命令或者右键单击在弹出的快捷菜单中选择"样式|选择格式相似的文本"，则当前Word文档中与被选文本使用了相同或相似格式的文本将被全部选中，方便对它们进行统一的格式设置。

(10)选择窗格：在"编辑"功能组中单击"编辑|选择|选择窗格"，出现"选择和可见性"窗格，如图 2-22 所示，可以对文档中的各种形状进行重命名以及可见性设置。

图 2-22 "选择和可见性"窗格

2．查找

(1)查找：在"编辑"功能组中单击"编辑|查找|查找"，会出现"导航"窗格，如图 2-23 所示，在搜索框中键入要搜索的文本，如"Word 2010"，则文档中搜索到的所有匹配项都用突出效果显示出来。

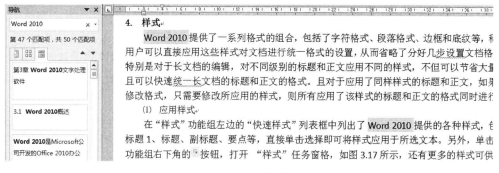

图 2-23 "导航"窗格

(2)高级查找：在"编辑"功能组中单击"编辑|查找|高级查找"，打开"查找和替换"对话框的"查找"选项卡，如图 2-24 所示，除了能输入要查找的内容，还可以对"搜索选项"进行设置，如搜索范围、是否区分全/半角、是否区分大小写等。单击【格式】和【特殊格式】命令按钮，还可以查找具有特定格式（如字体、段落、样式等）或包含特殊符号（如分节符、分页符等）的文本。

第一部分　实践指导

图 2-24　"查找"选项卡

图 2-25　"定位"选项卡

（3）转到：在"编辑"功能组中单击"编辑|查找|转到"，打开"查找和替换"对话框的"定位"选项卡，如图 2-25 所示，可以直接定位到指定行、图形、表格、批注、书签等。

3．替换

在"编辑"功能组中单击"编辑|替换"，打开"查找和替换"对话框的"替换"选项卡，如图 2-26 所示，输入要查找的内容以及替换为的内容，并且都可以设置格式和特殊格式，如果要取消格式设置，单击【不限定格式】即可。设置完成之后，交替单击【查找下一处】和【替换】按钮，可以有选择的替换或者不替换，单击【全部替换】则所有被查找到的内容全部被替换，并弹出对话框提示共完成了多少处替换。如图 2-26 中的设置，就是将文档中所有 Word 2010 替换为加粗、红色并突出显示。

图 2-26　"替换"选项卡

2.3　插入各种对象

"插入"功能区包括页、表格、插图、链接、页眉和页脚、文本、符号功能组，对应 Word 2010 中"插入"菜单的部分命令，主要用于在 Word 文档中插入各种元素，如图 2-27 所示。

图 2-27 "插入"功能区

2.3.1 页

1. 封面

在"插入"功能区的"页"功能组中单击"封面"下拉按钮,如图 2-28 所示,Word 2010 内置了许多精美的封面模板,单击一个封面模板,则在文档的第一页插入该封面,通过对封面进行必要的编辑,就可以很方便地生成一个漂亮的封面。选择"删除当前封面"则可以删除封面页。另外用户也可以将自己设计的封面通过选择"将所选内容保存到封面库"创建自己的封面模板。

图 2-28 插入"封面"

2. 空白页

在"插入"功能区的"页"功能组中单击"空白页"命令按钮,在插入点之后插入一个空白页面。

3. 分页符

在"插入"功能区的"页"功能组中单击"分页"命令按钮,在插入点之后插入一个分页符,即从插入点开始另起一页。

2.3.2 表格

1. 插入表格

在编辑文档的时候,往往一张简单的表格就可以代替大篇的文字说明,简明扼要地表达出文字所要表达的信息和数据之间的关系。与早先的版本相比，Word 2010 的表格功能更加强大，增添了表格样式、实时预览等全新的功能与特性，最大限度地简化了表格的格式化操作，更方便用户轻松地创建各种专业、美观的表格。这一切都是通过"插入"功能区的"表格"功能组来实现的，在"插入"功能区的"表格"功能组中单击"表格"下拉按钮，打开如图 2-29 所示的下拉列表，提供了如下 5 种创建表格的方法。

(1)拖曳法。在如图 2-29 所示的下拉列表中，通过拖曳鼠标选择表格的行数和列数，这时可以在文档中预览到表格，释放鼠标则可在插入点处插入指定行列数的空白表格，这种方法可以添加的最大表格是 10 列×8 行。

(2)对话框法。在如图 2-29 所示的下拉列表中选择"插入表格"命令，打开"插入表格"对话框，如图 2-30 所示，在其中输入所需表格的"列数""行数"以及相关参数，单击【确定】按钮即可在插入点插入指定行列数的空白表格。一般选择"根据窗口调整表格"。

图 2-29　拖曳法插入表格

图 2-30　对话框法插入表格

(3)手动绘制法。在如图 2-29 所示的下拉列表中选择"绘制表格"命令，鼠标指针会变成一个小铅笔的形状，用鼠标拖动在文档中任意绘制表格，就好像用铅笔在文档中画线一样。同时系统自动打开如图 2-31 所示的"表格工具|设计"功能区，在其中的"绘图边框"功能组中可以选择线型、线的粗细和颜色，单击"擦除"按钮，鼠标指针会变成一块小橡皮的形状，用鼠标在表格线上拖动则可以擦除表格线，从而绘制出各种不规则形状的表格。

图 2-31　手动绘制表格

(4)文本转换成表格法。一般情况下，是先创建空白表格，然后再在表格中输入信息，但有时也可以将已经输入的文本转换成表格，前提条件是已有的文本使用了特定的分隔符。例如在 Word 中输入如图 2-32 所示的文本，是使用[Tab]键作为分隔符的，选择要转换为表格的文本，在如图 2-29 所示的下拉列表中选择"文本转换成表格"命令，打开如图 2-33 所示的"将文字转换成表格"对话框，在"文字分隔位置"中选择"制表符"，并设置"根据窗口调整表格"，单击【确定】按钮后就将文本转换成了如表 2-3 所示的表格。

星期	1-2 节	3-4 节	5-6 节	7-8 节
星期一	语文	数学	英语	政治
星期二	物理	体育	数学	化学

图 2-32 Tab 键为分隔符的格式文本

图 2-33 文本转换为表格法

表 2-3 文本转换为表格结果

星期	1-2 节	3-4 节	5-6 节	7-8 节
星期一	语文	数学	英语	政治
星期二	物理	体育	数学	化学

(5)快速表格法。在如图 2-29 所示的下拉列表中选择"快速表格"命令,打开系统内置的"快速表格库",其中以图示的方式提供了许多不同的表格样式,单击一种则所选快速表格就被插入到文档中。

2．表格设计与布局

在文档中插入表格后,系统会出现一个"表格工具"选项卡,下面有"设计"和"布局"两个选项卡。选择"设计"选项卡,打开如图 2-31 所示的"表格工具|设计"功能区,在其中的"表格样式选项"功能组中,用户可以选择为表格的某个特定部分,如标题行或第一列等,应用特殊的格式。在"表格样式"功能组中提供了 140 多种系统内置的表格样式,当鼠标指针停留在某个表格样式上时,可以实时预览到表格应用该样式之后的效果,如果满意则可以单击选择应用该表格样式。另外,"底纹"和"边框"按钮可以方便地设置表格的颜色底纹和边框线(包括斜线),单击"边框"按钮并选择"边框和底纹"命令,会打开"边框和底纹"对话框,在其中的"底纹"选项卡下,如图 2-34 所示,可以设置底纹的图案,如"深色横线""浅色棚架"等。

图 2-34 "边框和底纹"对话框

当选择"布局"选项卡,打开如图 2-35 所示的"表格工具|布局"功能区,可以对表格进行相关的布局设置。

图 2-35　表格工具"布局"功能区

(1)选择表格。

在对表格进行各种操作之前,通常需要先选择要进行设置的单元格区域。在如图 2-35 所示的"表格工具|布局"功能区"表"功能组中单击"选择"按钮可以选择当前光标所在的单元格、行、列和表格,被选择区域将用特殊颜色显示出来。另外也可以用鼠标进行选择操作,方法如下:

①选择单元格:将鼠标停在单元格内部的左端,鼠标指针会变成斜向上的实心箭头,单击可以选择一个单元格,按住鼠标拖放可以选择连续多个单元格。按住键盘上的[Ctrl]键再用鼠标点选或拖放还可以选择不连续区域的单元格。

②选择行:将鼠标停在表格外部的左侧,鼠标指针会变成斜向上的空心箭头,单击可以选择一行,按住鼠标上下拖动可以选择连续多行。按住键盘上的[Ctrl]键再用鼠标点选或拖放还可以选择不连续的多行。

③选择列:将鼠标停在表格外部的上部,鼠标指针会变成垂直向下的实心箭头,单击可以选择一列,按住鼠标左右拖动可以选择连续多列。按住键盘上的[Ctrl]键再用鼠标点选或拖放还可以选择不连续的多列。

④选择表格:将鼠标停在表格左上角,鼠标指针会变成四向箭头,单击可以选择整个表格。

(2)删除行、列、单元格、表格。

①使用快捷菜单:选择要删除的行、列、单元格或表格,右键单击打开快捷菜单,选择"删除行""删除列""删除单元格"或"删除表格"即可。

②使用"表格工具|布局"功能区:选择要删除的行、列、单元格或表格,在如图 2-35 所示的"表格工具|布局"功能区中单击"删除"命令按钮,选择"删除行""删除列""删除单元格"或"删除表格"即可。

(3)插入行、列、单元格。

①使用快捷菜单:选择行、列、单元格,右键单击打开快捷菜单,选择"插入|在上方插入行"或"在下方插入行""插入|在左侧插入列"或"在右侧插入列"即在相应位置插入行、列、单元格,插入行、列的数目由选定行、列的数目决定。当选择"插入单元格"则打开如图 2-36 所示的"插入单元格"对话框。

图 2-36　"插入单元格"对话框

②使用"表格工具|布局"功能区:选择行、列、单元格,在如图 2-35 所示的"表格工具|布局"功能区"行和列"功能组中单击"在上方插入""在下方插入""在左侧插入""在右侧插入"命令按钮即可插入选定行、列数目的行和列,或者单击"行和列"功能组右下方的 按钮,打开如图 2-36 所示的"插入单元格"对话框。

(4)合并或拆分单元格。

在"表格工具|布局"功能区的"合并"功能组中有"合并单元格""拆分单元格"和"拆分表格"命令按钮,可以将两个或多个单元格合并为一个单元格,或者将一个单元格拆分为多个单元格,或者将一个表格拆分为两个表格。特别是"合并单元格"功能常常用于绘制非规则的表格。

表 2-3 所示的表格称为规则表格,即表格中所有的横线和竖线都分别是等长的连通线。如果表格中有至少一条非连通线,则这样的表格称为非规则表格,如表 2-4 所示。

表 2-4 非规则表格

借款部门			借款时间	年月日
借款理由				
借款数额		人民币(大写)¥:		
部门经理签字			借款人签字	
财务主管经理批示			出纳签字	
付款记录		年月日以现金/支票(号码:)给付		

事实上,只要将非规则表格中的非连通线向上下或左右延长直到外边框,则所有的非规则表格都可以转换成规则的表格。如表 2-4 对应的就是一张 6 行×6 列的规则表格,如表 2-5 所示。将表 2-5 中用特殊颜色标出的单元格区域合并,即可得到表 2-4。因此,绘制一个非规则表格只需要三步:第一步插入一个规则的表格;第二步调整行高列宽;第三步合并单元格。

表 2-5 表 2-4 对应的规则表格框架

(5)调整表格的行高与列宽。

在"表格工具|布局"功能区的"单元格大小"功能组中有"自动调整""表格行高""表格列宽""分布行"和"分布列"命令按钮,可以自动调整表格宽度,设置表格的行高和列宽,也可以将所选行或列进行平均分布。

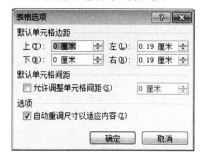

图 2-37 "表格选项"对话框

(6)设置单元格对齐方式。

在"表格工具|布局"功能区的"对齐方式"功能组中提供了 9 种单元格对齐方式,"文字方向"命令按钮可以切换单元格中的文字是横排还是竖排。单击"单元格边距"命令按钮会打开如图 2-37 所示的"表格选项"对话框,可以设置单元格中内容与单元格上、下、左、右的边距,还可以设置单元格与单元格之间的间距。

(7)公式计算。

有时需要对表格中的数据进行简单的计算,如表 2-6 所示,要计算每个同学的总分。

表 2-6 公式计算表格示例

学号	姓名	语文	数学	外语	总分
0001	张三	85	87	86	
0002	李四	76	96	82	
0003	王五	94	67	93	
0004	赵六	95	78	98	

将光标定位在张三的总分单元格,单击"表格工具|布局"功能区的"数据"功能组中的"公式"命令按钮,打开如图 2-38 所示的"公式"对话框,注意观察"公式"栏中系统推荐的公式,SUM(LEFT)表示对左边的数值型数据求和,单击【确定】按钮,则张三的总分计算出来,并将计算的结果"258"自动填充在光标所在单元格。

再将光标定位在李四的总分单元格,单击"表格工具|布局"功能区的"数据"功能组中的"公式"命令按钮,打开"公式"对话框,注意观察"公式"栏中系统推荐的公式,SUM(ABOVE)表示对上面的数值型数据求和,显然不符合需要。将其中的"ABOVE"改为"LEFT"后,单击【确定】按钮,则李四的总分单元格自动填充出计算结果"254"。同样的方法,计算出其他同学的总分,表 2-7 是公式计算之

图 2-38 "公式"对话框

后的表格。这样计算出的总分结果可以更新,当单科成绩发生变动时,只要右键单击相应的总分,在打开的快捷菜单中选择"更新域",根据公式重新计算的结果会替换原来的总分。

表 2-7 表格计算结果

学号	姓名	语文	数学	外语	总分
0001	张三	85	87	86	258
0002	李四	76	96	82	254
0003	王五	94	67	93	254
0004	赵六	95	78	98	271

(8)排序。

有时需要对表格中的数据进行排序,如表 2-7 所示,要按总分从大到小排序,如果总分相同,按语文成绩从大到小排序。选定表格后,单击"表格工具|布局"功能区的"数据"功能组中的"排序"命令按钮,打开如图 2-39 所示的"排序"对话框,选择"主要关键字"为"总分","次要关键字"为"语文",都是"降序"排序,单击【确定】按钮后,排序结果如表 2-8 所示。

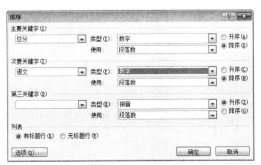

图 2-39 "排序"对话框

表 2-8　表格排序结果

学号	姓名	语文	数学	外语	总分
0004	赵六	95	78	98	271
0001	张三	85	87	86	258
0003	王五	94	67	93	254
0002	李四	76	96	82	254

2.3.3　插图

Word 2010 虽然是一个文字处理软件,但并非仅局限于对文字的处理。事实上,为了增强文档的可读性、艺术性和视觉效果,用户常常需要在文档中插入一些图片、剪贴画等来装饰文档。Word 2010 提供了全新的图片处理效果,如映像、发光、三维旋转等,并且可以对图片进行裁剪、修饰等编辑操作。这一切都是通过"插入"功能区的"插图"功能组来实现的,其中的 6 个命令按钮用于在文档中插入 6 种不同类型的插图。

1. 图片

首先将鼠标指针定位在需要插入图片的位置,然后单击"插入"功能区"插图"功能组中的"图片"命令按钮,打开"插入图片"对话框,在其中找到需要插入的图片文件,单击【插入】按钮,即可将所选图片插入到文档中。

双击插入的图片,Word 2010 会自动出现"图片工具|格式"功能区,如图 2-40 所示,可以对图片进行一些艺术处理和编辑。

图 2-40　"图片工具|格式"功能区

"图片工具|格式"功能区上各个命令按钮的功能如下:

(1)删除背景:单击"图片工具|格式"功能区"调整"功能组上的"删除背景"命令按钮,会出现"背景消除"功能区,可以删除图片的背景,以强调或突出图片的主题,或删除杂乱的细节,可以使用自动背景删除,也可以使用一些线条画出图片背景的哪些区域要保留,哪些要删除。如图 2-41 所示。

图 2-41　删除背景

(2)更正:单击"图片工具|格式"功能区上的"更正"命令按钮,可以对图片进行锐化、柔化、亮度和对比度的设置,单击"图片更正选项",打开如图 2-42 所示的"设置图片格式|图片更正"对话框,还可以进行更精确的设置。

图2-42 "设置图片格式|图片更正"对话框

图2-43 "设置图片格式|图片颜色"对话框

(3)颜色：单击"图片工具|格式"功能区上的"颜色"命令按钮,可以对图片的颜色饱和度和色调进行设置,或者对图片进行重新着色。单击"其他变体"可以自定义图片的颜色;单击"设置透明色",鼠标指针变成一支小蜡笔,单击当前图中的像素时,该特定颜色的所有像素都会变得透明;单击"图片颜色选项",打开如图2-43所示的"设置图片格式|图片颜色"对话框,还可以进行更精确的设置。

(4)艺术效果：Word 2010提供了铅笔灰度、发光边缘等22种图片艺术效果,单击"图片工具|格式"功能区上的"艺术效果"命令按钮可以设置图片的艺术效果,选择"无"则可以取消图片的艺术效果。

(5)压缩图片：压缩文档中的图片以减小其尺寸。

(6)更改图片：更改为其他图片,但保存当前图片的格式和大小。

(7)重设图片：放弃对此图片所做的全部格式更改,还原为原图。

(8)图片样式：Word 2010提供了金属框架、柔化边缘椭圆等28种图片样式,单击"图片工具|格式"功能区上的下拉列表可以应用图片的这些样式。如图2-44所示是一张图片采用"柔化边缘椭圆"样式的效果。

图2-44 图片样式效果

(9)图片边框：单击"图片工具|格式"功能区上的"图片边框"命令按钮可以对图片边框的线型、粗细、颜色进行设置,也可以选择"无边框"取消图片的边框。

(10)图片效果：单击"图片工具|格式"功能区上的"图片效果"命令按钮,Word 2010提供了预设、阴影、映像、发光、柔化边缘、棱台、三维旋转等多种效果可供选择,如图2-45是一张图片采用了预设10效果的前后对比图。右键单击图片,单击快捷菜单中的"设置图片格式",打开"设置图片格式"对话框,在"阴影""映像""发光"和"柔化边缘""三维格式"和"三维旋转"等

选项下,还可以对各种效果的颜色、透明度、尺寸以及角度等进行调整,获得更丰富多彩的图片效果。

图 2-45　图片效果

(11)图片版式:单击"图片工具|格式"功能区上的"图片版式"命令按钮,可以将图片转换为 SmartArt 图形,轻松地添加标题、文本并调整图片的大小。如图 2-46 所示就是将一张图片转换为"蛇形图片重点列表"版式后添加了标题与文本之后的效果。

图 2-46　图片版式

(12)位置:单击"图片工具|格式"功能区"排列"功能组上的"位置"命令按钮,Word 2010 提供了图片在页面中的 10 种布局选择。单击"其他布局选项",打开"布局|位置"对话框,如图 2-47所示,可以精确定位图片的水平和垂直位置。

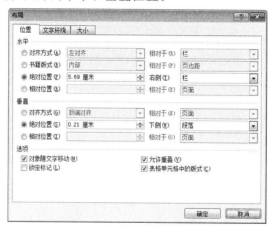

图 2-47　"布局|位置"对话框

(13)自动换行:单击"图片工具|格式"功能区上的"自动换行"命令按钮,Word 2010 提供了 7 种图片与文字的环绕方式:

①嵌入型:默认的环绕方式,嵌入文字之中,类似于文档中的一个字符。

②四周型:以图片的矩形边框为边界,文字环绕在图片的四周,使文字和图片之间产生间隙,可将图片拖到文档中的任意位置。

③紧密型:以图片的外轮廓为边界,文字环绕在图片的四周,可将图片拖到文档中的任意位置。当图片的外轮廓是矩形时,紧密型与四周型效果相同,但当图片的外轮廓是不规则形状

时,紧密型的效果则与四周型不同。

④穿越型:文字围绕着图片的环绕顶点,很多时候穿越型环绕方式与紧密型表现的效果是一样的,但当"编辑环绕顶点"时,如果移动顶部或底部的编辑点,使中间的编辑点低于两边时,穿越型环绕方式的文字能够进入图片的边框,而紧密型环绕方式则不能,这就是所谓的"穿越"。

⑤上下型:文字位于图片的上方和下方。

⑥衬于文字下方:图片与文字重叠,图片位于文字下方。

⑦浮于文字上方:图片与文字重叠,图片位于文字上方,如果图片不是透明的,会遮挡住一部分文字。

单击"其他布局选项",打开"布局|文字环绕"对话框,如图 2-48 所示,可以对各种环绕方式进行高级设置,例如对于四周型环绕方式,可以设置图片距正文上、下、左、右的精确距离,使图片与文字更加契合。

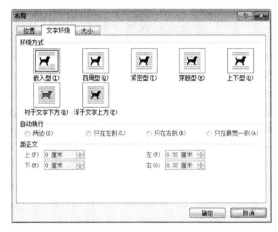

图 2-48　"布局|文字环绕"对话框

(14)上移一层和下移一层:改变图片的上下重叠关系。

(15)选择窗格:显示"选择和可见性"窗格,用于选择单个对象,并更改其顺序和可见性。

(16)对齐:设置多个对象的排列方式,可以边缘对齐、居中对齐或分散对齐等。

(17)组合:将多个对象组合在一起,以便作为一个整体进行操作。

(18)旋转:90度旋转或180度翻转对象。

(19)裁剪:单击"图片工具|格式"功能区"大小"功能组上的"裁剪"命令按钮,图片的四个角和四条边上出现共8个滑块,用鼠标拖动这些滑块,将图片裁剪到需要的大小即可。

(20)高度与宽度:单击选择图片后,图片四周会出现8个控点,用鼠标拖动这些控点,可以调整图片的尺寸。在"图片工具|格式"功能区的"大小"功能组,可以对"高度"和"宽度"进行精确设置。单击"大小"功能组右下角的按钮，打开"布局|大小"对话框,如图 2-49所示,可以设置图片的高度、宽度、旋转任意角度和缩放比例等。

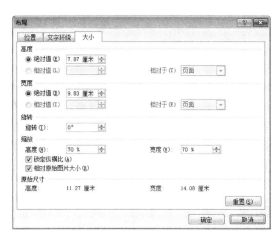

图 2-49 "布局|大小"对话框　　　　图 2-50 "剪贴画"任务窗格

2. 剪贴画

单击"插入"功能区"插图"功能组中的"剪贴画"命令按钮,打开"剪贴画"任务窗格,单击"搜索"按钮,如图 2-50 所示,Word 2010 为用户提供了大量的剪贴画,选择其中的一个就可以在文档中插入一张剪贴画了。双击插入的剪贴画,Word 2010 会自动出现"图片工具|格式"功能区,用法与来自文件的图片一样,可以对剪贴画进行格式设置。

3. 形状

单击"插入"功能区"插图"功能组中的"形状"命令按钮,Word 2010 提供了各种线条、基本形状、箭头、流程图、星与旗帜以及标注,单击选择需要绘制的形状,鼠标指针会变成一个十字,用鼠标拖放即可在文档中绘制出所需的形状。

如果需要绘制多个形状,最好选择"形状"下拉列表中的"新建绘图画布",在文档中插入一张绘图画布,将绘图与文档分隔开,默认情况下,画布是没有背景和边框的,但和其他形状对象一样,画布也可以进行格式设置。绘图画布帮助用户将绘图的各个部分组合起来,便于操作。如图 2-51 所示,就是在一张画布上绘制了椭圆、圆柱、爆炸形、五角星、云形标注、左右箭头。

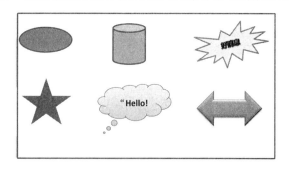

图 2-51 在画布上绘制形状

选定一个形状对象（包括绘图画布），Word 2010 会自动出现"绘图工具|格式"功能区，如图2-52所示，分为 6 个功能组：

图 2-52 "绘图工具|格式"功能区

(1)"插入形状"功能组：用于插入各种形状，与"插入"功能区中的"形状"命令按钮一样。

(2)"形状样式"功能组：用于选择形状的样式，设置形状的填充效果，轮廓的线形、粗细与颜色等，以及形状的效果设置，与来自文件的图片的"图片样式"功能组类似。

(3)"艺术字样式"功能组：对形状中添加的文字设置艺术字效果。

(4)"文本"功能组：对形状中添加的文字设置文字方向、对齐方式和创建链接。

(5)"排列"功能组：同来自文件的图片的"排列"功能组类似。

(6)"大小"功能组：同来自文件的图片的"大小"功能组类似。

4．SmartArt 图形

Word 2010 新增了 SmartArt 图形功能，可以将单调乏味的文字用美轮美奂的图形效果表现出来，同时又能体现文字之间的顺序、层次或者循环等逻辑关系。

下面举例说明如何在文档中插入 SmartArt 图形，具体操作步骤如下：

(1)将鼠标指针定位在要插入 SmartArt 图形的位置，单击"插入"功能区"插图"功能组中的"SmartArt"命令按钮，打开"选择 SmartArt 图形"对话框，如图 2-53 所示。Word 2010 提供了 8 个类型共 185 种 SmartArt 图形，包括"列表""流程""循环""层次结构""关系""矩阵""棱锥图""图片"。本例选择"流程|垂直 V 形列表"，单击【确定】按钮，即在当前光标处插入新的 SmartArt 图形，如图 2-54 所示。

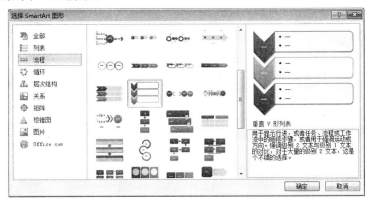

图 2-53 "选择 SmartArt 图形"对话框

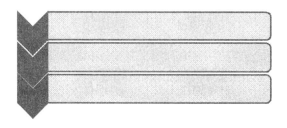

图 2-54　插入 SmartArt 图形

(2)默认的 SmartArt 图形的结构不能满足需要时,可以在指定的位置添加形状。单击选中 SmartArt 图形,Word 2010 会自动出现"SmartArt 工具|设计"和"SmartArt 工具|格式"功能区,分别如图 2-55 和图 2-56 所示。单击"SmartArt 工具|设计"功能区"创建图形"功能组中的"添加形状"命令按钮,再单击"更改颜色"命令按钮,选择"彩色|强调文字颜色"。

图 2-55　"SmartArt 工具|设计"功能区

图 2-56　"SmartArt 工具|格式"功能区

(3)单击"SmartArt 工具|设计"功能区"创建图形"功能组中的"文本窗格"命令按钮,如图 2-57 所示,打开"在此处键入文字"任务窗格,在其中输入各级文字,可以按"升级"或"降级"按钮控制输入文字的级别,同时在 SmartArt 图形的相应位置就会出现键入的文字。

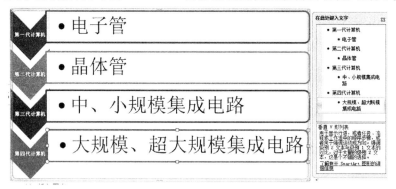

图 2-57　输入文字

(4)最后关闭"文本窗格",将 SmartArt 图形调整到合适的大小,最终效果如图 2-58 所示。

5.图表

在 Word 2010 文档中也可以插入类型多样的图表,如柱形图、饼图、拆线图等,单击"插入"功能区"插图"功能组中的"图表"命令按钮即可完成图表的插入,具体操作步骤与在 Microsoft Office Excel 2010 中插入图表的方法相似,在第 3 章将有详细介绍,本章不再赘述。

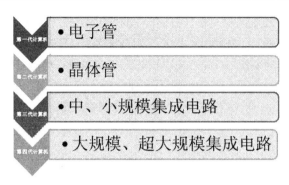

图 2-58　SmartArt 图形

6．屏幕截图

Word 2010 提供了屏幕截图功能,可以截取在计算机上打开的全部或部分窗口的图片并插入到 Word 文档中,而无须退出正在使用的程序。单击"插入"功能区"插图"功能组中的"屏幕截图"命令按钮,若要添加整个窗口,单击"可用视窗"库中的缩略图;若要添加窗口的一部分,单击"屏幕剪辑",当指针变成十字时,按住鼠标左键以选择需要捕获的屏幕区域。

2.3.4　页眉和页脚

页眉和页脚分别显示在每个打印页面的顶端和底端,例如现在许多精美的书刊都会在页眉上显示当前正在阅读的章节标题,而许多公司会在自己策划方案的页眉显示公司的徽标。

单击"插入"功能区"页眉和页脚"功能组中的"页眉"或"页脚"命令按钮,可以选择内置页眉/页脚的样式,也可以选择"编辑页眉"或"编辑页脚"命令进入页眉/页脚编辑状态。另外,直接在文档的页眉/页脚区域双击鼠标,也可以进入页眉/页脚编辑状态。同时系统自动出现"页眉和页脚工具|设计"功能区,如图 2-59 所示,方便对页眉/页脚进行编辑和设置。

图 2-59　"页眉和页脚工具|设计"功能区

2.3.5　特殊文本

1．文本框

通过使用文本框,用户可以将 Word 文本很方便地放置到 Word 2010 文档页面的指定位置,而不必受到段落格式、页面设置等因素的影响。Word 2010 内置有多种样式的文本框供用户选择使用,单击"插入"功能区"文本"功能组中的"文本框"命令按钮,会弹出预设格式的文本框样式,选择合适的样式则可在 Word 文档的当前位置插入一个文本框,在其中直接输入文本内容即可。

插入的文本框作为一个对象可以设置其文本框格式,其内的文本内容可以像正文文本一样分段、设置字体、段落格式等。

2．艺术字

艺术字是给文字添加特殊的视觉效果,使文字具有艺术美,常常用于突出标题,使文档更

加丰富多彩。单击"插入"功能区"文本"功能组中的"艺术字"命令按钮,会弹出6行5列的艺术字样式列表,如图2-60所示。例如图2-61所示的艺术字,选择的是第6行第3列的艺术字样式,文档中出现一个艺术字图文框,在其中输入所需的文字即可。选中艺术字后,系统会自动出现"图片工具|格式"功能区。艺术字既可以像普通文字一样在"开始"功能区设定字体、字形、颜色等,也可以像图形一样在"图片工具|格式"功能区设置轮廓、阴影、三维效果等。例如图2-61的艺术字设置了字体为"华文琥珀",形状样式为"细微效果－蓝色,强调颜色1",还设置了"形状效果|三维旋转|平行|等轴右上"。

图 2-60　"艺术字"样式列表

图 2-61　"艺术字"效果

3．首字下沉

单击"插入"功能区"文本"功能组中的"首字下沉"命令按钮,可以设置或取消当前段落的第一个字的特殊显示,选择"首字下沉选项"命令会弹出"首字下沉"对话框,如图2-62所示,有"无""下沉"和"悬挂"3种方式,可以分别设置字体、下沉行数以及与正文之间的距离等。如图2-63是首字下沉3行的效果。

图 2-62　"首字下沉"对话框

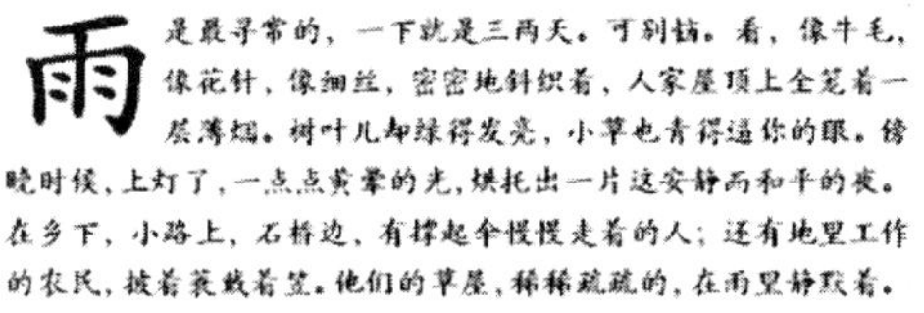

图 2-63　"首字下沉"效果

2.3.6　公式

在编辑一些科技性的论文或者学术著作时,经常需要输入数学公式,利用 Word 2010 的公式编辑器,可以方便地输入和编辑出具有专业水准的数学公式,如图2-64所示。

单击"插入"功能区"符号"功能组中的"公式"下拉按钮,可以在"内置"公式列表中选择插入所需的公式,如图2-64左边的公式就是内置的"二次公式"。也可以选择"插入新公式",则

在当前光标处出现一个公式编辑框，同时系统出现“公式工具|设计”功能区，如图 2-65 所示，提供了公式编辑所需的各种符号（包括基础数学、运算符、希腊字母等）以及各种公式模板（包括分式、根式、积分、矩阵等），如图 2-64 右边的公式就分别使用了“单括号”“分数”“上下标”模板以及“希腊字母”。

$$x=\frac{-b\pm\sqrt{b^2-4a\,c}}{2a}\ ,\qquad \begin{cases}\sin\alpha+\cos\beta=1.5\\ \alpha+\beta=\frac{\pi}{2}\\ \alpha^2=1.48\end{cases}$$

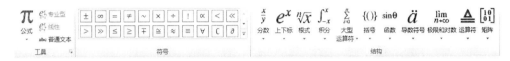

图 2-64　公式编辑

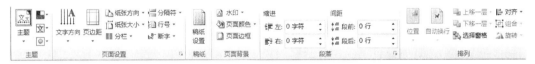

图 2-65　“公式工具|设计”功能区

2.4　页面布局

如图 2-66 所示，“页面布局”功能区包括“主题”“页面设置”“稿纸”“页面背景”“段落”“排列”，对应 Word 2003 的“页面设置”菜单命令和“段落”菜单中的部分命令，用于帮助用户设置 Word 2010 文档页面样式。

图 2-66　“页面布局”功能区

2.4.1　主题

文档主题由一组格式选项构成，其中包括一组主题颜色、一组主题字体（包括标题和正文字体）以及一组主题效果（包括线条和填充效果）。应用文档主题可以轻松快速地创建具有专业水准、设计精美的文档。单击在“页面布局”功能区“主题”功能组中的“主题”命令按钮，即可选择一种主题。

2.4.2　页面设置

页面设置主要包括页边距设置、纸张选择、背景和边框的设置等。

1. 文字方向

单击“页面布局”功能区“页面设置”功能组中的“文字方向”命令按钮，可以直接在下拉列表中选择文字的方向，或者单击“文字方向选项”命令，打开“文字方向”对话框，如图 2-67 所示，在其中可以设置文字的方向。

2. 页边距

单击“页面布局”功能区“页面设置”功能组中的“页边距”命令按钮，可以直接在下拉列表中选择一组页边距设置，或者单击“自定义边距”命令，打开“页面设置|页边距”对话框，如

图 2-68 所示,可以设置页面的上、下、左、右页边距以及装订线的位置和页边界的距离,另外还可以设置打印纸的方向,是横向还是纵向打印。纸张方向也可以通过单击"页面布局"功能区"页面设置"功能组中的"纸张方向"命令按钮来选择。

图 2-67 "文字方向"对话框

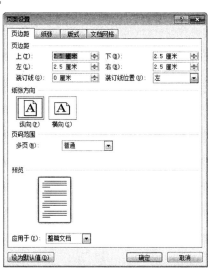

图 2-68 "页面设置|页边距"对话框

3．纸张大小

要打印文档,首先要选择使用多大的纸来打印。单击"页面布局"功能区"页面设置"功能组中的"纸张大小"命令按钮,可以直接在下拉列表中选择打印纸的型号,也可以单击"其他页面大小"命令,打开"页面设置|纸张"对话框,如图 2-69 所示,可以自定义纸张的宽度和高度。

图 2-69 "页面设置|纸张"对话框

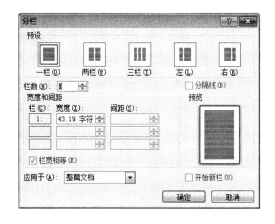

图 2-70 "分栏"对话框

4．分栏

单击"页面布局"功能区"页面设置"功能组中的"分栏"命令按钮,可以直接在下拉列表中选择分栏的样式,也可以单击"更多分栏"命令,打开"分栏"对话框,如图 2-70 所示,除了能够选择分栏样式,还可以设置每一栏的宽度以及栏间距等。

5. 分隔符

(1) 分页符。

当到达页面末尾时,Word 2010 会自动插入分页符,如果想要在其他位置分页,可以插入手动分页符。单击"插入"功能区"页"功能组中的"分页"命令按钮,或者单击"页面布局"功能区"页面设置"功能组中的"分隔符|分页符"命令都可以插入手动分页符。

用户不能删除 Word 2010 自动插入的分页符,但可以删除手动插入的任何分页符,方法是:单击"视图"功能区"文档视图"功能组中的"草稿"命令按钮,在草稿视图状态,分页符会显示为一条虚线,如图 2-71 所示,单击虚线旁边的空白,选择分页符,按[Delete]键即可删除该分页符。

图 2-71 分页符

(2) 分节符。

在 Word 2010 中,使用分节符来管理文档的格式、版式、页眉、页脚和页码编号。例如,如果整篇文档只有一个页眉,那么直接设置页眉就可以了;但如果一篇文档按照章节标题设置不同的页眉,那就需要将文档按章分节,然后分别设置每一节的页眉。

单击"页面布局"功能区"页面设置"功能组中的"分隔符"命令按钮,可以看到分节符的类型有如下 4 种:

① 下一页:插入一个分节符,新节从下一页开始。

② 连续:插入一个分节符,新节从同一页开始。例如在同一页面中要应用两种不同的分栏方式,就需要插入这种连续分节符。

③ 偶数页:插入一个分节符,新节从下一个偶数页开始。

④ 奇数页:插入一个分节符,新节从下一个奇数页开始。例如需要每一章的标题都从奇数页开始,就可以在每一个章标题前插入奇数页分节符。

2.4.3 页面背景

1. 水印

水印是把图形、图像、文字等作为文档背景的一种特殊处理方法,在统一文档风格的同时也能给读者产生视觉上的冲击和美感。单击"页面布局"功能区"页面背景"功能组中的"水印"命令按钮,可以直接在下拉列表中选择"水印样式",这些内置的水印样式都是文字水印,如果想取消水印,或者使用图片作为水印,或者想更改文字水印中的文字和字体格式等,可以单击"自定义水印"命令,打开"水印"对话框,如图 2-72 所示。

图 2-72 "水印"对话框

2．页面颜色

单击"页面布局"功能区"页面背景"功能组中的"页面颜色"命令按钮，可以设置文档的背景，即显示在页面最底层的颜色、图案、纹理或图片等，使文档在编辑和阅读时感觉更舒适且增强美感，但这种背景在默认状态下是不打印的，如果需要打印背景，需要进行打印设置。

（1）单色背景。单击"页面布局"功能区"页面背景"功能组中的"页面颜色"命令按钮，在"主题颜色"或"标准颜色"下方单击所需的颜色，即可以预览并设置单色背景。选择"无颜色"则可以取消单色背景。如果在"主题颜色"和"标准颜色"中都没有满意的颜色，可以单击"其他颜色"，打开"颜色"对话框，选择"自定义"选项卡，如图 2-73 所示，可以自定义背景颜色。

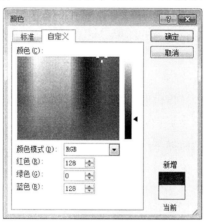

图 2-73 "颜色"对话框

（2）"填充效果"背景。单击"页面布局"功能区"页面背景"功能组中的"页面颜色|填充效果"命令按钮，打开"填充效果"对话框，在"渐变"选项卡下，可以设置单色渐变、双色渐变或者选择系统预设的渐变色作为背景，如图 2-74 所示；在"纹理"选项卡下，可以选择白色大理石、花束、水滴、新闻纸等纹理作为背景，如图 2-75 所示；在"图案"选项卡下，可以选择纺织物、窄横线、小网格等图案作为背景，如图 2-76 所示；在"图片"选项卡下，如图 2-77 所示，单击"选择图片"按钮，可以选择一个图片文件作为背景。

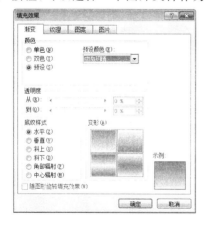

图 2-74 "填充效果|渐变"对话框

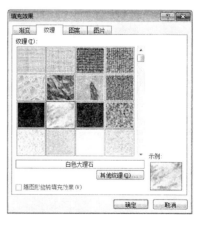

图 2-75 "填充效果|纹理"对话框

第一部分 实践指导

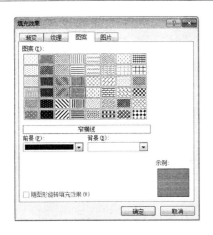

图 2-76 "填充效果|图案"对话框

图 2-77 "填充效果|图片"对话框

3．页面边框

单击"页面布局"功能区"页面背景"功能组中的"页面边框"命令按钮，打开"边框和底纹|页面边框"对话框，如图 2-78 所示，可以给文档设置不同线型、不同颜色和宽度的页面边框，另外在"艺术型"下拉列表中还提供了丰富多彩的图形页面边框，如心形、苹果、灯笼以及各种花边等。

图 2-78 "边框和底纹|页面边框"对话框

2.5 邮件功能

如图 2-79 所示，"邮件"功能区包括"创建""开始邮件合并""编写和插入域""预览结果"和"完成"，该功能区的作用比较专一，专门用于在 Word 2010 文档中进行邮件合并方面的操作。

图 2-79 "邮件"功能区

Word 2010 的邮件合并可以将一个主文档与一个数据源结合起来，最终生成一系列输出文档。例如，有一份如图 2-80 所示的邀请函，作为主文档，其中一部分内容是固定不变的，而被邀请人的姓名和称谓每一封邀请函都是不同的，这部分内容被保存在另一个数据源文件中，如图 2-81所示的 Excel 工作表中。利用“邮件合并分步向导”，可以将数据源中的收件人信息自动填写到主文档中，从而生成批量的邀请函，具体操作步骤如下：

（1）单击“邮件”功能区“开始邮件合并”功能组中的“开始邮件合并|邮件合并分步向导”命令，打开“邮件合并”任务窗格，进入“邮件合并分步向导”的“邮件合并|选择文档类型”，选择“信函”。

（2）单击“下一步：正在启动文档”超链接，进入邮件合并分步向导的“邮件合并|选择开始文档”，选择“使用当前文档”。

（3）单击“下一步：选取收件人”超链接，进入邮件合并分步向导的“邮件合并|选择收件人”。选择“使用现有列表”，然后单击“浏览”超链接，打开“选取数据源”对话框。选择保存了被邀请人信息的 Excel 工作表文件，单击【打开】按钮。在“选择表格”对话框中，如图 2-82 所示，选择 Sheet1 工作表，然后单击【确定】按钮，打开如图 2-83 所示的“邮件合并收件人”对话框，可以选择和修改需要合并的收件人信息，本例不需修改，直接单击【确定】按钮。

校庆50周年邀请函

尊敬的：

值此建校50周年之际，母校热忱邀请所有校友重回校园，畅叙师生之情、同窗之谊，共度美好时光。兹定于10月1日上午10:00于母校大礼堂举行校庆纪念大会，恭请各位校友百忙中出席。

校庆组委会

2014年5月4日

图 2-80 主文档

	A	B	C	D
1	姓名	性别	地址	邮政编码
2	李明	男		
3	孙丽	女		
4	赵小兰	女		
5	周建国	男		
6	何秀清	女		
7	任涛	男		

Sheet1 Sheet2 Sheet3

图 2-81 数据源

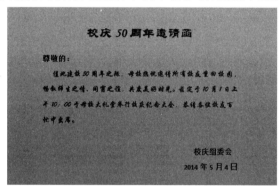

图 2-82 "选择表格"对话框

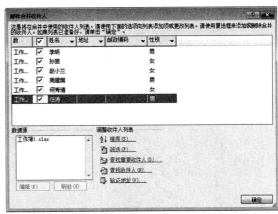

图 2-83 "邮件合并收件人"对话框

（4）单击"下一步：撰写信函"超链接，进入邮件合并分步向导的"邮件合并|撰写信函"。将光标定位在主文档中"尊敬的："后，单击"其他项目"超链接，打开如图 2-84 所示的"插入合并域"对话框。在"域"列表框中选择"姓名"，单击【插入】按钮，则在"尊敬的："后插入姓名的域标记："姓名"，单击"关闭"按钮关闭"插入合并域"对话框。

图 2-84 "插入合并域"对话框

图 2-85 "插入 Word 域：IF"对话框

（5）单击"邮件"功能区"编写和插入域"功能组中的"规则|如果…那么…否则…"命令，打开"插入 Word 域：IF"对话框，如图 2-85 所示，设置当性别等于男则插入"先生"，否则插入"女士"，单击【确定】按钮。

（6）在"邮件合并"任务窗格，单击"下一步：预览信函"超链接，进入邮件合并分步向导的"邮件合并|预览信函"，单击"<<"或">>"按钮，可以预览具有不同收件人姓名和称谓的信函，如图 2-86 所示。

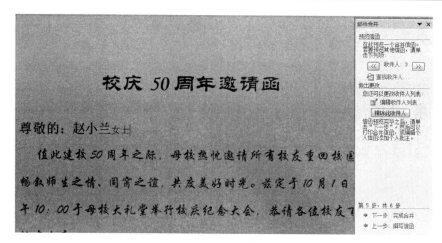

图 2-86 预览信函

(7) 单击"下一步：完成合并"超链接，进入邮件合并分步向导的"邮件合并|完成合并"，可以单击"打印"超链接，打开"合并到打印机"对话框，直接打印具有不同收件人姓名和称谓的邀请函；也可以单击"编辑单个信函"超链接，打开"合并到新文档"对话框，如图 2-87 所示，可以将全部或部分具有不同收件人和称谓的邀请函合并成一个新的 Word 文档，如图 2-88 所示。

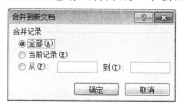

图 2-87 "合并到新文档"对话框

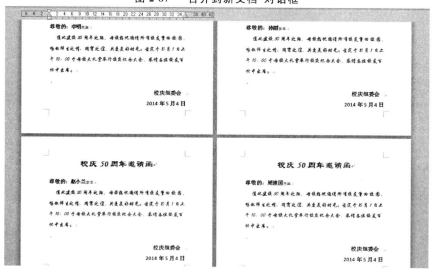

图 2-88 邮件合并后的文档

另外，单击"邮件"功能区"创建"功能组中的"中文信封"命令按钮，还可以使用"信封制作向导"，与数据源文件中的地址和邮政编码信息合并生成漂亮又标准的中文信封，将上面制作的邀请函邮寄出去。

第 3 章 Microsoft Office Excel 2010 电子表格处理软件

Microsoft Office Excel 2010(以下简称 Excel 2010)是 Microsoft Office 系统套装软件中的一个组件,称为电子表格处理软件。Excel 2010 可以创建工作簿并设置其格式,具有强大的数据组织、计算、分析和统计功能,可以跟踪数据,生成数据分析模型,还能以多种方式透视数据,并以各种具有专业外观的图表来显示数据,方便用户进行数据处理、做出合理的业务决策。

本章主要介绍 Excel 2010 中数据的编辑与格式设置、工作簿和工作表的管理、单元格引用及公式和函数在数据统计与分析中的应用、图表的创建、数据的排序、汇总、筛选和数据透视表的创建等。

3.1 Excel 2010 概述

3.1.1 Excel 2010 的基本功能

Excel 2010 在保留了早期版本主要功能的基础上,增加了许多新功能,Excel 2010 的基本功能可概括如下。

1. 强大的制表功能

Excel 2010 能将用户所输入的数据自动形成二维表格形式。

2. 数据计算功能

Excel 2010 对以前版本的某些函数进行了重命名,以便更好地说明其用途。另外,增加了一系列更精确的统计函数和其他函数,提高了其数据处理能力和工作效率。

3. 数据统计分析功能

Excel 2010 不仅能对数据进行计算、排序、筛选、分类、汇总以及数据透视表等统计分析,而且还新增了迷你图和切片器等功能,并对数据透视表及其他现有功能进行了改进,可以帮助用户了解数据中的模式或变化趋势,便于用户做出更明智的决策。

4. 数据图表功能

Excel 2010 能按工作表中某个区域内的数据自动生成多种统计图表,能将工作表中的数据更直观地表现出来,具有较好的视觉效果,可以查看数据的差异、图案和预测趋势。使用数据条、色阶和图标集以及条件格式设置,可以轻松地突出显示所关注的单元格或单元格区域、强调特殊值和可视化数据。

5. 数据打印功能

Excel 2010 处理完数据后,可以对电子表格进行编辑排版,通过打印预览功能预览编排效果,再通过打印功能打印所需的页面。

6. 改进的图片编辑工具

Excel 2010 中增加了图片编辑工具,可以创建具有整洁、专业外观的图像。

7. 支持高性能计算

Excel 2010 包含与高性能计算(High Performance Computing,HPC)群集集成的功能,方便用户使用计算群集来扩大计算规模,提高大数据计算的速度。

8. 远程发布数据功能

Excel 2010 可以将工作簿或工作表中的数据保存为 Web 页,并进行发布,使其能在 HTTP 站点、FTP 站点、Web 服务器或网络服务器上使用。

3.1.2 Excel 2010 的窗口组成

启动 Excel 2010,系统默认创建一个空的工作簿"工作簿 1"并打开,进入如图 3-1 所示窗口界面,该窗口主要由标题栏、选项卡、功能区、名称框、编辑栏、工作表格区、滚动条和状态栏等组成。

图 3-1 Excel 2010 窗口组成

1. 标题栏

标题栏位于窗口的顶部,最左边为快捷键区,中间显示了当前打开工作簿的文件名。

2. 选项卡

选项卡栏位于标题栏下方,有"文件""开始""插入""页面布局""公式""数据""审阅"和"视图"8 个选项卡。在某个选项卡上单击,即可在功能区内显示该选项卡的所有功能。

3. 功能区

与 Word 2010 一样,选定不同的选项卡,Excel 2010 功能区内的相应功能按钮会发生变化。

4. 名称框

名称框是一个下拉列表框,显示当前活动单元格的名称,用户也可直接在名称框内输入相应单元格地址,按回车键后将该单元格设置为活动单元格。

5. 编辑栏

用户在活动单元格内输入或修改数据时,编辑栏中也会出现同样的内容,并且其左侧会出现"取消""输入""插入函数" ✕ ✓ fx 3 个功能按钮。用户也可将光标定位于某一单元格后,直接在编辑栏中编辑该单元格的数据。

6. 工作表格区

工作表格区是 Excel 2010 窗口的主体部分,是一个由行和列组成的二维表格,用于存放用户输入的数据或公式。

3.1.3　Excel 2010 的相关概念

Excel 2010 的基本信息元素主要有工作簿、工作表、单元格和单元格区域。

1. 工作簿

工作簿是在 Excel 2010 中创建的、用来存储并处理用户数据或公式的电子表格文件,其默认的文件扩展名为.xlsx(Excel 2003 以前版本所创建文件的扩展名为.xls)。工作簿文件类似于会计的活页账簿,每个工作簿可以包括一张或多张工作表,每个工作表可以有自己独立的数据,一个工作簿默认的工作表有 3 个,其名称分别为 Sheet1、Sheet2 和 Sheet3。

2. 工作表

一个工作表就是一个规则的二维表格,由众多的排成行和列的单元格组成,最多可有 16 384 列,1 048 576 行,用来保存、处理用户的各类数据。当前正在被编辑的工作表称为活动工作表,一个工作簿只能有一个活动工作表。

3. 单元格

单元格是 Excel 2010 的最基本单元,由横线和竖线分隔而成,其大小可任意改变。每个单元格都有名称(或称为"地址"),默认由列标和行号组成,列标用字母 A,B,C,…,Z;AA,AB,AC,…,AZ;BA,BB,BC,…,BZ;…;ZA,ZB,ZC,…,ZZ;AAA,AAB,AAC,…,XFD 表示,最多可有 $2^{14}=16\ 384$ 列,行号用数字 1,2,3,…,1 048 576 表示,最多可有 $2^{20}=1\ 048\ 576$ 行,最小单元格地址为 A1,最大单元格地址为 XFD1048576,单元格的名称可以自己重新定义,但不能和标准名称及已定义的名称重名。当前光标所处的单元格称为活动单元格,以黑色方框标记,如图 3-1 中所示的活动单元格为 C6。单元格可用来存放输入的文本、数值、日期和公式等各类数据。

4. 单元格区域

单元格区域是指工作表内一组被选定的相邻或不相邻的单元格。对一个单元格区域操作就是对该区域内所有单元格执行相同的操作。在选定区域外单击,即可取消原选定区域。

5. 填充柄

填充柄是指选定的单元格或单元格区域右下角的黑色小方块。在数据处理时借助于填充柄能方便、快捷地处理符合某一规律的数据。

3.2 工作表的基本操作

3.2.1 工作表的编辑

1. 数据录入

Excel 2010 能处理多种类型的数据,如文本数据、数值数据、日期数据和逻辑数据等。输入数据的基本方法是首先单击需要输入数据的单元格,选定该单元格,然后输入数据,最后按回车键或单击编辑栏左侧的【√】按钮确定。若需要在一个单元格内输入多行数据,则需要按[Alt]+[Enter]键换行。

在数据输入时,输入的数据在单元格和编辑栏内同时显示,按回车键确定后,系统对所输入的数据按指定或默认格式进行格式化后再显示。由于不同类型的数据具有不同的属性,因此,在用户没有明确指定数据类型的情况下,系统会根据用户输入数据的具体内容进行判别,赋予数据以默认的数据类型。

数据录入一般有以下几种方法。

(1)直接输入数据。

①数值数据。若输入的内容为有效的数值串,仅包含数字(0~9)及有效的+、-、/、E、e、$(美元符号)、%、小数点(.)、千位分隔符(,)等字符,如"-123,456.78",则系统自动将其判别为数值数据,按回车键确定后,以右对齐方式显示。若要输入分数,为避免和日期格式混淆以致系统将其判别为日期,应先输入"0"和空格,再输入分数,如输入"0 1/5",则在单元格中显示 1/5,但若直接输入"1/5",则在单元格中显示为 1 月 5 日。

②文本数据。若输入的内容为字母、数字、汉字或一些 ASCII 符号等字符组合而成的字符串,而非纯数值或纯日期时间字符串,则系统将其判别为文本数据,以左对齐方式显示。若希望将纯数值或纯日期时间字符串作为文本数据,则应先输入半角的单引号,再输入纯数值或纯日期时间字符串,或者直接输入="数值串"、="日期时间串",例如要输入"001",则应输入"'001"或"="001""。也可先选定需要输入数据的区域,单击"开始"选项卡,在其功能区中的"数字"组内的"数字格式"下拉列表框中选择"文本"选项,指明该单元格数据的类型,然后再直接输入即可。

③日期时间数据。不同于数值数据,日期时间数据有其特殊的格式。日期的输入格式为:年-月-日或年/月/日,若输入的数据不是正确的日期格式,则 Excel 2010 会将其判别为文本数据。时间的输入格式为:"时:分 AM/PM",AM 表示上午,PM 表示下午,分钟数字与 AM 或 PM 间要用空格隔开。若要在同一单元格内输入日期和时间,则应在其间用空格隔开。若要输入当天的日期,可按[Ctrl]+[;](分号),若要输入当前时间,可按[Ctrl]+[Shift]+[:](冒号)。

(2)使用填充柄输入序列或重复数据。

在数据输入过程中,有时需要输入序列数据。序列数据有 3 类:文本序列、数值序列和日期序列。文本序列是指文本中含有数字序列的字符串。例如,在处理学生学籍和成绩的数据时,若学号类似 2013001,2013002,…则可当作数值序列,若学号类似 ZK2013001,ZK2013002,…则可当作文本序列。Excel 2010 能通过填充柄的应用自动产生序列数据。

①在选定的单元格及其相邻单元格内依次输入序列的前两项,选定这两个单元格,此时,该单元格区域的右下角出现一个黑色小方块,如图 3-2(a)所示,将鼠标移至填充柄(黑色小方块)上,此时鼠标指针由空心的"✪"加号变成实心的"+"加号,沿序列数据要填充的方向拖动

鼠标至需要填充数据的单元格,释放鼠标即可得到所需序列数据,如图 3-2(b)所示,系统会自动判别序列数据的步长。

②如果序列数据为文本序列并且步长为 1,则只需在第一个单元格内输入序列数据的首项,即可直接使用填充柄填充。但如果序列数据为数值序列并且步长为 1,则还需按住[Ctrl]键才能使用填充柄填充,否则只能产生相同的重复值。而对于文本序列,若填充时按住[Ctrl]键,则产生相同的重复值。

③如果选定的单元格区域(同行或同列内连续的 1 个、2 个或多个单元格)内的数据不满足序列特征,则拖动填充柄会产生选定单元格区域数据的序列重复,如图 3-2(c)所示。

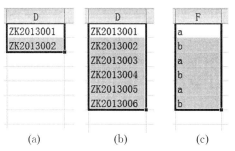

图 3-2 填充柄产生序列数据

④使用填充柄可以同时在多行或多列上同步进行填充。

(3)使用菜单输入序列或重复数据。

在需要存放序列数据的第一个单元格内输入序列的第一项,选定需要填充的单元区域,在"开始"选项卡的功能区内,单击"编辑"组内"填充"按钮右侧的下拉箭头,如图 3-3 所示,在图中选择"系列"选项,打开如图 3-4 所示的"序列"对话框。

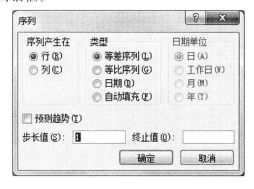

图 3-3 "填充"快捷菜单　　　　　　　图 3-4 "序列"对话框

在图 3-3 所示的"序列"对话框中的"步长值"文本框内输入步长值,选择相应的"类型",再单击"确定"按钮即可填充所需要的数据。也可以不必选定需要填充的单元格区域,只在第一个单元格内输入第一个序列数据,再在"序列"对话框的"步长值"文本框内输入步长值,"终止值"文本框内输入终止值,再单击"确定"按钮即可自动填充指定的序列项。

(4)快速输入相同的数据。

若需要在选定的单元格区域内输入相同的数据,可以先选定所有要输入相同数据的单元格区域,连续或不连续均可,然后输入内容,再按[Ctrl]+[Enter]键即可。

(5)其他快速输入方法。

①记忆式输入。当输入的字符与同一列中已输入的内容相匹配时,系统将自动填写其他字符,如果用户认可,则可按[Enter]键,接受提供的字符,如果不认可,则可继续手工输入其余的字符。

②下拉列表输入。手工输入数据时,同一文本数据有时可能会在不同的地方输入不一致。例如,同一个单位可能输入不同的名称(如清华大学、清华),它们实际上表示同一内容,但在统计时却当作不同的单位。为了避免此类错误的发生,可以在选取单元格后,右键单击,在快捷菜单中选择"从下拉列表中选择"命令,或者按[Alt]+[↓]键,然后在弹出的输入列表中选择所需要输入的选项即可。

③获取外部数据。单击"数据"选项卡中的"获取外部数据"组中的相应按钮,可以导入其他应用软件生成的不同格式的数据文件。

2. 数据修改

(1)修改数据内容。

对已经录入到 Excel 2010 中的数据,在编辑、排版时有些可能需要进行调整或修改。将光标定位于需要修改的单元格上,直接输入数据,则单元格的原有数据全部被替换,若要取消刚输入的数据,可按[Esc]键或单击编辑栏左侧的取消按钮【×】;若只需要修改单元格中的部分数据,应在该单元格上双击鼠标,此时,鼠标指针变成"I"型,再在单元格内改变光标位置,进行修改即可。

(2)修改数据格式。

当不认可 Excel 2010 对单元格内数据类型的自动判别结果,可修改该单元格的数据格式从而指定单元格内的数据类型。例如,将 Excel 2010 单元格内的日期数据删除,再输入数字,系统会自动将数字转换成日期数据,若需要还原成数值数据,需要修改其数据格式。

选定单元格或单元格区域,在其上右键单击,选择快捷菜单中的"设置单元格格式"选项,弹出如图 3-5 所示的"设置单元格格式"对话框,在"数字"选项卡的"分类"列表框中选择相应的数据类型,然后点击【确定】按钮即可。

图 3-5 "设置单元格格式|数字"对话框

(3)撤销/重做。

若对上一次的操作不满意,可单击快捷工具栏上的"撤销"按钮,将上次操作撤销;若撤销后发现该操作不应该撤销,可单击工具栏上的"恢复"按钮即可恢复,恢复操作一定要紧跟在撤销操作之后,否则"恢复"就会失效。

3. 查找和替换

Excel 2010 的查找与替换功能可以在工作表中快速定位到用户要查找的信息，并且可以有选择地用其他值代替。在 Excel 2010 中，用户可以在一个工作表或多个工作表中进行查找与替换。

在进行查找、替换操作之前，应该先选定一个搜索区域。如果选定一个单元格，则仅在当前工作表内进行搜索；如果选定一个单元格区域，则只在该区域内进行搜索；如果选定多个工作表，则在多个工作表中进行搜索。

打开"开始"选项卡，在功能区的"编辑"组内单击"查找和选择"按钮，然后在弹出的如图 3-6 所示的快捷菜单中选择"查找"菜单选项，系统将打开"查找和替换"对话框，如图3-7所示。

在查找内容的下拉列表框内输入要查找的内容，单击【查找下一个】按钮即可进行查找，如果找到，光标会定位于第一个符合条件的单元格上，如果没找到，则出现搜索不成功的对话框。如果单击【查找全部】按钮，则会弹出一个对话框，列出所有符合条件的信息。

图 3-6 "查找和选择"快捷菜单

Excel 2010 不仅能查找指定的信息，也能查找设置了某些格式的信息。

替换操作的方法与查找类似，可直接在图 3-6 中选择"替换"选项，或单击图 3-7 中的"替换"选项卡打开"替换"对话框，如图 3-8 所示，在"查找内容"下拉列表框内输入查找信息，在"替换为"下拉列表框内输入替换信息，单击【替换】按钮可替换当前查找到的需要被替换的内容，若单击【全部替换】按钮，则会依次查找当前工作表内所有需要被替换的内容并将其用替换信息替换掉。

图 3-7 "查找和替换－查找"对话框

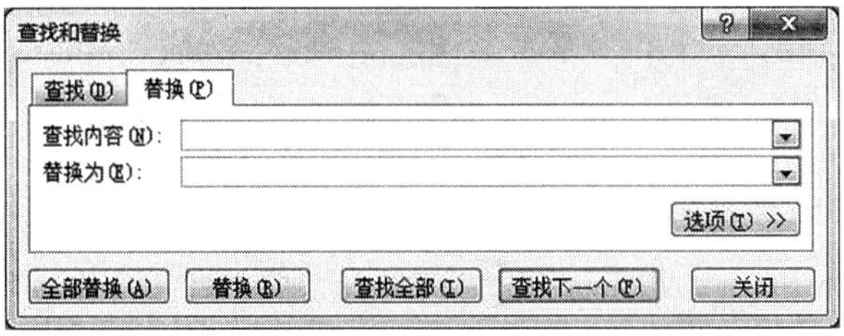

图 3-8 "查找和替换－替换"对话框

4.数据有效性

在使用 Excel 2010 的过程中,经常需要录入大量的数据,难免会发生误操作,所输入的数据会超出正常值范围,为了避免此类错误的出现,可以利用 Excel 2010 的数据有效性功能限定输入数据的取值范围,提高数据录入的准确性。

(1)数据录入前的有效性设置。

数据录入前的有效性设置是设定输入数据的取值范围,当输入的数据在取值范围内,则接受该值,否则拒绝并弹出输入错误提示信息。

①选定需要设定有效性设置的数据区域,打开"数据"选项卡,在"数据工具"组内单击"数据有效性"按钮,如图 3-9 所示。

②选择"数据有效性"选项,打开如图 3-10 所示"数据有效性"对话框。

图 3-9 "数据工具"组

图 3-10 "数据有效性"对话框

③在"允许"下拉列表框中选择"整数"项,此时"数据"列表框的值变为"介于",在其下方最小值和最大值文本框中分别输入最小值和最大值,按【确定】按钮即完成数据有效性设置。则以后在该单元格区域内输入数据时,若输入值超出此范围,则弹出相应的错误信息提示对话框。

④也可以设定其他有效性条件。若选择"序列"选项,则在"来源"中可输入所需要的一组数据,如音乐学院,美术学院,商学院,计算机学院,或选择事先已在某列或某行输入的一组数据,这样,当在该单元格区域内单击某个单元格时,就会看到一个下拉箭头,点击该箭头即可展开下拉列表框,选择相应数据即可,如图 3-11 所示,若输入其他数据,系统就会出现"输入值非法"对话框。

图 3-11 "数据有效性|设置"应用

(2)对已录入数据的校验。

对已录入的数据,可通过下面的方法来校验其数据的正确性。

选定要校验的单元格区域,设置数据的有效性,然后在图 3-9 中选择"圈释无效数据"选项,系统就会将所有无效数据用红色椭圆圈出来,便于用户修改。

5. 单元格区域操作

对单元格区域内的数据进行复制、移动、删除等操作之前,应先选定单元格区域。

(1) 单元格区域选定。

选定单元格区域的常用方法如表 3-1 所示。

表 3-1 选定单元格区域的常用方法

功能	操作
选定单个单元格	①用单击选定单元格 ②在名称框内输入要选定单元格的地址 ③用键盘的上、下、左、右光标键来选定单元格 ④使用"查找与选择"功能
选定连续单元格	①将鼠标移至要选定区域四周角上的某个单元格,按住左键沿对角线拖动至区域的最后单元格 ②选定要选定区域四周角上的某个单元格,按住[Shift]键,单击对角线方向上的另一个单元格
选定整行或整列	①单行或单列。单击行标号或列标号即可选定一行或一列 ②连续的多行或多列。单击要选定的第一行或第一列,拖动鼠标至要选定的末行或末列,或按住[Shift]键,再直接单击要选定的末行或末列
选定叠加区域	按[Ctrl]键,再依次选定多个子区域
选定所有单元格	按[Ctrl]+[A]键或单击名称框下方的【全选】按钮

(2) 单元格区域复制。

①使用剪贴板。选定要复制的单元格区域,打开"开始"选项卡,在其功能区的"剪贴板"组内单击"复制"按钮(若要将选定的内容复制成图片,则应单击"复制"按钮右边的下拉箭头,选择"复制为图片"选项),再定位到目标单元格区域的首个单元格,单击功能区的"剪贴板"组内的"粘贴"按钮。若复制的内容包含公式,而在粘贴时只需要粘贴其数值,则应单击"粘贴"按钮下拉箭头,如图 3-12 所示,选择"粘贴数值"即可。

注意:在选择复制操作后,源单元格区域周围会出现闪烁的虚线方框,只要虚线方框不消失,就可进行多次"粘贴"操作,一旦虚线方框消失,就不能进行"粘贴"操作,若不需要"粘贴"操作,按[Esc]键或在其他单元格内双击即可取消虚线方框。

图 3-12 "剪贴板"组

②使用键盘和鼠标拖动。在同一页面中要复制单元格的内容,也可使用键盘和鼠标来完成。选定要复制的单元格区域,将鼠标移至选定单元格区域的黑色外框上,鼠标指针变成选择型箭头,按住[Ctrl]键,此时鼠标指针右上角增加了一个加号,按住鼠标左键拖动鼠标至目标单元格,释放鼠标和[Ctrl]键,单元格区域的内容即可复制。

③使用快捷键。选定要复制的单元格区域,按[Ctrl]+[C]键,再将光标定位到目标区域,按[Ctrl]+[V]键即可。

(3) 单元格区域移动。

①使用鼠标拖动。与单元格区域的复制类似,选定要移动的单元格区域,将鼠标移至选定

单元格区域的黑色外框上,鼠标指针变成选择型箭头,按住左键拖动鼠标至目标单元格即可。拖动过程中有一虚线框随着移动。

②使用剪贴板或快捷键。先选定要移动的单元格区域,然后剪切,再定位到目标单元格,最后粘贴即可。

6.单元格、行或列的插入和删除

(1)插入单元格。

在需要插入单元格的位置右键单击,选择快捷菜单中的"插入"菜单选项,在如图 3-13 所示的"插入"对话框中选择"活动单元格右移"或"活动单元格下移"选项,单击【确定】按钮即可插入单元格。若要在同一位置插入多个单元格,可先选定多个单元格,再按上述方法操作即可。

图 3-13 "插入"对话框

(2)插入行。

插入行的常用方法有 4 种。

①在要插入行的行标号上直接右键单击,选择快捷菜单中的"插入"菜单选项,即可直接插入一行。

②选定某一行,打开"开始"选项卡,在功能区的"单元格"组内单击"插入"按钮,即可在选定行前插入一行。

③若选定的是行内的任意单元格,则应单击功能区的"单元格"组内"插入"按钮下侧的下拉箭头,选择"插入工作表行"选项即可,也可选择"插入单元格",打开如图 3-13 所示的"插入"对话框,选择"整行"选项即可完成插入一行。

④在需要插入行的任意单元格内右键单击,选择快捷菜单中的"插入"菜单选项,在弹出的如图 3-13 所示的"插入"对话框中选择"整行",单击【确定】按钮即可插入一行。

(3)插入列。

插入列与插入行的方法类似,只需改变为对列进行操作。

(4)单元格、行或列的删除。

①整行或整列的删除。选定行或列,在选定区域上单击右键,选择快捷菜单中的"删除"菜单选项,或打开"开始"选项卡,在功能区的"单元格"组内单击"删除"按钮,或单击"删除"按钮下侧的下拉箭头,选择"删除工作表行"或"删除工作表列"选项即可删除被选定的行或列。

②非整行或整列的删除。选定单元格区域,单击功能区的"单元格"组内"删除"按钮,则删除选定的区域,并且其后的区域相应地进行移动,默认移动方式是,若区域下方单元格有数据,则下方单元格向上移动,否则右侧单元格向左移动。若不想采用默认移动方式,则可在选定单元格区域上右键单击,选择"删除"选项弹出如图 3-14 所示"删除"对话框,用户可选择相应的选项进行删除。

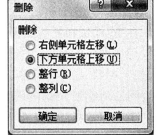

图 3-14 "删除"对话框

注意:选定单元格区域后,若仅按[Delete]键则只会删除选定单元格区域内的数据,其后的数据不会产生移动。

3.2.2 单元格的格式设置

录入数据后,一般都需要对单元格及其中的数据进行格式化,使得工作表的外观更美观,排版更整齐。

单元格的格式设置主要包括 6 个方面:行高、列宽、数字格式、对齐方式、字体格式、边框和底纹等。

1. 调整行高、列宽

Excel 2010 工作表建立后,所有单元格的高度和宽度都有相同的默认值。当输入字符串宽度大于单元格宽度时,如果右侧相邻单元格内没有数据,则超过的部分能跨列显示,但如果右侧相邻单元格内有数据,则超过的部分不能显示;当输入的数值或日期时间数据宽度大于单元格宽度时,在单元格内则显示"＃＃＃＃＃"。因此,如果需要完整地显示数据,则应调整单元格的宽度或高度。

可以通过下述方法调整行高。

(1)利用鼠标直接拖曳。将鼠标光标移到行标分界线上,当鼠标指针变成一个双向箭头的十字形时,按住左键拖曳行标分界线即可。

(2)精确设置。选定需要设置行高的行,选择"开始|单元格|格式|行高"选项,或右键单击,在快捷菜单中选择"行高"选项,然后在弹出的"行高"对话框中直接输入行高即可。

(3)自动调整。选定需要设置行高的行,选择"开始|单元格|格式|自动调整行高"选项,系统会根据选定行中的内容自动调整行高。

通过同样的方法可以调整列的宽度。

2. 字体格式

选定要设置字体格式的单元格区域,在选定区域上右键单击,在快捷菜单中选择"设置单元格格式"选项,打开如图 3-15 所示的"设置单元格格式"对话框,在"字体"选项卡上选择相应的颜色、字体、字形、字号、下划线、上标和下标等。也可以先选定要设置字体格式的单元格区域,打开"开始"选项卡,在功能区内的"字体"组内选择字体、字形、字号等。

图 3-15 "设置单元格格式|字体"对话框

若要给同一单元格中的文字设置不同的格式，只需选定文字，然后设置其格式即可。

3. 对齐方式

选定单元格区域，然后打开“开始”选项卡，在功能区的“对齐方式”组内选择不同的按钮即可完成对齐方式的设置，也可单击“对齐方式”组右侧的扩展箭头，打开如图 3-16 所示“设置单元格格式”对话框，在对话框内完成相应的设置。

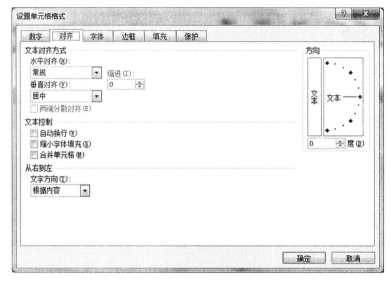

图 3-16　“设置单元格格式”对话框

文本对齐方式包括水平对齐和垂直对齐，水平对齐方式有常规、靠左、居中、靠右、填充、两端对齐、跨列居中和分散对齐等；垂直对齐方式有靠上、居中、靠下、两端对齐和分散对齐。

显示方向有垂直、水平和任意角度（$-90°\sim90°$），在设置字符倾斜角度时，可用鼠标拖动表示文本方向的指针，也可在“倾斜角度”文本框中直接输入倾斜度数。

文本控制属性包括：“自动换行”“缩小字体填充”和“合并单元格”。“自动换行”功能是当单元格中输入的数据长度大于单元格宽度时系统会自动换行。“缩小字体填充”功能是当单元格容纳不下所输入数据时，系统会自动将数据字体缩小使其宽度与单元格宽度相同，若选择了自动换行，再选择此项，则此功能无效。“合并单元格”功能是将选定的多个单元格合并成一个大单元格。

	A	B	C	D
1	2013级新生入学成绩表			
2	学号	姓名	籍贯	入学成绩
3	201301001	王静茹	湖南长沙	589
4	201301002	李媛	江西南昌	583
5	201301003	张大鹏	湖北武汉	584

图 3-17　学生成绩表

例如，要排版如图 3-17 所示的表格标题，可先在 A1 单元格中输入标题内容，再选定 A1:D1 单元格（表示从 A1 到 D1 构成的矩形区域内包含的单元格区域），单击“开始”选项卡功能区中的“对齐方式”组内的“合并后居中”按钮；或右键单击，在快捷菜单中选择“设置单元格格式”选项，在“设置单元格格式”对话框内单击“对齐”选项卡，在“对齐”选项卡的“水平对齐”下拉列表框和“垂直对齐”下拉列表框中选择“居中”，选定“合并单元格”，即可得到如图 3-17 所示的效果。

4. 数字格式

Excel 2010 中提供了多种数字格式,如小数位数、百分号、货币符号、分数、科学计数等。所选数字被格式化后,在单元格中显示的是格式化后的效果,而在编辑栏中显示的是原始数据。

数字格式化的常用方法有两种。

(1)使用工具栏。

①选定包含数字的单元格区域。

②打开"开始"选项卡,根据需要,分别单击功能区的"数字"组内的相应命令按钮即可,如图 3-18 所示。若原始数据为 1234.56,分别设置后,其效果如图 3-19 所示。

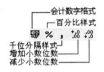

¥1,234.56　123456%　1,234.56　1234.560　1234.6

图 3-18　数字格式　　　　　　　图 3-19　各种数字格式效果图

(2)使用对话框。

①选定包含数字的单元格区域。

②单击功能区内"数字"组右侧的扩展箭头,或在选定区域内右键单击,选择"设置单元格格式"菜单选项,打开"设置单元格格式"对话框,选择"数字"选项卡,如图 3-20 所示。

图 3-20　"设置单元格格式|数字"对话框

③在分类列表框内选择所需的分类格式,进行相应的设置。

④单击【确定】按钮,完成设置。

5. 表格边框

在默认情况下,所看到的 Excel 2010 单元格表格线都是统一的淡虚线,在打印输出时,不会被打印出来,用户若需要表格线,必须另行设置。

(1)选定要加表格线的单元格或单元格区域。

(2)右键单击,在快捷菜单中选择"设置单元格格式"选项,打开"设置单元格格式"对话框,选择"边框"选项卡,如图 3-21 所示。具体操作时,可先选择线条样式,再在预置中选择外边框和内部,也可选择不同的线条样式,单击边框中不同边框按钮,产生不同线条的表格。或直接打开"开始"选项卡,在功能区的"字体"组内单击"表格边框线"按钮右侧的下拉箭头,选择相应的边框线即可。

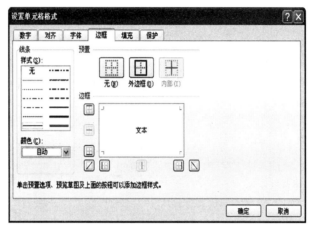

图 3-21 "设置单元格格式|边框"对话框

6.单元格底纹

单元格底纹是指单元格的背景颜色或图案。

(1)选定要设置底纹的单元格或单元格区域。

(2)在选定单元格区域上单击右键,选择快捷菜单的"设置单元格格式"选项,在"设置单元格格式"对话框的"填充"选项卡上选择单元格背景颜色、填充效果、图案样式和图案颜色等,单击【确定】即可。

7.格式的复制与删除

当某些单元格数据设置了字体、字形、字号、边框和底纹等格式后,若其他单元格也需要设置相同的字符格式,不必重复设置这些格式,采用格式刷进行格式复制即可完成这些重复操作。

(1)选定要复制格式的单元格。

(2)打开"开始"选项卡,双击功能区中的"剪贴板"组内的"格式刷"按钮,此时选定单元格周围增加了一个虚线闪烁的方框,且鼠标指针右侧会出现一把小刷子。

(3)移动鼠标至目标单元格,按住鼠标左键,拖动鼠标至需要格式化的单元格区域,释放鼠标,Excel 2010 会自动将源单元格所使用的格式应用到目标单元格区域上。

(4)若还需要格式化其他单元格数据,按照步骤(3)继续操作,若不需继续复制该格式,则单击"格式刷"按钮,或按[Esc]键,即可停止格式的复制。

若单元格数据已进行了格式设置,如不再需要,可直接删除,恢复到默认设置。操作步骤是:打开"开始"选项卡,在功能区的"编辑"组内单击"清除"按钮,选择"清除格式"选项即可。

8.条件格式

在实际应用中,很多情况需要根据单元格数据的不同值,动态地设置该数据的字符格式,通过前面所介绍的字符格式无法完成,但 Excel 2010 所提供的"条件格式"可以实现这个功能。"条件格式"功能可以根据单元格内容有选择地自动应用格式,为 Excel 2010 在处理数据时增色不少,也为数据处理带来了很多方便。Excel 2010 版比 Excel 2003 版的条件格式增加了不少新功能,如图 3-22 所示。

图 3-22　条件格式菜单选项

如要将图 3-23 中所有学生所有科目成绩大于 85 的以浅红色填充,文本为深红色,则其具体操作是:先选定 C3:E10 单元格区域,单击图 3-22 中"大于"选项,打开"大于"对话框,如图 3-24 所示。在文本框内输入 85,单击【确定】按钮即可将所有符合条件的单元格设置为浅红色填充,深红色文本。如要设置其他格式,可打开"格式设置"下拉列表框,自主设置。

图 3-23　学生成绩表　　　　　　　　　　图 3-24　"大于"对话框

如果要将图 3-23 中所有学生所有科目成绩大于等于 80 的以浅红色填充,文本为深红色,小于 60 的设置为黄色填充,深黄色文本,60～80 的设置为绿色填充,深绿色文本,采用上面的单一条件的设置方法无法实现,可以选择图 3-22 中的"管理规则"选项,打开"条件格式规则管理器"对话框,如图 3-25 所示。单击"新建规则"按钮,打开"新建格式规则"对话框,如图 3-26 所示。在选择规则类型中选择第二条(只为包含以下内容的单元格设置格式),在条件下拉列表框内选择"大于或等于"选项,在文本框内输入 80,再单击"格式"按钮,打开"格式"对话框,在其中设置指定的格式,单击【确定】按钮即可,按同样的操作步骤,完成三种不同条件下的格式设置,如图 3-27 所示,单击【确定】按钮,表格中的数据就会根据其值以不同的颜色来显示。

图 3-25 "条件格式规则管理器"对话框

图 3-26 "新建格式规则"对话框

图 3-27 添加条件后的"条件格式规则管理器"对话框

如果在操作的过程中,有规则需要修改,可以在图 3-27 中单击"编辑规则"按钮,进行相应的修改,如某个条件不需要,则应在图 3-27 中先单击该条件选项,再单击"删除规则"按钮即可。

如有一股票数据表如图 3-28 所示,要将表中所有股票的今日卖价高于昨日收盘价显示为红色,低于昨日收盘价则显示为绿色。其操作步骤为:

	A	B	C	D
1	股票信息表			
2	股票代码	股票名称	昨日收盘价	今日卖价
3	000001	平安银行	12	12
4	000002	万科A	7.08	8
5	000004	国农科技	11.56	11.8
6	000005	世纪星源	2.5	2.4

图 3-28 股票信息表

(1)先选定 D3 单元格。

(2)单击图 3-22 中的"管理规则"选项,在图 3-25 中选择"新建规则"按钮,在"新建格式规则"对话框内选择"使用公式确定要设置格式的单元格"选项,如图 3-29 所示,在公式输入文本框内输入"=D3>C3",再单击"格式"按钮,设置相应的格式,单击【确定】按钮完成第一个条件的相关设置。

第一部分 实践指导

图 3-29 "新建格式规则"对话框

(3) 再按第二步的方法，设置 D3＜C3 时的相应格式。

(4) 选定 D3 单元格，双击"格式刷"按钮，选定 D4:D6 单元格即可完成所有股票数据的相关设置。

在 Excel 2010 中，条件格式不仅可以快速突出显示相关数据，还可以以色阶、数据条、图标等方式显示数据，使结果一目了然。具体操作时先选定所有数据，打开"开始"选项卡，在功能区的"样式"组内单击"条件格式"按钮，再选择"数据条"选项，在打开的选项中选择所需要的颜色。当鼠标移至所选择颜色时，即可预览结果，单击鼠标左键即可确定所选择的颜色。

3.2.3 工作表的管理

1. 插入工作表

插入工作表也称为新建工作表，可以通过以下几种方法来完成。

(1) 打开"开始"选项卡，在功能区的"单元格"组内单击"插入"按钮的下拉箭头，选择"插入工作表"选项就可在活动工作表前面插入一个新的工作表，并自动将新建的工作表设置为活动工作表。

(2) 在工作表标签上右键单击，在快捷菜单上选择"插入"选项，打开如图 3-30 所示的"插入"对话框，双击"常用"选项卡上的"工作表"图标，或单击【确定】按钮即可插入新的工作表。

(3) 直接单击工作表标签右侧的"插入工作表"按钮 来插入新的工作表。

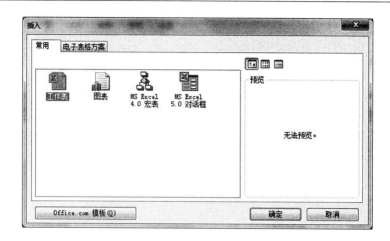

图 3-30 "插入|工作表"对话框

2.删除工作表

删除工作表的常用方法有两种。

(1)选中要删除的工作表,打开"开始"选项卡,在功能区的"单元格"组内单击"删除"按钮的下拉箭头,选择"删除工作表"选项。

(2)在工作表标签上右键单击,在快捷菜单中选择"删除"选项,如果工作表没有被编辑过,则直接删除,否则会出现如图 3-31 所示的对话框,单击【删除】按钮就可将选定的工作表删除。

图 3-31 "删除工作表"对话框

3.移动工作表

将鼠标移至需要移动的工作表的标签上,按住左键不动,拖动鼠标,此时工作表标签上会出现一个黑色的倒三角图形指示工作表被拖放的位置,如图 3-32 所示,释放鼠标,就可将工作表移到指定的位置。

图 3-32 工作表标签

4.复制工作表

复制工作表的常用方法有两种。

(1)按住[Ctrl]键,用鼠标拖动要复制的工作表标签至要增加新工作表的位置,此时,鼠标上的文档标记会增加一个"＋"号,释放鼠标和[Ctrl]键,就会创建原工作表的一个副本。

(2)直接在被复制工作表的工作表标签上右键单击,在快捷菜单中选择"移动或复制工作表"选项,在"移动或复制工作表"对话框内选择新工作表所处位置,选择建立副本复选框,如图 3-33所示,单击【确定】即可。

图 3-33 "移动或复制工作表"对话框

5．工作表重命名

工作表重命名的常用方法有：

(1)在需要重命名的工作表标签上右键单击，在快捷菜单中选择"重命名"选项，此时，工作表标签处于可编辑状态，输入新的工作表名，按回车键即可。

(2)在需要重命名的工作表标签上双击，此时，工作表标签处于可编辑状态，输入新的工作表名，按回车键即可。

(3)选中需要重命名的工作表，打开"开始"选项卡，在功能区的"单元格"组内单击"格式"按钮的下拉箭头，选择"重命名工作表"选项，此时，工作表标签处于可编辑状态，输入新的工作表名，按回车键即可。

6．工作表窗口的拆分和冻结

(1)拆分窗口。

由于屏幕的大小有限，当表格太大时，往往只能看到表格的部分数据，若需要将工作表中相距较远的数据关联起来，可将窗口划分为几个部分，以便在不同的窗口内查看、编辑同一工作表的不同部分的内容。工作表窗口的拆分有两种：水平拆分和垂直拆分。

拆分操作很简单，将鼠标移至"水平拆分条"或"垂直拆分条"上，左右或上下拖动"拆分条"到合适位置，释放鼠标即可。

将"拆分线"拖回原位置，或在分隔线上双击，或单击"窗口"组内"拆分"按钮，均可取消拆分。

(2)冻结窗口。

如果工作表的数据项较多，采用垂直或水平滚动条查看数据时，标题行或列将无法显示出来，造成查看数据不便。例如，有一学生成绩表，学生考试科目很多，查看学生总分、平均分时，左边的学生学号、姓名会从左侧移出屏幕，此时，很难将所看到的总分和平均分与该学生对应起来。Excel 2010 提供的冻结窗口功能可以解决这个问题。窗口冻结的目的是固定窗口左侧几列或上端几行。

选定要冻结点的行标号或列标号，在"窗口"组内单击"冻结窗格"按钮的下拉箭头，选择"冻结拆分窗格"选项，可将选定的行号的上端几行或选定的列号的左侧几列冻结。若选定冻结点时只选定了某个单元格，则在冻结窗格时会在水平和垂直两个方向上将窗口冻结。

若要撤销窗口冻结,只需在"窗口"组内单击"冻结窗格"按钮的下拉箭头,选择"取消冻结窗格"选项即可。若只需要冻结首行或首列,可以直接在"窗口"组内单击"冻结窗格"按钮的下拉箭头,选择"冻结首行"或"冻结首列"选项来完成。

3.2.4 工作表的打印

与 Word 2010 文档比较,Excel 2010 文件的打印要复杂一些。在打印工作表之前,一般还需要进行页面方向设置、页边距设置、页眉/页脚设置、工作表设置等。

1. 页面设置

Excel 2010 页面设置包括纸张方向、纸张大小、页边距、页眉和页脚等,可以在"页面布局"选项卡功能区中的"页面设置"组内完成,也可以单击"页面设置"组右侧的扩展箭头,打开如图3-34所示的"页面设置"对话框,在该对话框中可以设置相应的参数。

(1) 设置页面。

在"页面"选项卡上可以设置纸张的方向和打印缩放比例,在"纸张大小"下拉列表框中选择纸张的大小,单击【打印】按钮打开"打印"对话框,可设置打印的份数、范围等。

图 3-34 "页面设置|页面"对话框

(2) 设置页边距。

在如图 3-35 所示的"页面设置"对话框的"页边距"选项卡中,可设置页面的上、下边距,左、右边距,页眉和页脚的距离。选择"居中方式"中的"水平"居中和"垂直"居中复选框,可将表格居中打印。

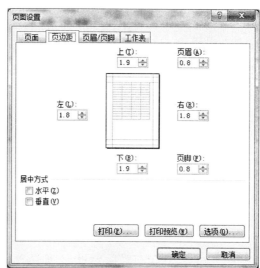

图 3-35 "页面设置|页边距"对话框

(3) 设置页眉和页脚。

在"页面设置"对话框中单击"页眉/页脚"选项卡,如图3-36所示,在"页眉"下拉列表框中预存了常用的页眉方式,选择所需页眉的形式,从上方预览框中可以看到所选页眉的效果;同样,页脚也可以这样设置。除了预定义的几种页眉和页脚,用户也可以自定义页眉和页脚,若要自定义页脚,具体操作步骤如下:

单击"自定义页脚"按钮,打开如图3-37所示的"页脚"对话框,从图3-37中可以看出页脚的设置分为左、中、右三个部分,光标停留在左边的输入框中,用户可改变光标位置,在左、中、右三个文本框中输入所需的文本,或直接单击上方相应按钮,插入"页码""页数""时间""日期"等,选定输入的文本或插入的数据,单击"字体"按钮,可打开"字体"对话框,设置文本所需格式,单击【确定】按钮即返回到"页脚"对话框,在下方预览区可浏览到刚才的设置效果。

图 3-36 "页面设置|页眉/页脚"对话框

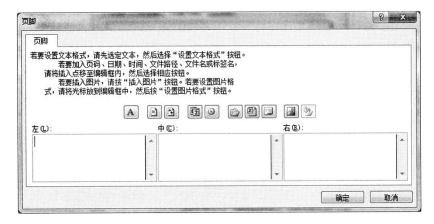

图 3-37 "页脚"对话框

(4) 设置工作表。

Excel 2010 在处理表格时,经常在一个工作表中有很多条记录,若直接打印,则按默认的方式分页,一般只有在第一页中有表的标题,其他页面中都没有,这往往不符合要求,浏览起来也很不方便。通过给工作表设置一个打印标题区即可在每页上打印出所需标题。

在"页面设置"对话框中选择"工作表"选项卡,如图3-38所示。单击"顶端标题行"中的按钮,对话框变成了一个小的输入条,在工作表中选择表格最上方的几行作为表的标题,单击输入框中的"返回"按钮,或直接在"顶端标题行"文本框中输入要作为表的标题的数据区(如需要将第一行和第二行作为每页标题,输入＄1：＄2即可),单击【确定】按钮回到"页面设置"对话框。成功设置后,在打印预览或打印过程中,所有页面中都会有表格标题。另外,在"工作表"选项卡中还可以设置打印区域、打印顺序和其他一些有关打印参数。

图3-38 "页面设置|工作表"对话框

2．工作表的打印

打印文稿时一般会在打印之前预览打印效果,审查文稿编排是否符合要求,如果有些设置不符合要求或效果不太理想(如页边距太窄、分页位置不恰当和一些不合理的排版等),可在预览模式下进一步调整打印效果,直到符合要求再进行打印,以免浪费时间和纸张。

(1)打印预览。

打开"文件"选项卡,单击【打印】按钮,或在前面的"页面设置"对话框中单击【打印预览】按钮切换到"文件"选项卡窗口,在该窗口右侧即可预览其效果。

(2)打印。

完成对工作表的文本信息格式、页边距、页眉和页脚等设置后,通过打印预览调整排版效果后,就可开始打印输出。

单击"文件"选项卡内的打印按钮,也可在图3-36所示的"打印"对话框中单击【打印】按钮切换到打印页面,在该页面中可以设置打印机的名称、打印范围、打印份数等,再单击"打印"即可打印工作表中的所有页面内容。

如不采用Excel 2010默认的打印区域,则应先选定需要打印的区域。具体操作步骤是:先选定需要打印的区域,打开"页面布局"选项卡,单击"页面布局"功能区中的"页面设置"组内的【打印区域】按钮,选择"设置打印区域"选项,再按上述方法打印即可。若要取消已设置好的打印区域,可单击"页面设置"组内的"打印区域"按钮,选择"取消打印区域"选项即可。

3.3 数据处理与分析

3.3.1 单元格的引用

单元格引用是函数中最常见的参数,引用的目的在于标识工作表的单元格或单元格区域,并指明公式或函数所使用数据的位置,便于使用工作表中的数据,或者在多个不同函数中使用同一个单元格的数据。在引用单元格时,可以引用同一个工作表中的单元格,也可以引用同一个工作簿的不同工作表的单元格,还可以引用不同工作簿中的数据。有关公式和函数的概念将在下一节做详细介绍。

根据公式所在单元格的位置发生变化时单元格引用的变化情况,可将引用分为相对引用、绝对引用和混合引用三种类型。

1. 相对引用

相对引用是指当复制或移动单元格后,其公式中引用的单元格的地址随着位置的变化而发生变化。例如:假定学生成绩表中 C1 单元格中存放的是语文(A1)和数学(B1)成绩之和,其公式为"=A1+B1",当公式由 C1 单元格复制到 C2 单元格后,C2 单元格中的公式变为"=A2+B2"。注意,C1 和 C2 单元格中的公式的具体形式没有发生变化,只有被引用的单元格地址发生了变化,若公式自 C 列继续向下复制,则公式中引用单元格地址的行标会自动加 1,通过相对引用和填充柄的自动填充功能,可以很快计算出成绩表中所有同学的语文和数学总分。

2. 绝对引用

绝对引用是指当复制或移动单元格后,其公式中引用的单元格的地址不会随位置的变化而发生变化。若要实现绝对引用功能,则公式中引用的单元格地址的行标和列标前必须加上"$"符号,如:公式为"=$A$1+$B$1",则无论公式复制到何处,其引用的单元格区域均为"A1:B1"。

3. 混合引用

混合引用是指公式中既有绝对引用又有相对引用的引用形式。如:"=A$1+B$1"。

上面介绍的三类引用都是引用同一工作表中的数据。若要引用同一个工作簿中不同工作表的数据,则引用的单元格地址不仅要包含单元格或区域引用,还要在单元格前面加上"工作表名称!"。如当前工作表为 Sheet1,若在 C1 单元格中存放 Sheet2 工作表的 A1 和 B1 单元格的数据之和,则 C1 中的公式为"=Sheet2!A1+Sheet2!B1"。若要引用不同工作簿中的数据,则应在被引用单元格的前面加上"[工作簿名称]工作表名称!",如引用为"[Book2]Sheet1!A1:C1",表示引用工作簿 Book2 中工作表 Sheet1 的 A1 到 C1 单元格区域。

3.3.2 公式和函数

Excel 2010 的主要功能不仅在于显示、存储数据,更重要的是对数据的处理能力,允许使用公式和函数对数据进行计算、统计和分析。

1. 公式

在 Excel 2010 中,公式是由用户根据实际需要自主设计的算式,能结合常量、单元格引用、函数和运算符等元素进行数据计算和处理，一般直接返回处理结果。利用公式可以对同一个工作表的各单元格、同一个工作簿的不同工作表中的单元格或不同工作簿的工作表中的单元格进行算术运算和逻辑运算等。使用公式来处理数据的优越性在于：当公式中的引用单元格的数据发生变化，系统会重新计算，自动更新与之关联的单元格中的数据。

(1) 公式的一般形式。

所有公式必须以"＝"开始，后面是表达式，其形式为：＝表达式。表达式与数学中的表达式类似，可由常量、变量、函数及运算符组成，Excel 2010 表达式中的变量通常为单元格地址或单元格区域地址。公式中的单元格地址、函数名的英文字母不区分大小写，标点符号只能用西文标点符号。

(2) Excel 2010 常用运算符及其优先级。

Excel 2010 常用运算符及其运算规则如下。

①算术运算符：％（百分比）、^（乘方）、*（乘）、/（除）、＋（加）、－（减）。其优先级为：％ 和 ^、* 和 /、＋ 和 －。

②关系运算符：＞（大于）、＜（小于）、＝（等于）、＞＝（大于等于）、＜＝（小于等于）、＜＞（不等于）。其优先级相同。

③引用运算符：冒号（区域运算符）、逗号（联合运算符）、空格（交叉运算符）。

例如：SUM(A1:C2)，表示对 A1、A2、B1、B2、C1、C2 构成的矩形区域求和；SUM(A1,B1,C2)，表示对 A1、B1、C2 三个单元格的数据求和；SUM(A1:C3 B2:D4)，表示对由区域 A1:C3 和 B2:D4 中四个共同的单元格 B2、C2、B3、C3 的数据求和。

④文本运算符：&，表示将符号两侧的文本连接在一起，形成新的字符串。

公式和一般的数据一样，可以进行输入、修改，也可以进行复制和粘贴等操作，但要注意在有单元格引用的地方，无论使用什么方式在单元格中填入公式，都存在一个相对和绝对引用的问题。

2. 函数

Excel 2010 函数是系统为了解决某些通过简单的运算不能处理的复杂问题而预先编辑好的特殊算式。函数包括函数名、括号和参数三个要素。函数名称后紧跟括号，参数位于括号中间，其形式为：函数名([参数1[,参数2[,…]]])，不同函数的参数数目不一样，有些函数没有参数，有些函数有一个或多个参数。函数的结构如图 3-39 所示，一个函数有一个唯一的名称。

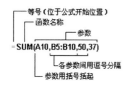

图 3-39 函数结构图

为了方便用户处理数据，Excel 2010 提供了大量的函数，这些函数分为 13 类，这里仅介绍一些常用函数。

(1) SUM 函数。

格式：SUM(Number1[,Number2][,…])

功能：对参数中的数值求和，参数中的空值、逻辑值、文本或错误值将被忽略。

参数：Number1、Number2…为需要求和的值，可以是具体的数值、引用的单元格（区域）等，参数不超过 255 个。

实例：＝SUM(A1:F1)是对 A1～F1 六个单元格内的数据求和；＝SUM(A1:C1,E1:F1)

是对 A1～C1、E1～F1 五个单元格内的数据求和。

相关函数：SUMIF、SUMIFS。

SUMIF(Range,Criteria,[Sum_range])函数对区域中符合指定条件的值求和。Range 为用于条件计算的单元格区域；Criteria 为条件表达式，其形式可以为数字、表达式、单元格引用、文本或函数，需要注意的是，任何文本条件或含有逻辑或数学符号的条件都必须使用双引号" "括起来，如果条件为数字，则无须使用双引号；Sum_range 为需要求和的实际单元格，若省略，则对 Range 参数中指定的单元格区域求和。假设有一工资表中员工工资存放在 F 列，职称存放在 B 列，则公式"＝SUMIF(B1:B100,"中级",F1:F100)"表示统计 B1:B100 区域内职称为"中级"的员工工资总额，而公式"＝SUMIF(F1:F100,"＞＝3000")"则表示统计 F1:F100 区域内工资大于等于 3000 的员工工资总额。

SUMIFS(…)函数对区域中满足多个条件的单元格求和。

(2)AVERAGE 函数。

格式：AVERAGE(Number1,Number2…)

功能：对参数中的数值求算术平均值。

参数：Number1,Number2…为需要求平均值的数值或引用单元格(区域)，如果引用区域中包含"0"值单元格，则计算在内，如果引用区域中包含空白或字符单元格，则不计算在内，参数不超过 255 个。

相关函数：AVERAGEIF、AVERAGEIFS。

(3)MIN 函数。

格式：MIN(Number1,Number2…)

功能：求出一组数中的最小值。

参数：Number1,Number2…为需要求最小值的数值或引用单元格(区域)，参数不超过 30 个，如果参数中有文本或逻辑值，则被忽略。

相关函数：MAX。

(4)COUNT 函数。

格式：COUNT(Number1,Number2…)

功能：求各参数中含数字以及参数列表中的含数字的单元格的个数。

参数：Number1,Number2…为单元格或单元格区域、常量，其类型不限。

相关函数：COUNTIF、COUNTIFS。

(5)IF 函数。

格式：＝IF(Logical,Value_if_true,Value_if_false)

功能：根据对指定条件的逻辑值，判断其真假，返回相应的内容。

参数：

Logical 为关系表达式或逻辑表达式。

Value_if_true 表示当判断条件为逻辑"真(TRUE)"时的返回值，如果忽略则返回"TRUE"。

Value_if_false 表示当判断条件为逻辑"假(FALSE)"时的返回值，如果忽略则返回"FALSE"。

实例：在 D18 单元格中输入公式"＝IF(C18＞＝60,"及格","不及格")"，则若 C18 单元格中的数值大于或等于 60,D18 单元格显示"及格",否则显示"不及格"。

(6) INT 函数。

格式:INT(Number)

功能:求不大于 Number 数值的最大整数。

参数:Number 表示需要取整的数值或包含数值的引用单元格。

(7) TRUNC 函数。

格式:TRUNC([Number,num_digits])

功能:将指定数值 Number 的小数部分截去,返回整数部分。

参数:Number 为需要进行截去操作的数值;num_digits 指明需保留小数点后面的位数,省略则截去所有的小数部分。

(8) MOD 函数。

格式:MOD(Number1,Number2)

功能:求出两数相除的余数。

参数:Number1 为被除数;Number2 为除数。

(9) AND 函数。

格式:AND(Logical1,Logical2…)

功能:如果所有参数值均为逻辑"TRUE",则返回逻辑"TRUE",否则返回逻辑"FALSE"。

参数:Logical1,Logical2…,表示待测试的条件值或关系表达式,最多有 30 个。

相关函数:OR。

(10) RANK 函数。

格式:RANK(Number,Ref[,Order])

功能:返回某一数值在一组数据中相对于其他数值的排位。

参数:Number 为需要排序的数值,Ref 为排序数值所处的单元格区域,Order 为排序方式(如果为"0"或者忽略,则按降序排位,如果为非"0"值,则按升序排名)。注意:Number 参数一般采取相对引用形式,而 Ref 参数则采取绝对引用形式。

(11) Now 函数。

格式:Now()

功能:根据计算机系统设定的日期和时间返回当前的日期和时间值。

相关函数:TODAY(当前日期)。

(12) MID 函数。

格式:MID(Text,Start_num,Num_chars)

功能:返回文本字符串中从指定位置开始的特定数目的字符,该数目由用户指定。

参数:Text 为包含要提取字符的文本字符串;Start_num 为提取字符的起始位置;Num_chars 为提取字符的个数。

相关函数:LEFT、RIGHT。提取左边或右边的若干个字符。

3.函数嵌套

通过常用函数的使用能方便地进行一些简单计算,但对于比较复杂的计算采用单个函数可能很难解决,这时可采用函数的嵌套使用来解决。

函数嵌套是指把一个函数作为另一个函数的参数。例如：现有学生成绩表如图3-40所示，C列存放的是学生成绩，D列存放学生成绩的等级，等级的分类标准为：85分以上为优秀，70～84为良好，60～69分为合格，60分以下为不合格。现利用公式对学生成绩进行分类，通过分析，常用函数IF能根据指定条件进行判断，返回相应内容，但是，一个IF函数只能判断一个条件，而本例有三个条件，若要用IF函数来实现成绩等级分类，则只能采用IF函数嵌套，其公式为"=IF(C3>=85,"优秀",IF(C3>=70,"良好",IF(C3>=60,"合格","不合格")))"，在D3单元格中输入该公式，按回车键确定后，通过填充柄就可完成其他同学的成绩等级分类。

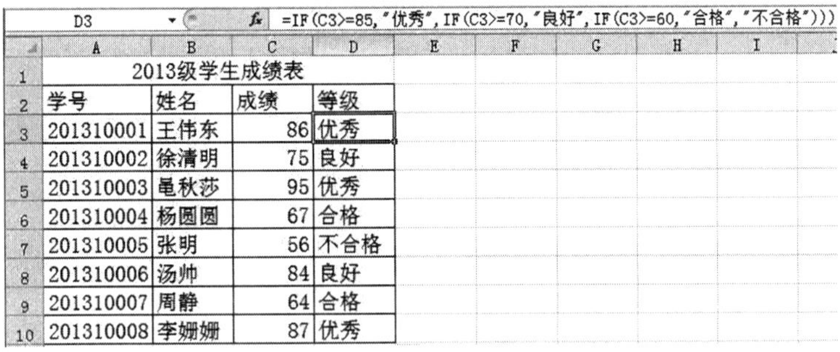

图3-40 学生成绩等级分类情况

4. 插入公式或函数

当某一单元格需要用公式来进行数据处理时，用户可以像输入数字或文本信息一样，在单元格内或编辑栏内直接输入公式或函数，也可借助"插入函数"对话框实现函数的输入。

现以如图3-41所示的学生期末考试成绩表为例，介绍公式或函数的输入方法。

（1）使用"插入函数"按钮。

①将光标定位于F3单元格。

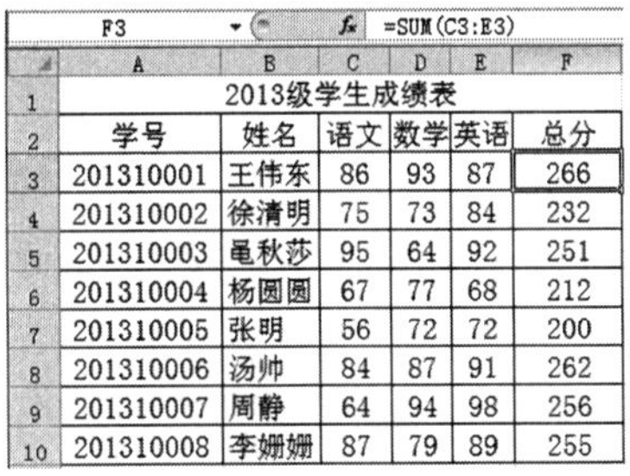

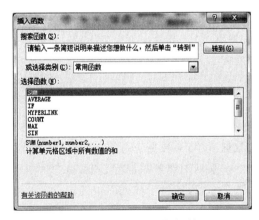

图3-41 学生期末考试成绩表　　图3-42 "插入函数"对话框

②单击编辑栏中的 f_x 按钮，打开如图3-42所示的"插入函数"对话框，该对话框中的"选择类别"下拉列表框中列举了所有函数的类型，"选择函数"列表框中列举了选定函数类型的所有函数，用户可根据需要选择所需函数（本例选用SUM函数），单击【确定】按钮，产生如图3-43所示"函数参数"对话框。若不知道所需函数属于哪一类型，可在函数分类列表框中选择"全部"，则右侧列表框会将全部函数显示出来，再来寻找所需函数。在列表框下方有所选择函数

的帮助信息。

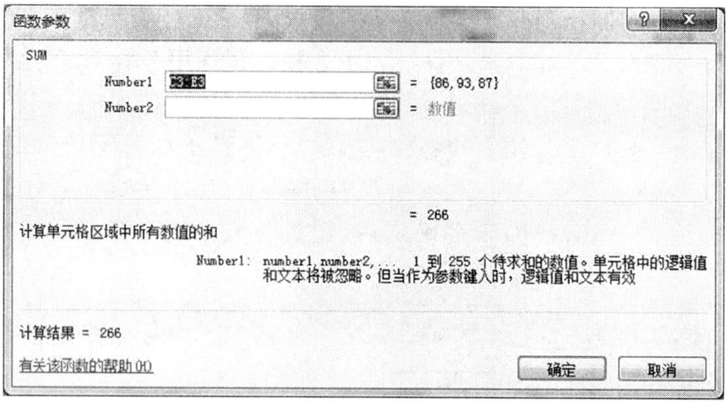

图 3-43 "函数参数"对话框

③在对话框的"Number1"文本框中直接输入"C3:E3",或单击文本框右侧的按钮 放大文本框,输入数据后单击按钮 ,返回"函数参数"对话框,或用鼠标拖动"函数参数"对话框,让表格数据能显示出来,释放鼠标,再用鼠标在表格区选择所需单元格,此时文本框内会出现所选定的单元格区域,若还有参数,则按同样的方法针对 Number2 进行处理,所有参数选定后,单击【确定】按钮即可。

(2) 直接输入法。

如果用户对于公式编辑比较熟练,或者要输入一些嵌套关系复杂的公式,利用编辑栏输入或在单元格中直接输入会更加方便、快捷。具体步骤如下:

①将光标定位于 F3 单元格。

②在 F3 单元格或编辑栏中输入"=C3+D3+E3",或输入"=SUM(C3:E3)",按回车键确定。

③输入了一个公式后,F4~F10 单元格内的公式就可通过填充柄来获得。将光标定位于 F3 单元格,然后将鼠标移至 F3 单元格的填充柄上,拖曳鼠标至 F10 单元格,释放鼠标即可计算所有同学的总分。

3.3.3 数据排序

Excel 2010 不但具有对数据处理的能力,而且还能管理数据,具有数据库的部分功能,能建立数据清单,对数据进行快速的排序、筛选、分类汇总等。所谓数据清单是指包含一组相关数据的一系列工作表数据行。Excel 2010 在对数据清单进行管理时,一般把数据清单看作是一个数据库,行相当于数据库中的记录,行标题相当于记录名,列相当于数据库中的字段,列标题相当于字段名。实际上,数据清单可以看成一个规则的二维表格区域。

数据排序后能够更方便地进行查找和分析,提高数据处理的效率。数据排序是指对数据按某种顺序(关键字)重新排列,根据实际需求可以按升序或降序排列。

1. 快速排序

简单、快捷的排序方法是直接将光标定位于所需排序的列中,打开"数据"选项卡,在功能区的"排序和筛选"组内单击"降序"按钮 或"升序"按钮 ,则整个表中的数据会按"降序"或

"升序"重新排列。需要注意的是:若排序对象为中文字符,则按"汉语拼音"顺序排序;若排序对象为西文字符,则按"西文字母"顺序排序。

2.多条件排序

若要对多个字段进行排序,具体操作步骤如下:

(1)选定要排序的单元格区域,若没有选择数据区域,系统会自动选择光标所处的连续区域。

(2)在选定区域内右键单击,在快捷菜单中选择"排序|自定义排序"菜单选项,或打开"数据"选项卡,在功能区的"排序和筛选"组内单击"排序"按钮,则打开如图3-44所示的"排序"对话框。

图3-44 "排序"对话框

(3)在对话框的"主关键字"列表框中选择要排序的字段(如:"总分"),中间"排序依据"下拉列表框中有"数值""单元格颜色""字体颜色"和"单元格图标"4个选项,针对总分字段,此处选择"数值"选项,在右侧"次序"下拉列表内选择"升序"排序方式;若在主关键字相同时还想进一步区分,可以单击【添加条件】按钮,添加次要关键字,再按主关键字的设置方法来设置即可,所有选项选定后,单击【确定】按钮即可将表中的选定数据重新排列。在Excel 2010中,排序条件最多可以支持64个关键字。

(4)若要对汉字按笔画排序,可在"排序"对话框中选择【选项】按钮,打开"排序选项"对话框,如图3-45所示,可选择按"笔画排序"方式进行排序。

3.3.4 数据筛选

排序可按照某种顺序重新排列数据,便于查看,当数据较多时,而用户只需查看一部分符合条件的数据,使用"筛选"功能则更为方便。筛选是将单元格区域内满足条件的数据显示出来,不满足条件的数据暂时隐藏起来,当筛选条件删除后,隐藏的数据又会被显示出来。这样,可以让用户更方便地对数据进行查看。

图3-45 "排序选项"对话框

数据筛选分为自动筛选和高级筛选。自动筛选主要适用于简单条件的筛选,操作方便,若条件比较复杂,则可使用高级筛选。在这里仅介绍自动筛选。

(1)将光标定位于需要筛选的单元格区域中任一单元格。

(2)打开"数据"选项卡,单击功能区的"排序和筛选"组内的"筛选"按钮,则表格标题单元格变成下拉列表框,如图 3-46 所示。

图 3-46　自动筛选成绩表　　　　　图 3-47　自动筛选条件选择

(3)单击总分标题(以总分筛选为例)的筛选箭头,弹出快捷菜单,单击"数字筛选"选项打开其子菜单,如图 3-47 所示。在图 3-47 中选择需要筛选的选项,完成相应的设置即可。也可选择"自定义筛选"选项,打开如图 3-48 所示"自定义自动筛选方式"对话框,输入相应的条件,单击【确定】按钮即可筛选出指定条件的数据。在设置自动筛选的自定义条件时,可以使用通配符,其中问号(?)代表任意单个字符,星号(*)代表任意一组字符。

自动筛选只能对各字段间实现"逻辑与"关系,即几个字段同时满足的各自条件。若要实现"逻辑或"关系的筛选,只能选用高级筛选。

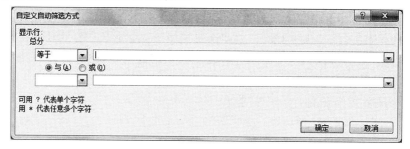

图 3-48　"自定义自动筛选方式"对话框

在 Excel 2010 的数据表格中,如果单元格填充了颜色,还可以按照颜色进行筛选。

3.3.5　数据分类汇总

分类汇总是常用的数据处理之一。分类汇总是对数据清单按某个字段进行分类,将字段值相同的连续记录分为一类,对数据列表中的数值字段进行各种统计计算,如:求和、计数、平均值、最大值、最小值、乘积等。在分类汇总之前,必须先对分类字段进行排序,以便单元格区域内同类数据集中在一起,否则分类毫无意义。

下面以 2013 级所有院系同学的成绩表为例介绍分类汇总的具体操作过程。

(1)单击成绩工作表中的要分类汇总的数据列(如:单击"院系"这一列)中任一单元格。

(2)打开“数据”选项卡,在功能区的“排序和筛选”组内单击“升序”或“降序”按钮,对成绩表按院系排序。

(3)在功能区的“分级显示”组内单击“分类汇总”按钮,在如图 3-49 所示“分类汇总”对话框的“分类字段”下拉列表框中选择分类字段“院系”,选择汇总方式为“平均值”,在“选定汇总项”中选择需要汇总的字段“成绩”,单击【确定】按钮,即可得到每个院系的平均成绩,如图 3-50 所示。

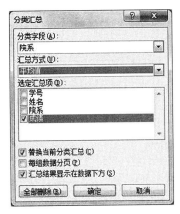

图 3-49　“分类汇总”对话框

	A	B	C	D
1	2013级学生成绩表			
2	学号	姓名	院系	成绩
3	201310003	亀秋莎	工学院	95
4	201310006	汤帅	工学院	84
5			工学院　平均值	89.5
6	201310001	王伟东	商学院	86
7	201310004	杨圆圆	商学院	67
8			商学院　平均值	76.5
9	201310007	周静	文学院	64
10	201310008	李姗姗	文学院	87
11			文学院　平均值	75.5
12	201310002	徐清明	信息院	75
13	201310005	张明	信息院	56
14			信息院　平均值	65.5
15			总计平均值	76.8

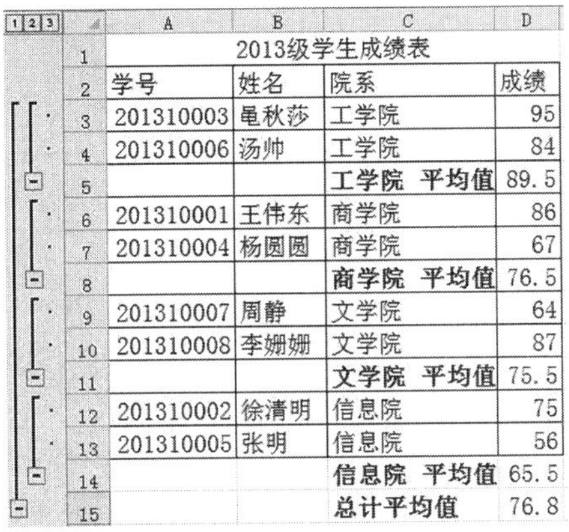

图 3-50　分类汇总结果

在分类汇总中的数据是分级显示的,在左上角有分级 1 2 3 按钮,“1”表示在表中只显示总计项,“2”表示显示总计项和分类总计项,“3”表示所有数据及总计项和分类总计项。

3.3.6　建立数据透视表

分类汇总功能适合于按一个字段进行分类,对一个或多个字段进行汇总,但当用户需要按多个字段进行分类并汇总时,必须使用数据透视表功能。

数据透视是 Excel 2010 提供的一种功能强大的数据分析工具,能根据数据清单中的某些特殊字段,汇总相关信息。数据透视表是一种交互式的报表,用于对多种数据源(包括 Excel 2010 的外部数据源)的数据进行汇总和分析,创建数据透视表时,可以指定所需要的字段、数据透视表的组织形式及所要统计的数据计算类型。另外,可以对已建好的数据透视表进行重新排列,以便从不同的角度查看、分析数据。例如,要统计各院系男女生的平均成绩,既要按“院系”分类,又要按“性别”分类,此时就要用到数据透视表。

创建数据透视表通过向导来完成。

(1)把光标定位于数据源内的任意一个单元格内。

(2)在“插入”选项卡中的“表格”组内单击“数据透视表”按钮,选择“数据透视表”选项,打开“创建数据透视表”对话框,如图 3-51 所示。在该对话框中选择要分析的数据源,指定数据透视表要存放的位置。

(3)单击【确定】按钮,Excel 2010 就会产生

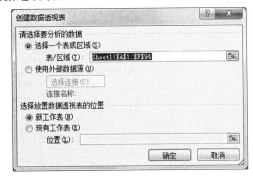

图 3-51　数据透视表向导

一个空的数据透视表,如图 3-52 所示。

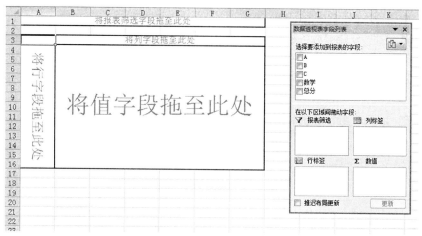

图 3-52 空数据透视表及设置窗口

数据透视表包含以下几个部分:

①报表筛选。数据透视表中最上面的标题,称为页字段,对应图 3-52 中"数据透视表字段列表"中"报表筛选"区域内的内容。单击图 3-54 中的页字段的下拉按钮,选择"选择多项"复选项,即可选择数据透视表中要显示的字段项。

②行区域。是数据透视表中最左面的标题,被称为行字段,对应图 3-52 中"数据透视表字段列表"中"行标签"区域内的内容。单击图 3-54 中的"行标签"的下拉按钮,可以选择要在数据透视表中显示字段项。

③列区域。在数据透视表中被称为列字段,对应图 3-52 中"数据透视表字段列表"中"列标签"区域内的内容。单击图 3-54 中的列字段的下拉按钮,可以选择要在数据透视表中显示的字段项。

④值区域。是数据透视表中的数字区域,执行相应计算,在数据透视表中被称为"值字段",作为"列标签"的具体值,默认数值显示"求和项:",文本显示为"计数项:",右键单击"求和项:成绩",在如图 3-53 所示的快捷菜单中选择"值字段设置"选项,打开如图 3-53 所示的"值字段设置"对话框,在对话框中可以修改该字段的显示名称,选择值字段的计算类型,如:"求和""计数""最大值"和"最小值"等。还可以将值字段多次放入数据区域,以便求得同一字段的不同显示结果。

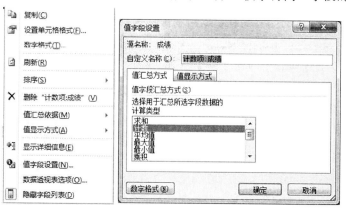

图 3-53 "值字段设置"对话框

(4)将“数据透视表字段列表”中学院字段拖入“报表筛选”区域，将“专业”和“性别”字段拖入“行标签”区域内，将“成绩”字段拖入“数值”区域两次，得到如图 3-54 所示的数据透视表。

(5)在图 3-54 中的“求和项:成绩”上右键单击，在如图 3-53 所示的快捷菜单中选择“值字段设置”选项，打开“值字段设置”对话框，在对话框中选择值字段的计算类型为“最大值”，在字段的显示名称框内输入“最高分”，单击“确定”按钮。按同样的方法将“求和项:成绩 2”设置为平均分，结果如图 3-55 所示。

2	学院	(全部)	
3			
4	行标签	求和项:成绩	求和项:成绩2
5	⊟法学	417	417
6	男	251	251
7	女	166	166
8	⊟行政管理	336	336
9	男	165	165
10	女	171	171
11	⊟化学	356	356
12	男	83	83
13	女	273	273
14	⊟化学工程与工艺	212	212
15	女	212	212
16	⊟教育学	590	590
17	男	253	253
18	女	337	337
19	⊟社会学	937	937
20	男	846	846
21	女	91	91
22	⊟思想政治教育	514	514
23	男	338	338
24	女	176	176
25	⊟哲学	1168	1168
26	男	848	848
27	女	320	320
28	⊟政治学与行政学	1207	1207
29	男	430	430
30	女	777	777
31	⊟知识产权	443	443
32	男	187	187
33	女	256	256
34	⊟制药工程	631	631
35	男	311	311
36	女	320	320
37	⊟资源循环科学与工程	922	922
38	男	427	427
39	女	495	495
40	总计	7733	7733

图 3-54　学生数据透视设置图

2	学院	(全部)	
3			
4	行标签	最高分	平均值
5	⊟法学	86	83.4
6	男	85	83.7
7	女	86	83.0
8	⊟行政管理	92	84.0
9	男	86	82.5
10	女	92	85.5
11	⊟化学	86	71.2
12	男	83	83.0
13	女	86	68.3
14	⊟化学工程与工艺	90	70.7
15	女	90	70.7
16	⊟教育学	90	84.3
17	男	90	84.3
18	女	90	84.3
19	⊟社会学	92	85.2
20	男	92	84.6
21	女	91	91.0
22	⊟思想政治教育	94	85.7
23	男	90	84.5
24	女	94	88.0
25	⊟哲学	91	83.4
26	男	91	84.8
27	女	85	80.0
28	⊟政治学与行政学	96	86.2
29	男	94	86.0
30	女	96	86.3
31	⊟知识产权	95	88.6
32	男	95	93.5
33	女	89	85.3
34	⊟制药工程	87	78.9
35	男	82	77.8
36	女	87	80.0
37	⊟资源循环科学与工程	91	83.8
38	男	91	85.4
39	女	87	82.5
40	总计	96	83.2

图 3-55　学生成绩数据透视结果

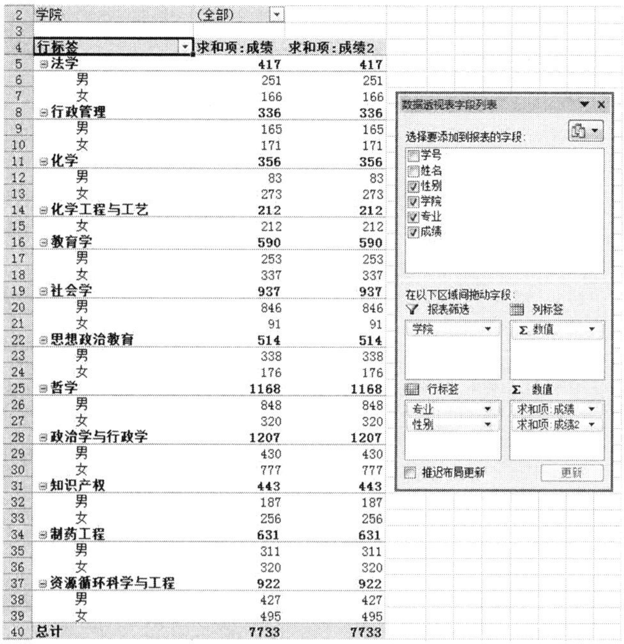

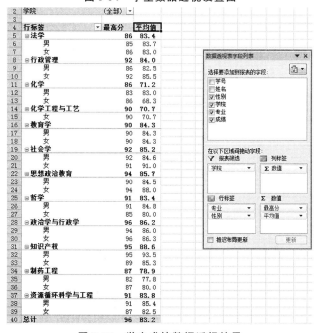

3.3.7 数据图表

Excel 2010 提供了 SmartArt 图形和图表两种功能。SmartArt 图形是信息和观点的可视化形式,而图表是数值数据的可视化形式。SmartArt 图形通常是为文本数据而设计的,图表是为数值数据而设计的。如要创建组织结构图、显示层次结构、决策树等可使用 SmartArt 图形;如要创建条形图或柱形图、创建折线图或 XY 散点(数据点)图、创建股价图(用于描绘波动的股价)等可使用图表的功能。图表具有较好的视觉效果,表示的数据简洁、直观,可方便用户查看数据的分布、差异和预测趋势,在数据统计中具有广泛的用途。

1. SmartArt 图形

创建 SmartArt 图形的步骤如下:

(1)打开"插入"选项卡,在"插图"组内单击"SmartArt"按钮,打开如图 3-56 所示的"选择 SmartArt 图形"对话框。

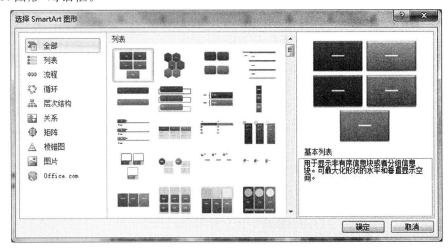

图 3-56 "选择 SmartArt 图形"对话框

(2)在"选择 SmartArt 图形"对话框中,单击所需的类型和布局,单击【确定】按钮。例如:在类型中选择"层次结构"选项,在布局中选择"圆形图片层次结构"选项,即可得到如图 3-57 所示的 SmartArt 图形,如果要对已产生的图形进行修改,可单击该图形,此时,选项卡栏内会出现 Smart 工具的"设计"和"格式"选项卡。

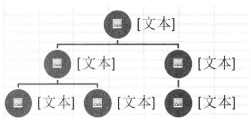

图 3-57 圆形图片层次结构图

(3)在"设计"选项卡的"创建图形"组内单击"文本窗格"按钮,在图 3-58 中的"在此处键入文字"列表框内输入相关信息,即可得到图 3-58 右侧的学校行政管理机构图。

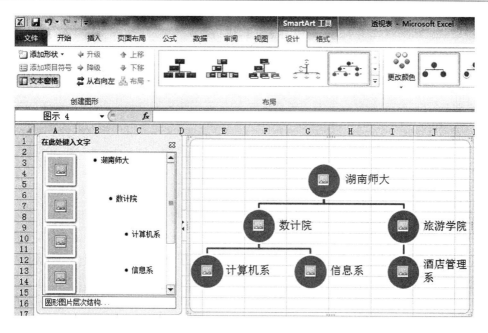

图 3-58 学校行政管理机构图

2.图表

创建图表的具体步骤如下：

(1)选择创建图表需要的数据区域,如在图 3-28 中,选择股票信息表中股票名称和昨日收盘价两列数据。

(2)在"插入"选项卡上的"图表"组内单击图表类型,再选择要使用的图表子类型。若要查看所有可用的图表类型,单击"图表"组右侧的扩展箭头,打开如图 3-59 所示的"插入图表"对话框,在模板中选择"折线图",在折线图中选择"堆积折线图"类型,单击【确定】按钮即可产生如图 3-60 所示的折线图。

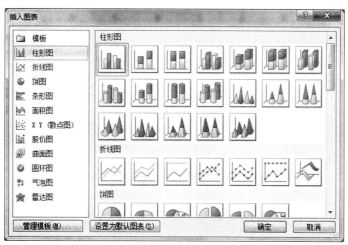

图 3-59 "插入图表"对话框

注意:在默认情况下,所创建的图表会直接嵌入到当前工作表中。如果要将图表放在单独

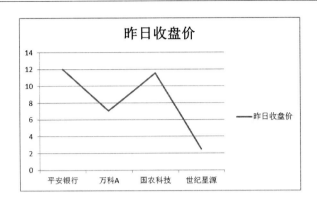

图 3-60　股票昨日收盘价折线图

的工作表或其他工作表中,则可按如下步骤操作:

(1)单击图表的任意位置激活图表,此时,选项卡栏会将显示"图表工具",其中包含"设计""布局"和"格式"选项卡。

(2)在"设计"选项卡功能区中的"位置"组内"移动图表"按钮,打开如图 3-61 所示的"移动图表"对话框。

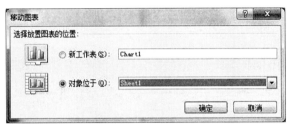

图 3-61　"移动图表"对话框

(3)选择"新工作表",在编辑框内输入名称为"Chart1"的工作表,其中的图表名称也为 Chart1,若要将图表存放在已有的工作表内,可选择"对象位于"选项,在其下拉列表框内选择工作表即可。若要更改图表的名称,可在"布局"选项卡功能区中的"属性"组内的"图表名称"文本框内输入新名称按[Enter]键即可。

创建图表后,可以选择系统预定义的布局和样式来快速设置图表的布局或样式,也可以手动更改图表的布局和样式。

第 4 章　Microsoft Office PowerPoint 2010 演示文稿软件

Microsoft Office PowerPoint 是日常办公中必不可少的幻灯片制作工具。Microsoft Office PowerPoint 2010(以下简称为 PowerPoint 2010)是 Microsoft Office 2010 办公套装软件中的一个重要组件,用于制作图文并茂、交互性强的演示文稿,广泛应用于演讲、报告、产品演示和课件等内容的展示上,有效地进行表达与交流。

演示文稿是由一系列的幻灯片组成,本章主要介绍如何利用 PowerPoint 2010 设计、制作和定制放映演示文稿。

4.1　PowerPoint 2010 概述

4.1.1　PowerPoint 2010 的基本功能

1. 轻松创建演示文稿

使用 PowerPoint 2010 可以方便、快速地建立各种主题的演示文稿,在幻灯片中插入各种对象,例如文本、图片、图形、声音及视频等,还可以为对象定义形式丰富的动画效果等。

2. 便捷的编辑与操作

通过选择 PowerPoint 2010 提供的多种视图和任务窗格,可以方便快捷地对演示文稿中的幻灯片及对象进行编辑和操作。

3. 功能的扩展

通过对幻灯片中的对象进行超链接、动作和动画的设置,可以扩展演示文稿的功能,增加幻灯片的趣味性,增强演示效果。

4. 升级的媒体播放

与 Microsoft Windows Media Player 集成,提供对更多格式媒体的支持。

5. 改进的幻灯片放映界面

对于演示文稿中的每张幻灯片,可利用 PowerPoint 2010 提供的丰富的对象编辑功能,根据用户的需求设置具有多媒体效果的幻灯片。PowerPoint 2010 提供了具有动态性和交互性的演示文稿放映方式,通过设置幻灯片中对象的动画效果、幻灯片的切换方式和放映控制方式,可以更加充分展现演示文稿的内容和达到预期的目的。

6. 打包成 CD

演示文稿还可以打包输出和格式转换,以便在未安装 PowerPoint 2010 的计算机上放映演示文稿。

4.1.2 PowerPoint 2010 基础

PowerPoint 2010 演示文稿文件扩展名为.pptx,一个演示文稿由若干张幻灯片组成。

1. PowerPoint 2010 窗口组成

和其他应用程序一样,可以通过开始菜单或快捷图标启动 PowerPoint 2010 应用程序。PowerPoint 2010 启动后,自动创建一个名为"演示文稿 1"的空白演示文稿,其窗口界面如图 4-1 所示。

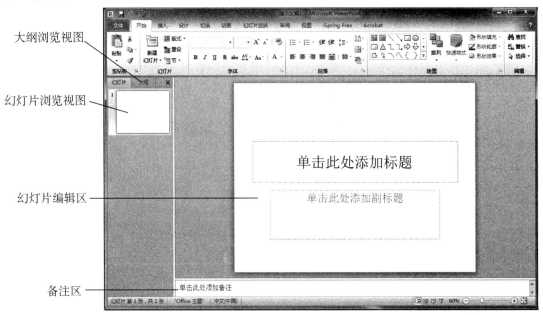

图 4-1 PowerPoint 2010 窗口

PowerPoint 2010 窗口由快速访问工具栏、标题栏、选项卡、功能区、幻灯片/大纲浏览视图区、幻灯片编辑区、备注区、状态栏、视图按钮、显示比例按钮等部分组成。其中,幻灯片/大纲浏览视图区、幻灯片编辑区、备注区构成演示文稿编辑工作区。

(1)功能区。

PowerPoint 2010 的功能区提供了"开始""插入""设计""切换""动画""幻灯片放映""审阅"和"视图"8 个常用功能选项卡,根据操作的不同,还会提供相应的上下文功能选项卡,共同协作完成演示文稿的制作。

(2)演示文稿编辑工作区。

在普通视图下,演示文稿编辑工作区位于功能区下方,左侧为幻灯片/大纲浏览视图区,右侧上方为幻灯片编辑区,右侧下方为备注区,分别从不同角度展示演示文稿。拖动窗口之间的分隔线或显示比例按钮可以调整各区域的大小。

①幻灯片/大纲浏览视图区含有"幻灯片"和"大纲"两个选项卡。单击"幻灯片"选项卡,可以显示各幻灯片缩略图。单击某幻灯片缩略图,则在幻灯片编辑区打开该幻灯片。利用幻灯片/大纲浏览视图可以方便地对幻灯片进行定位、新建、复制、移动、插入和删除等操作。在"大纲"选项卡中,可以显示各幻灯片的标题与正文信息,当幻灯片中的标题或正文信息发生变化时,大纲视图也会同步变化。

②幻灯片编辑区显示幻灯片的内容,包括文本、图片、表格等各种对象,用户可以在此编辑幻灯片的内容并进行设计,是演示文稿设计的主要工作区。

③备注区用于编辑幻灯片的注释、说明等备注信息,供演讲者参考。

(3)视图按钮。

视图按钮提供了当前演示文稿不同视图模式的快捷切换方法,共有"普通视图""幻灯片浏览""阅读视图"和"备注页"等4个按钮,单击某个按钮就可以方便地切换到相应的视图。在不同的视图下,幻灯片有不同的显示方式,分别适合于对幻灯片进行不同的操作。

①普通视图。普通视图是 PowerPoint 2010 默认的视图模式,在该视图模式下用户可方便地编辑和查看幻灯片的内容,添加备注内容等。

②幻灯片浏览视图。在该视图下可以以全局方式浏览演示文稿中的幻灯片,并可方便进行幻灯片的新建、复制、移动、插入和删除等操作,还可设置幻灯片的切换效果并预览,如图 4-2 所示。

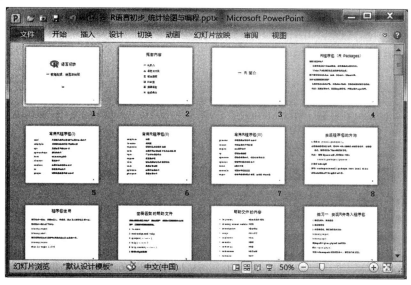

图 4-2　幻灯片浏览视图

③备注页视图。与其他视图不同的是,备注页视图在显示幻灯片的同时在其下方显示备注页,用户可以输入或编辑备注页的内容,在该视图模式下,备注页上方显示的是当前幻灯片的内容缩览图,用户无法对幻灯片的内容进行编辑,下方的备注页为占位符,用户可向占位符中输入内容,为幻灯片添加备注信息。

④阅读视图。阅读视图可将演示文稿作为适应窗口大小的幻灯片放映查看,视图只保留

幻灯片窗口、标题栏和状态栏,其他编辑功能被屏蔽,用于幻灯片制作完成后的简单放映浏览,查看幻灯片内容及动画和放映效果。

⑤幻灯片放映视图。演讲者演讲时采用的模式,单张幻灯片全屏放映。

2.PowerPoint 2010 常用术语

(1)演示文稿。

由 PowerPoint 创建的文稿,一般包括为某一演示目的而制作的所有幻灯片、演讲者备注和旁白等内容称为演示文稿。PowerPoint 2010 演示文稿文件扩展名为.pptx。

(2)幻灯片。

演示文稿中的每一单页称为一张幻灯片,每张幻灯片都是演示文稿中既相互独立又相互联系的内容。制作一个演示文稿的过程就是依次制作一张张幻灯片的过程,每张幻灯片中既可以包含常用的文字和图表,又可以包含声音、图像和视频等。

(3)演讲者备注。

演讲者备注是指在演示时演示者所需要的相关资料、提示注解等备注信息。演示文稿中的每张幻灯片都可添加备注信息供演讲时参考。PowerPoint 2010 新增的演示者视图,借助于双监视器,在幻灯片放映演示期间演讲者可以同时在另一监视器上看到备注内容,提醒演讲者,而这些内容在放映监视器上是不显示的,因而观众也是无法看到的。

(4)讲义。

讲义是指发给听众的幻灯片文字材料,可把一张幻灯片打印在一张纸上,也可以把多张幻灯片压缩打印到一张纸上。

(5)母版。

PowerPoint 2010 为每个演示文稿创建一个母版集合(幻灯片母版、演讲者备注母版和讲义母版等)。母版上的信息一般是共有的信息,改变母版中的信息可统一改变演示文稿的外观。如把图片、单位名称及演讲者的名字等信息放到幻灯片母版中,使这些信息在每张幻灯片中以背景图案的形式出现。

(6)模板。

PowerPoint 2010 提供了多种多样的模板。模板是指预先定义好格式、版式和配色方案的演示文稿。PowerPoint 2010 模板是扩展名为.potx 的一张幻灯片或一组幻灯片的图案或蓝图。模板可以包含版式、主题颜色、主题字体、主题效果和背景格式,甚至还可以包含内容等。也可以创建自己的自定义模板,然后存储、重用以及与他人共享。此外,还可以获取多种不同类型的 PowerPoint 2010 内置免费模板,也可以在 Office.com 和其他合作伙伴网站上获取可以应用于你的演示文稿的数百种免费模板。应用模板可以快速生成统一风格的演示文稿。

(7)版式。

幻灯片版式包含要在幻灯片上显示的全部内容的格式设置、位置和占位符,即版式包含幻灯片上标题和副标题、文本、列表、图片、表格、图表、形状和视频等元素的排列方式。版式也包含幻灯片的主题颜色、字体、效果和背景。演示文稿中的每张幻灯片都是基于某种自动版式创建的。在新建幻灯片时,可以从 PowerPoint 2010 提供的自动版式中选择一种,每种版式预定义了新幻灯片的各种占位符的布局情况。

(8)主题。

主题是事先设计好的一组演示文稿的样式框架,规定了演示文稿的外观样式,包括母版、配色、文字格式等设置,用户可直接在系统提供的各种主题中选择一个最适合自己演讲内容的主题。

4.2 演示文稿的基本操作

4.2.1 新建和保存演示文稿

新建演示文稿主要采用新建空白演示文稿、根据主题、根据模板和根据现有演示文稿等方式。

使用空白演示文稿方式,可以创建一个没有任何设计方案和示例文本的空白演示文稿,用户根据自己的需要选择幻灯片版式进行演示文稿的制作。为了提高演示文稿制作的效率,用户可以根据自己的演讲内容选择合适的 PowerPoint 2010 主题、模板或自己及他人以前设计好的模板、演示文稿来快速生成演示文稿初稿,该演示文稿初稿具有所选主题、模板或现有演示文稿相同的风格样式,这样,用户就可在此基础上方便地进行进一步加工和制作。

1.建立新演示文稿

可用以下方法新建演示文稿:

(1)启动 PowerPoint 2010 时系统会自动创建一个新的空白演示文稿,默认命名为"演示文稿1",用户可以在保存时重新命名。

(2)单击"文件"选项卡下的"新建"命令,在"可用的模板和主题"下选择合适的主题或模板等,然后点击【创建】按钮即可。

2.保存演示文稿

可用以下方法保存演示文稿:

(1)单击"文件"选项卡下的"保存"或"另存为"命令。

(2)单击功能区的"保存"图标按钮。

4.2.2 幻灯片版式

PowerPoint 2010 为幻灯片提供了多个幻灯片版式供用户根据内容需要进行选择,幻灯片版式确定了幻灯片内容的布局,选择"开始"选项卡"幻灯片"命令组的"版式"命令,可为当前幻灯片选择版式,如图 4-3 所示,PowerPoint 2010 主要提供了"标题幻灯片""标题和内容""节标题""两栏内容""比较""仅标题""空白""内容与标题""图片与标题""标题和竖排文字""垂直排列标题与文本"等版式,对于新建的空白演示文稿,第一张幻灯片默认的版式为"标题幻灯片",后续的幻灯片则为"标题和内容"。

确定了幻灯片版式后,即可在相应的栏目和对象框内插入编辑文本、图片、表格、图形、图表、媒体剪辑等内容。

图 4-3 PowerPoint 2010 幻灯片版式

4.2.3 幻灯片管理

演示文稿建立后,通常需要用多张幻灯片来展示演讲的内容,因而经常要对幻灯片进行新建、移动、复制、删除等操作。在进行这些操作前,首先要选择当前幻灯片,它代表操作的对象。对于新建操作,只能选择一张幻灯片作为插入位置,新幻灯片将插入在当前幻灯片的后面,对于移动、复制、删除操作,则可选择多张连续或不连续的幻灯片。

1. 选择幻灯片

在幻灯片编辑区左侧的幻灯片/大纲浏览视图中,单击某张幻灯片即选中该幻灯片。选中某幻灯片的同时按住[Shift]键可连续选中多张幻灯片;按住[Ctrl]键单击幻灯片可选择不连续的幻灯片。

2. 新建幻灯片

新建幻灯片有以下 4 种常用方法:

(1) 在"幻灯片/大纲"区中选择当前幻灯片,然后在"开始"选项卡下单击"幻灯片"命令组的"新建幻灯片"下拉按钮,从出现的幻灯片版式列表中选择一种版式,则在当前幻灯片后面插入一张指定版式的新空白幻灯片;若选择"复制所选幻灯片"选项,则在当前幻灯片后复制插入当前选定的幻灯片集合。

(2) 在"幻灯片/大纲"区选择当前幻灯片,然后右击当前幻灯片缩略图,在弹出菜单中选择"新建幻灯片",则在当前幻灯片后面插入一张和当前幻灯片版式相同的新空白幻灯片,如图 4-4 所示。

(3) 在"幻灯片浏览"视图模式下,选择当前幻灯片或将光标定位于当前幻灯片后与后一张幻灯片之间的位置,右键单击,在弹出的快捷菜单中选择"新建幻灯片",也可插入一张新空白幻灯片。

(4) 在"幻灯片编辑"区中,在"开始"选项卡下单击"幻灯片"命令组的"新建幻灯片"下拉按钮,选择当前幻灯片或将光标定位于当前幻灯片后与后一张幻灯片之间的位置,右键单击,在弹出的快捷菜单中选择"新建幻灯片",也可插入一张新空白幻灯片。

3. 移动幻灯片

在"幻灯片浏览"区或"幻灯片浏览"视图模式下,选择当前幻灯片,然后用鼠标直接拖到目

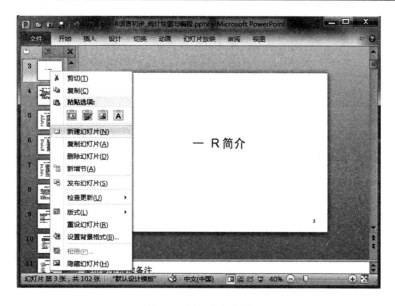

图 4-4 插入新幻灯片

标位置即可。

4. 复制幻灯片

在"幻灯片浏览"区或"幻灯片浏览"视图模式下,选择当前幻灯片,然后通过剪贴板复制、粘贴操作,即可将当前幻灯片复制到目标位置。

5. 删除幻灯片

在"幻灯片/大纲"区或"幻灯片浏览"视图模式下,选择当前幻灯片,然后按[Delete]键即可。

4.2.4 放映幻灯片

幻灯片制作完成后,按[F5]键,或单击"视图"按钮的"幻灯片放映"图标按钮,或利用"幻灯片放映"选项卡下的"开始放映幻灯片"命令组内的命令均可放映幻灯片。

4.3 幻灯片的编辑

PowerPoint 2010 演示文稿中不仅可以包含文本内容,还可以包含形状、图片、艺术字、表格、图表、声音与视频等各种媒体对象,使展示的内容丰富多彩。

4.3.1 插入文本

1. 使用占位符

占位符通常在母版或模板中定义,先占住一个固定的位置,等着用户再往里面添加内容。在具体表现上,占位符是一种带有虚线边缘的框,绝大部分幻灯片版式中都有这种框,在这些框内可以放置标题及正文,或者是图表、表格和图片等对象,虚框内部往往有"单击此处添加标题"之类的提示语,一旦单击之后,提示语会自动消失。

2. 使用文本框

文本框是一种可移动、可调大小的文字或图形容器。使用文本框，可以在一页上放置数个文字块，或使文字按与文档中其他文字不同的方向排列。

幻灯片中的占位符可以看成是一个特殊的文本框，包含预设的格式，出现在固定的位置，用户可对其更改格式，移动位置。但母版中的文本框却不能编辑、设置格式、移动位置等。

(1) 插入普通文本框。

选择"插入"选项卡，单击"文本"命令组的"文本框"命令或单击"文本框"命令下的下三角按钮，可在幻灯片中插入文本框，并输入文本。

(2) 插入特殊文本框。

很多图形可以添加文字从而成为特殊的文本框。选择图形，在其上右键单击，然后在弹出的快捷菜单中选择"编辑文字"，即可在该图形上添加文字，若快捷菜单中没有"编辑文字"选项，则说明该图形不能添加文字。

3. 设置文本格式

选定文本，选择"开始"选项卡，单击"字体"命令组或"段落"命令组中的相关命令，可对文本的字体、字号、文字颜色进行设置，可对文本添加项目符号，设置文本行距等操作。

4. 设置文本框样式和格式

选中某一文本框时，功能区上方会出现"绘图工具/格式"选项卡，如图 4-5 所示，利用该选项卡，可以插入形状、设置文本框的形状样式、设置艺术字样式、对对象进行排列等。

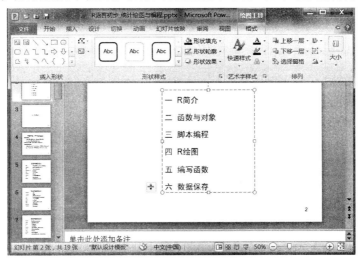

图 4-5 "绘图工具/格式"选项卡

单击"形状样式"命令组右下侧的按钮弹出"设置形状格式"对话框，如图 4-6 所示，可以进行形状填充、线条颜色、阴影、效果、三维格式、位置等的设置，使幻灯片更富可视性和感染力。

4.3.2 插入形状

1. 插入形状

利用"插入"选项卡下的"插图"命令组内的"形状"命令,可以在幻灯片中插入各种形状,如图 4-7 所示,通过组合多种形状,可以绘制出能更好地表达思想和观点的图形。

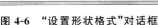

图 4-6 "设置形状格式"对话框　　　　图 4-7 "形状"下拉列表

(1)改变形状的形状。选中形状后,图形周围会出现若干个控制点,控制点个数及类型因形状而异,右键单击,在弹出的快捷菜单中选择"编辑顶点",拖动形状边框控点,可以改变形状的形状。

(2)改变形状样式。选中形状后,选择"绘图工具/格式"选项卡下的"形状样式"命令组,可以进行形状填充设置、形状轮廓设置、形状效果设置,如图 4-8 所示。如图 4-9 所示是改变了形状和样式的矩形。

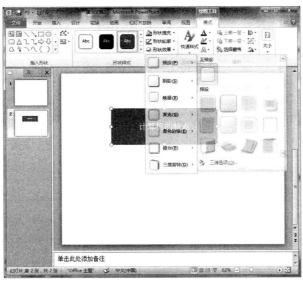

图 4-8 形状样式设置

形状样式包括线条的线型(实或虚线、粗细)、颜色等,封闭形状内部填充颜色、纹理、图片等,形状的阴影、映像、发光、柔化边缘、棱台、三维旋转等形状效果。

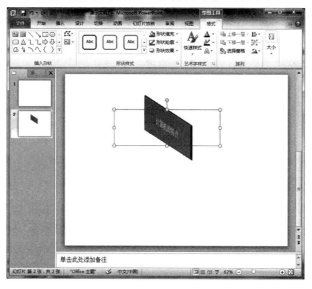

图 4-9　改变了形状和样式的矩形

①套用形状格式:PowerPoint 2010 提供了许多预设的形状样式,选择要套用样式的形状,单击"绘图工具/格式"选项卡"形状样式"命令组列表右下角的"其他"命令,在下拉列表中提供了 42 种样式供选择,选择其中一种样式,则改变形状样式。

②自定义形状线条的线型和颜色:选择形状,然后单击"绘图工具/格式"选项卡"形状样式"命令组"形状轮廓"的下拉按钮,在下拉列表中,可以修改线条的颜色、粗细、实线或虚线等,也可以改变形状的轮廓线。

③设置封闭形状的填充颜色和填充效果:选择要填充的封闭形状,单击"绘图工具/格式"选项卡"形状样式"命令组"形状填充"的下拉按钮,在下拉列表中,可以设置形状内部填充的颜色,也可以用渐变、纹理、图片来填充形状。

④设置形状的效果:选择要设置效果的形状,单击"绘图工具/格式"选项卡"形状样式"命令组的"形状效果"按钮,在下拉列表中鼠标移至"预设"项,共有 12 种预设效果可供选择,还可对形状的阴影、映像、发光、柔化边缘、棱台、三维旋转等进行适当设置。

2. 组合形状

当幻灯片中有多个形状时,有些形状之间存在着一定的关系,有时需要将有关的形状作为整体进行移动、复制或改变大小,把多个形状组合成一个形状,称为形状的组合,将组合形状恢复为组合前状态,称为取消组合。组合形状的方法如下。

(1)组合形状。

选择要组合的各形状,即按住[Shift]键并依次单击要组合的每个形状,使每个形状周围出现控点,单击"绘图工具/格式"选项卡"排列"命令组的"组合"命令,并在出现的下拉列表中选择"组合"命令,所选的形状即为一个整体,独立形状有各自的边框,而组合形状是一个整体,组合形状也有一个边框。组合形状可以作为一个整体进行移动、复制和改变大小等操作。

(2)取消组合。

选中组合形状,单击"绘图工具/格式"选项卡"排列"命令组的"组合"按钮,并在下拉列表中选择"取消组合"命令,此时,组合形状恢复为组合前的几个独立形状。

4.3.3 插入图片

在幻灯片中使用图片可以使演示效果变得更加直观,可以插入的图片主要有两类:第一类是剪贴画,在 Office 套装软件中自带有各类剪贴画,供用户使用;第二类是以文件形式存在的图片,用户也可以在平时收集的图片文件中选择使用,以美化幻灯片。

1. 插入图片(或剪贴画)

单击"插入"选项卡"图像"命令组的"剪贴画"命令,右侧出现"剪贴画"窗口,在"剪贴画"窗口中单击"搜索"按钮,下方出现各种剪贴画供选择。也可以在"搜索文字"栏输入搜索关键字或键入剪贴画的完整或部分文件名,如:Computers,再单击"搜索"按钮,则只搜索与关键字相匹配的剪贴画供选择。为减少搜索范围,还可以在"结果类型"栏指定搜索类型。

同样方法,单击"插入"选项卡"图像"命令组的"图片"命令,出现"插入图片"对话框,然后选择适当的图片,单击"插入"按钮,将图片插入到当前幻灯片中。

2. 改变图片表现样式

(1)调整图片的大小和位置。

插入的图片或剪贴画的大小和位置可能不合适,可以选中该图片用鼠标拖动控点来大致调节图片的大小和位置。

精确定义图片的大小和位置的方法是:选择图片,在"图片工具/格式"选项卡"大小"命令组单击右下角的"大小和位置"按钮,出现"设置图片格式"对话框,如图 4-10 所示。在对话框左侧单击"大小"项,在右侧"高度"和"宽度"栏输入图片的高度和宽度值。单击左侧"位置"项,在右侧输入图片左上角边缘的水平和垂直位置坐标,即可确定图片的精确位置。

图 4-10 "设置图片格式"对话框

(2)旋转图片。

旋转图片能使图片按要求向不同方向倾斜,可手动拖动上方绿色控点进行粗略旋转,也可选择"图片工具/格式"选项卡"排列"命令组中的"旋转"按钮进行精确旋转。

(3)用图片样式美化图片。

图片样式就是各种图片外观格式的集合,使用图片样式可以使图片快速美化,系统内置了28种图片样式供选择。选择要改变样式的图片,在"图片工具/格式"选项卡"图片样式"命令组中显示许多图片样式列表,如图4-11所示为"棱台透视"效果。

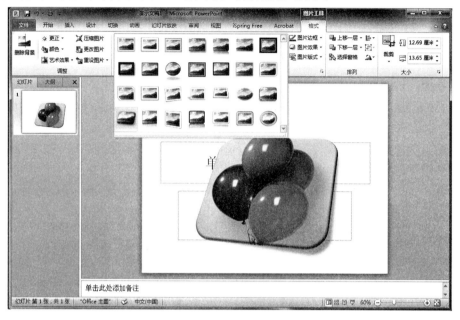

图4-11 "棱台透视"样式效果

(4)增加图片特定效果。

通过设置图片的阴影、映像、发光等特定视觉效果可以使图片更加美观,富有感染力。系统提供了12种预设效果,用户还可以自定义图片效果。

①使用预设效果的方法:选择要设置效果的图片,单击"图片工具/格式"选项卡"图片样式"命令组的"图片效果"按钮,在出现的下拉列表中选择"预设"项,显示出12种预设效果,从中选择一种即可。

②自定义图片效果的方法:用户可对图片的阴影、映像、发光、柔化边缘、棱台、三维旋转等进行适当设置,以达到满意的图片效果。单击"图片工具/格式"选项卡"图片样式"命令组的"图片效果"的下拉按钮,在展开的下拉列表中可选择"阴影""映像""发光""柔化边缘""棱台""三维旋转"等操作,可达到自定义图片效果的目的,如图4-12所示。

4.3.4 插入表格

在幻灯片中除了使用文本、形状、图片外,还可以插入表格等对象,表格应用十分广泛,可形象表达数据。

选择要插入表格的幻灯片,单击"插入"选项卡"表格"命令组"表格"按钮,在弹出的下拉列表中单击"插入表格"命令,出现"插入表格"对话框,输入要插入表格的行数和列数,单击【确定】按钮,即插入一个指定行列的表格,拖动表格的控点,可改变表格的大小。

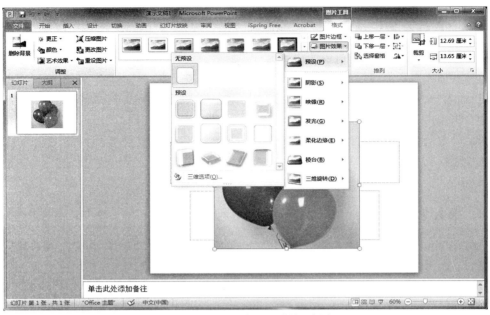

图 4-12　设置图片"预设"效果操作

4.3.5　插入图表

在幻灯片中还可以使用 Excel 2010 提供的图表功能,在幻灯片中嵌入 Excel 2010 图表。选择要插入图表的幻灯片,单击"插入"选项卡"插图"命令组"图表"按钮,弹出"插入图表"对话框,按照 Excel 2010 的操作方法插入图表,期间,系统会自动启动 Excel 2010 应用程序进行图表的插入操作。

4.3.6　插入 SmartArt 图形

SmartArt 图形是 PowerPoint 2010 提供的新功能,是一种智能化的矢量图形,它是已经组合好的文本框和形状线条,利用 SmartArt 图形可以快速在幻灯片中插入功能性强的图形,表达用户的思想。PowerPoint 2010 提供的 SmartArt 图形类型有列表、流程、循环、层次结构、关系、矩阵、棱锥图、图片等。

选择要插入 SmartArt 图形的幻灯片,单击"插入"选项卡"插图"命令组"SmartArt 图形"命令,打开"选择 SmartArt 图形"对话框,如图 4-13 所示。

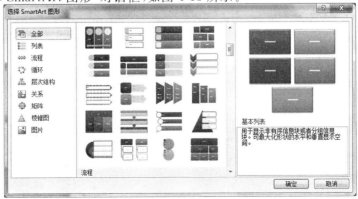

图 4-13　"选择 SmartArt 图形"对话框

4.3.7 插入音频和视频

PowerPoint 2010 幻灯片可以使用插入一些简单的声音和视频。

选中要插入声音的幻灯片,选择"插入"选项卡,单击"媒体"命令组的"音频"命令下的三角形,可以插入"文件中的音频""剪贴画音频",还可以录制音频操作。幻灯片中插入声音后,幻灯片中会出现声音图标,还会出现浮动声音控制栏,单击栏上的"播放"图标按钮,可以预览声音效果。外部的声音文件可以是 MP3 文件、WAV 文件、WMA 文件等。

选中要插入视频的幻灯片,选择"插入"选项卡,单击"媒体"命令组的"视频"命令下的三角形,可以插入"文件中的视频""来自网站的视频""剪贴画视频"等。

4.3.8 插入艺术字

PowerPoint 2010 提供对文本进行艺术化处理的功能,使用艺术字,使文本具有特殊的艺术效果,例如,可以拉伸标题、对文本进行变形、使文本适应预设形状,或使用渐变填充等。在幻灯片中既可以创建艺术字,也可以将现有文本转换成艺术字。

选中要插入艺术字的幻灯片,单击"插入"选项卡"文本"组中"艺术字"按钮,出现艺术字样式列表,如图 4-14 所示。

图 4-14 插入艺术字列表

在艺术字样式列表中选择一种艺术字样式,出现指定样式的艺术字编辑框,在艺术字编辑框中输入艺术字文本,和普通文本一样,艺术字也可以改变字体和字号。

插入艺术字后,可以对艺术字内的填充、轮廓线和文本外观效果进行修饰处理,使艺术字的效果得到创造性的发挥。

4.4 演示文稿的美化

PowerPoint 2010 提供了多种演示文稿外观设计功能,以帮助用户修饰和美化演示文稿,制作出精致的幻灯片,更好地展示用户要表达的内容。外观设计可采用的方式有幻灯片母版、主题、模板、背景等。

4.4.1 幻灯片母版

演示文稿通常应具有统一的外观和风格，给观众以整齐、一致的感觉，通过设计、制作和应用幻灯片母版可以快速达到这一目标。母版中包含了幻灯片中共同的内容及构成要素，如标题、文本、日期、背景等以及这些要素所在的位置与样式。

在"视图"选项卡下，选择"母版视图"命令组内的"幻灯片母版"命令，进入幻灯片母版视图模式，如图 4-15 所示。应注意，不同的幻灯片版式有各自的母版，工作区左侧列出了各个幻灯片版式的母版，可选择相应的母版进行设置。

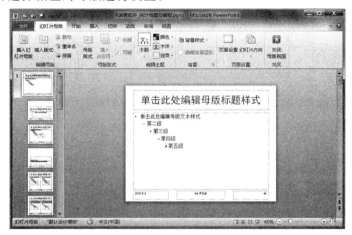

图 4-15 "幻灯片母版"视图

在母版上插入的占位符其内容、位置、样式等在幻灯片上均可修改，但插入的文本框、形状等对象则在幻灯片上不可修改。

4.4.2 主题

主题是 PowerPoint 2010 应用程序提供的方便演示文稿设计的一种手段，是一种包含颜色、字体及效果设置的组合，主题颜色、主题字体和主题效果三者构成一个主题。主题作为一套独立的选择方案应用于演示文稿中，可以简化演示文稿的制作过程，使演示文稿具有统一的风格。PowerPoint 2010 提供了大量的内置主题供用户制作演示文稿时使用，用户可直接在主题库中选择直接使用，也可以通过自定义方式修改主题的颜色、字体和效果，定义自己的自定义主题。

1. 应用主题

打开演示文稿，选择"设计"选项卡，在"主题"命令组内显示了部分主题列表，单击"主题列表"右下角"其他"图标按钮，就可以显示全部内置主题，如图 4-16 所示，将鼠标移到某主题，就会显示该主题的名称。单击该主题，则会按所选主题的颜色、字体和图形外观效果修饰演示文稿。如图 4-17 所示为使用"龙腾四海"主题设置的演示文稿效果。

如果可选的内置主题不能满足用户的需求，可应用外部主题，选择图 4-16 中的"浏览主题"选项，可使用外部主题。

如果只希望将所选主题应用到部分幻灯片，则可先选择好欲设置主题的幻灯片，然后选择主题，在该主题上右键单击，在弹出快捷菜单中选择"应用于选定幻灯片"命令，则所选幻灯片

图 4-16 应用主题

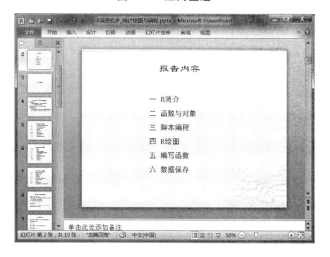

图 4-17 应用"龙腾四海"主题效果

按该主题效果更新,其他幻灯片不变。

2. 自定义主题

对已应用主题的幻灯片,在"设计"选项卡的"主题"命令组内,可分别单击"颜色""字体""效果"等按钮,对当前幻灯片的主题设置进行局部修改,然后选择图 4-16 中的"保存当前主题"选项,可将当前幻灯片的主题设置保存为一种自定义的主题。

4.4.3 模板

PowerPoint 2010 模板是一个扩展名为.potx 的文件,其中包含了一张幻灯片或一组幻灯片的图案或蓝图。模板可以包含版式、主题颜色(文件中使用的颜色的集合)、主题字体(应用于文件中的主要字体和次要字体的集合)、主题效果(应用于文件中元素的视觉属性的集合)和背景样式,甚至还可以包含内容。

可以创建自己的自定义模板,也可以获取各种不同类型的 PowerPoint 2010 内置免费模板及其他合作伙伴网站上的免费模板。

4.4.4 背景

背景样式设置功能可用于设置主题背景,也可用于无主题设置的幻灯片背景,用户可自行设计一种幻灯片背景,满足自己的演示文稿的个性化要求。背景设置利用"设置背景格式"对话框完成,主要是对幻灯片背景的颜色、图案和纹理等进行调整,包括改变背景颜色、图案填充、纹理填充和图片填充等方式。

在"设计"选项卡的"背景"命令组内,单击"背景样式"按钮,然后选择"设置背景格式"选项,打开"设置背景格式"对话框,如图 4-18 所示,从而可以进行背景格式的设置。

背景颜色的填充方式分为"纯色填充""渐变填充""图片或纹理填充""图案填充"4 种方式。

纯色填充是选择一种单一的颜色填充背景,而渐变填充是选择两种或多种颜色逐渐混合在一起,以某种渐变方式从一种颜色逐渐过渡到另一种颜色。

图片或纹理填充是指定一张图片平铺为纹理或直接指定一种纹理平铺作为背景,而图案填充则是指定一种图案平铺作为背景。

图 4-18 背景颜色填充设置

4.5 幻灯片的放映

PowerPoint 2010 应用程序提供了幻灯片与用户之间的交互功能,用户可以为幻灯片的各种对象,包括组合图形等,设置放映时的动画效果以及每张幻灯片的切换效果,甚至可以规划动画路径,以使演示文稿更加生动和富有感染力。

4.5.1 应用动画

为幻灯片设置动画效果可以使幻灯片中的对象按一定的规则和顺序运动起来,赋予它们进入、退出、大小或颜色变化甚至移动等视觉效果,既能突出重点,吸引观众的注意力,又使放映过程十分有趣。动画使用要适当,过多使用动画也会分散观众的注意力,不利于传达信息,设置动画应遵从适当、简化和创新的原则。

1. 动画类型

PowerPoint 2010 提供了四类动画:进入、强调、退出和动作路径。

进入是指对象从外部进入或出现幻灯片播放画面时的展现方式,如飞入、旋转、淡入、出现等。

强调是指在播放动画过程中需要突出显示对象时的展现方式,起强调作用,如放大、缩小、更改颜色、加粗闪烁等。

退出是指播放画面中的对象离开播放画面时的展现方式,如飞出、消失、淡出等。

动作路径是指画面中的对象希望按某种路径进行移动时的展现方式，如弧形、直线、循环等。

2．应用动画

选中幻灯片中要应用动画的对象，选择"动画"选项卡，单击"动画"命令组的下拉列表框，或单击"动画样式"命令，出现四类动画列表，如图 4-19 所示。

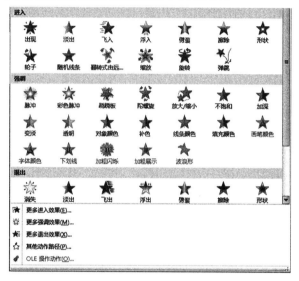

图 4-19　应用动画

如果在预设的列表中没有满意的动画效果，可以选择列表下面的"更多动画效果""更多强调效果""更多退出效果""其他动作路径"。

3．设置动画效果

为对象应用动画后，还可以为动画设置效果、设置动画开始播放的时间、调整动画速度等。
(1)选择"动画"命令组中的"效果选项"，可在下拉列表中选择对象的动画设置效果。
(2)在"计时"命令组中可设置动画播放的计时方式及持续时间，持续时间越长，放映速度越慢。

4．使用动画窗格

当对多个对象设置动画后，可以按设置时的顺序播放，也可以调整动画的播放顺序，使用"动画窗格"可以方便地查看和改变动画顺序，也可以调整动画播放时的时长等。

选择"动画"选项卡"高级动画"命令组的"动画窗格"选项，则在幻灯片的右侧出现"动画窗格"，窗格中列出了当前幻灯片中已设置动画的对象名称及对应的动画顺序，鼠标移近窗格中某名称时会显示对应的动画效果，单击"播放"按钮则可预览整张幻灯片播放时的动画效果。

选中"动画窗格"中的某对象名称，利用窗口下方"重新排列"中的上移或下移图标按钮，或拖动窗口中的对象名称，可以改变幻灯片中对象的播放顺序。

在"动画窗格"中，使用鼠标拖动时间条的边框可以改变动画放映的时间长度，拖动时间条改变其位置可以改变动画开始时的延迟时间。

选中"动画窗格"中的某对象名称，单击其右侧的下三角按钮，在下拉列表框中出现"效果选项"，选择该选项出现当前对象动画效果设置对话框，可方便更改动画效果。

5．自定义动画路径

预设的动画路径如不能满足用户的设计要求，用户还可以自定义动画路径来规划对象的动画路径。

选中对象,选择"动画"选项卡下"高级动画"命令组的"添加动画"命令,在下拉列表中选择"自定义路径"选项。

将鼠标移至幻灯片上,当鼠标变成"+"字形时,可建立路径的起始点,当鼠标变成画笔时,可移动鼠标,画出自定义的路径,双击确定终点。

选中已经定义的路径动画,右键单击,在弹出的快捷菜单中选择"编辑顶点"命令,在出现的黑色定点上再右键单击,在弹出的快捷菜单中选择"平滑曲线"命令,可修改动画路径。

6．复制动画

如果欲设置某对象的动画和已设置动画效果的对象相同,可以使用"动画"选项卡下"高级动画"命令组中的"动画刷"来完成。选中幻灯片上的某对象,单击"动画刷"命令,可以复制该对象的动画,单击另一对象,则其动画设置就复制应用到了该对象上,双击"动画刷"命令,可将同一动画设置复制到多个对象上。

4.5.2 幻灯片切换

幻灯片的切换效果是指演示文稿放映时幻灯片进入和离开播放画面时的整体视觉效果,可以使得幻灯片的过渡衔接更为自然,提高演示效果,PowerPoint 2010 提供多种切换样式。

1．设置幻灯片切换样式

打开演示文稿,选择要设置幻灯片切换效果的一张或多张幻灯片,选择"切换"选项卡"切换到此幻灯片"命令组中下拉列表或"切换方案"选项,则列出"细微型""华丽型"和"动态内容"等切换效果列表。

在切换效果列表中选择一种切换方式,设置的切换效果默认应用于所选幻灯片,如希望所有幻灯片均采用该切换效果,可单击"计时"命令组的"全部应用"命令。

2．设置幻灯片切换属性

幻灯片切换属性包括效果选项、换片方式、持续时间和声音效果,如可设置"自底部"效果,"单击鼠标时"换片,"打字机"声音等。

设置幻灯片切换效果时,切换属性均采用默认设置,例如"擦除"切换效果的切换属性默认为:"效果"选项为"自右侧","换片方式"为"单击鼠标时","持续时间"为"1 秒",而"声音效果"为"无声音"。如果对默认切换属性不满意,可以自行设置。

3．预览切换效果

选择"动画"选项卡,单击"预览"命令组的"预览"命令,可预览幻灯片的切换效果。

4.5.3 幻灯片链接

幻灯片放映时用户还可以通过使用超链接和动作来增加演示文稿的交互效果。超链接和动作可以在本幻灯片上跳转到其他幻灯片、文件、外部程序或网页上,充当演示文稿放映的导航。

1．设置超链接

选中要建立超链接的对象或文字,选择"插入"选项卡下"链接"命令组中的"超链接"命令,或右键单击,在弹出的快捷菜单中选择"超链接"命令,打开"插入超链接"对话框,如图4-20所示。

在左侧列出了链接的目标位置类型:"现有文件或网页""本文档中的位置""新建文档""电子邮件地址"等。设置了超链接的幻灯片,当幻灯片放映时,单击设置超链接的对象,放映画面将会转到所设置的对象。

如欲改变超链接设置,可选择已设置超链接的对象,右键单击,在弹出的快捷菜单中选择"编辑超链接"可对选择的超链接进行重新设置。

图 4-20　设置"超链接"

2．设置动作

选择要设置动作的对象或文字,选择"插入"选项卡下"链接"命令组中的"动作"命令,打开"动作设置"对话框进行设置即可。

4.5.4　幻灯片放映

最简单的放映方式就是点击状态栏上"视图"按钮区的"幻灯片放映"按钮,则演示文稿从当前幻灯片开始放映。如果需要更细致地控制放映方式,可以选择"幻灯片放映"选项卡下"设置"命令组的"设置幻灯片放映"命令,弹出"设置放映方式"对话框,如图4-21所示。

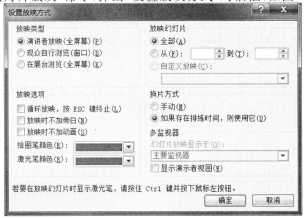

图 4-21　"设置放映方式"对话框

演示文稿有 3 种放映类型：演讲者放映（全屏幕）、观众自行浏览（窗口）和在展台浏览（全屏幕），通常选择"演讲者放映"类型。

在"放映幻灯片"栏中，可以确定幻灯片的放映范围（全部或部分幻灯片），放映部分幻灯片时，可以指定幻灯片的开始序号和终止序号。

PowerPoint 2010 还为演讲者提供了排练的功能，点击"幻灯片放映"选项卡下"设置"命令组中的"排练计时"按钮，幻灯片进行放映，同时弹出"录制"工具栏，显示当前幻灯片的放映时间和总放映时间，如图 4-22 所示。

图 4-22 "排练计时"工具栏

在幻灯片放映时，右键单击，在弹出的快捷菜单中选择"指针选项"，在其下级列表中选择"笔""荧光笔""墨迹颜色"等选项，可利用鼠标在幻灯片上勾画重要内容，再次使用"指针选项"可擦去笔迹。

4.6 演示文稿输出

4.6.1 演示文稿打包

制作好的演示文稿可以在安装有 PowerPoint 2010 应用程序的环境下放映，但在没有安装 PowerPoint 2010 的环境下就不能直接放映。为了演讲者的方便，PowerPoint 2010 提供了演示文稿打包功能，可以将演示文稿和 PowerPoint 2010 播放器一起打包，这样，即使在没有安装 PowerPoint 2010 应用程序的计算机上，也能放映演示文稿。

选择"文件"选项卡的"保存并发送"选项，选择"将演示文稿打包成 CD"，单击"打包成 CD"按钮即可。

4.6.2 演示文稿打印

制作好的演示文稿也可以打印输出。

1. 页面设置

打开演示文稿，选择"设计"选项卡下"页面设置"命令组的"页面设置"命令，弹出"页面设置"对话框，如图 4-23 所示，在对话框内可对"幻灯片大小""宽度""高度""方向"等进行重新设置，在幻灯片浏览视图下可看到页面设置后的效果。

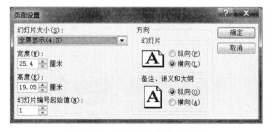

图 4-23 "页面设置"对话框

2.打印预览

选择"文件"选项卡的"打印"选项,打开打印设置窗口,在其中可以设置打印份数、打印范围、打印内容等,其中打印内容设置如图 4-24 所示,可选择"打印版式""讲义"打印方式。

图 4-24 "打印内容"设置

第 5 章　网页设计基础

随着 Internet 的普及，很多 Internet 用户已经不满足于仅仅上网冲浪，而是希望深入地参与其中。现在，拥有自己的 Web 网站已经成为一种潮流。构成网站的基础是网页，掌握网页设计基础知识，即使非专业人员也可以制作出精美、漂亮的网页，并且可以将自己的网页发布到 Internet 上，让更多的人浏览。

本章简单介绍 HTML 网页设计基础知识。

5.1 HTML 语言

在 Internet 浏览器中看到的所有信息，包括文字、图像、图表、声音、视频等，都是用超文本标记语言 HTML 设计实现的。在浏览器中打开一个网页，保存到本地硬盘上，用记事本将保存的网页文件打开，如图 5－1 所示，HTML 文件全部是由 ASCII 字符组成的标准文本文件，但经过浏览器的解释，在屏幕上却显示出丰富多彩的网页。同一个 HTML 文件在不同的浏览器中的显示结果有可能不同。用 HTML 编程是最直接的网页设计方法。

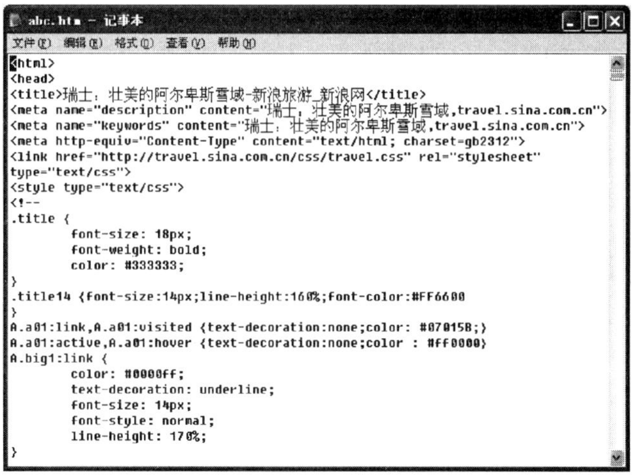


```
<html>
<head>
<title>瑞士：壮美的阿尔卑斯雪域-新浪旅游_新浪网</title>
<meta name="description" content="瑞士：壮美的阿尔卑斯雪域,travel.sina.com.cn">
<meta name="keywords" content="瑞士：壮美的阿尔卑斯雪域,travel.sina.com.cn">
<meta http-equiv="Content-Type" content="text/html; charset=gb2312">
<link href="http://travel.sina.com.cn/css/travel.css" rel="stylesheet"
type="text/css">
<style type="text/css">
<!--
.title {
        font-size: 18px;
        font-weight: bold;
        color: #333333;
}
.title14 {font-size:14px;line-height:160%;font-color:#FF6600
}
A.a01:link,A.a01:visited {text-decoration:none;color: #07015B;}
A.a01:active,A.a01:hover {text-decoration:none;color : #ff0000}
A.big1:link {
        color: #0000ff;
        text-decoration: underline;
        font-size: 14px;
        font-style: normal;
        line-height: 170%;
}
```

图 5－1　记事本显示的 HTML 文件

5.2 HTML 文件结构

HTML 文件可以使用任何文本编辑软件创建和编辑，文件扩展名可以是 htm、html 或 asp. HTML 文件将网页中要显示的内容用各种 HTML 标记有机地结合在一起。HTML 标记不影响网页的外观，只是为了方便浏览器或 HTML 工具解释或辨认。所有标记不区分大小写,用〈〉括起来,大多数是成对出现的,一般格式为:〈标记〉…〈/标记〉,也有一些标记可以单独使用,不需要结束标记。

所有 HTML 文件都具有相同的整体结构,由头部(head)和主体(body)两部分组成。HTML 定义了3个标记描述这一结构,其基本格式如下:

〈html〉
〈head〉
……
〈/head〉
〈body〉
……
〈/body〉
〈/html〉

其中〈html〉标记表示 HTML 文件的开始和结束;〈head〉标记之间的内容是 HTML 文件的头部,用于描述网页的有关信息,如标题、脚本等;〈body〉标记之间的内容是 HTML 文件的主体,用于描述网页上显示的主体信息,如文本、链接、图形、图像、图表等。

5.3　HTML 常用标记

下面是一段 HTML 代码,它在浏览器中的显示效果如图5-2所示,是一个包含了文字、文字链接、图片链接的简单网页。代码中〈!——和——〉标记之间的内容称为注释,是帮助读者理解代码功能的,浏览器并不解释这部分内容。

```
〈html〉                                      〈!——HTML 文件开始——〉
〈head〉                                      〈!——头部开始——〉
〈title〉简单网页示例〈/title〉                 〈!——网页标题——〉
〈/head〉                                     〈!——头部结束——〉
〈body〉                                      〈!——主体开始——〉
〈h1〉你好!欢迎您访问我的主页!〈/h1〉          〈!——标题1——〉
〈h2〉你好!欢迎您访问我的主页!〈/h2〉          〈!——标题2——〉
〈font size=-2〉1号字〈/font〉                〈!——设置字号为1号字——〉
〈br〉                                        〈!——换行——〉
〈font size=4〉〈b〉4号字〈b〉〈/font〉          〈!——设置为4号字,加粗——〉
〈p〉                                         〈!——先空一行,再换行——〉
〈p align=center〉                           〈!——另起一段,设置段落居中对齐——〉
文字链接                                     〈!——默认字体显示——〉
〈a href="http://www.sina.com.cn"〉新浪网〈/a〉  〈!—指向新浪网的文字链接——〉
〈/p〉                                        〈!——段落结束——〉
```

〈font face="隶书" size=7〉图片链接〈/font〉　　　　〈！－－设置字体为隶书、7号字－－〉
〈a href="http://www.hunnu.edu.cn."〉〈img src="D://logo.jpg" width="404" height="76"〉〈/a〉　　　　　　　　　　　〈！－指向设定好的图片链接－－〉
〈br〉灰色显示：　　　　　　　　　　　　　〈！－－换行显示默认字体－－〉
〈font color=gray〉gray〈/font〉　　　　〈！－－设置文本"gray"的颜色为灰色－－〉
〈/body〉
〈/html〉

图 5-2　HTML 设计示例

1．网页标题

〈title〉和〈/title〉标记之间的内容是显示在窗口标题栏上的网页标题，是 HTML 文件头部最重要的内容。

2．文档标题

HTML 提供了 6 级标题，通过在标题内容两边加〈h1〉与〈/h1〉，…，〈h6〉与〈/h6〉6 对标记来设定，标题字体的大小从大到小，一级标题最大，六级标题最小。如图 5-2 中，第 1 行是一级标题，第 2 行是二级标题。标题标记自动换行，并插入一个空行。

3．字体、字号、字符颜色

在文字的前后加上〈font〉…〈/font〉标记，可以设置文字的字体、字号和字符颜色，格式如下：

〈font [face="字体名称"] [size=n] [color=颜色名称或#颜色数值]〉…〈/font〉

其中[ ]表示各属性短语可单选，也可多选。

使用说明：

(1) face 短语用于设置字体，HTML 中默认的字体是宋体，如图 5-2 中"图片链接"4 个字的字体是"隶书"。

(2) size 短语用于设置字号，HTML 提供了 1～7 共 7 种字号，1 号字最小，7 号字最大，HTML 默认显示的是 3 号字。可以直接用 n=1,2,…,7 设置字号，也可以在数字的前面加

"+"或"-",表示相对于默认字号3的取值,如 size=-2,等价于 size=1;size=+2,等价于 size=5。

(3)color 短语用于设置文字的颜色,HTML 默认的文字颜色是黑色,可供选择的颜色名称有:Black(黑色)、Blue(蓝色)、Gray(灰色)、Green(绿色)、Red(红色)等;也可使用颜色数值表示文字颜色,颜色数值是一个6位十六进制数 RRGGBB,其中 RR,GG,BB 分别是一个2位十六进制数(00~FF),表示红、绿、蓝3种颜色从浅到深的程度,例如♯FF0000 表示红色。

4. 字体效果

如图 5-2 中,第 4 行的"4 号字"设置了加粗,是通过在文字前后加成对的字体效果标记和来实现的。除了加粗,HTML 还提供了如倾斜、加下划线、上下标等字体效果,表 5-1 给出了 HTML 常用的字体效果标记及其示例。

表 5-1 HTML 常用字体效果标记

代码	显示效果	功能说明
示例	示例	加粗
<i>示例</i>	示例	倾斜
<u>示例</u>	示例	加下划线
<strike>示例</strike>	示例	加删除线
X²</sup>	X^2	上标
H₂O	H_2O	下标

5. 段落格式

(1)文字换行。<body>和</body>之间的文字直到浏览器窗口右边界才会自动换行。HTML 中有两个标记
和<p>可以用于换行,它们都是可以单独使用的标记。
标记后面的内容将从下一行开始显示,相当于一次"回车";<P>标记后面的内容先空一行,再从下一行开始显示,相当于两次"回车"。如图 5-2 所示,在第 3 行和第 4 行之间是用
换的行,两行连续排列的;而第 4 行和第 5 行之间是用<p>换的行,两行之间隔了一空行。

(2)段落对齐方式设置。HTML 默认的文字都是左对齐的,要设置段落的对齐方式,在段落的前后加上标记<p align=对齐方式>和</p>,可供选择的对齐方式有:left(左对齐)、center(居中对齐)、right(右对齐)。

(3)预格式文本。如果不想使用复杂的段落设置标记,可以使用标记<pre>…</pre>,所有出现在<pre>和</pre>之间的文本按原来在 HTML 文件中的显示格式显示,包括段落、回车和空格等。

6. 插入图片

如图 5-2 所示,在网页中插入了一个文件名为 D:\logo.jpg 的徽标图片,使用的是<img>标记。<img>是单独使用的标记,功能是插入一个图片文件,格式如下:

<img src="图片文件名"[align=图片对齐方式][width=图片宽度][height=图片高度][alt="图片提示信息"]>

使用说明:

(1)src 短语用于说明插入的图片来自哪一个图片文件,HTML 插入的图片必须是 GIF

或 JPEG 格式的图片文件,扩展名通常为.GIF、.JPG 或.JPEG。

（2）align 短语用于设置图片对齐方式,可供选择的图片对齐方式有:left(左侧)、right(右侧)、top(顶部)、bottom(底部)、middle(中间)。

（3）width 短语和 height 短语用于设置图片尺寸,其中图片宽度和图片高度都是数值型的数据。

（4）alt 短语用于设置图片提示信息,有时,为了提高网页下载速度,浏览器可以设置不显示图片,这时,浏览器不显示图片的内容,而是在图片位置显示一个预设置的图标。图片提示信息是为了使用户了解图片的内容而显示在预设置图标上的一段说明文字。

7.插入链接

在图 5-2 中有一个文字链接"新浪网",单击这个链接可以打开 URL 地址为 http://www.sina.com.cn 的新浪网首页;还有一个图片链接,单击那个徽标图片,可以打开 URL 地址为 http://www.hunnu.edu.cn 的湖南师范大学的主页。在 HTML 中,在文字或〈img〉标记(表示图片)前后加上标记〈a href="链接目标"〉和〈/a〉可以在网页中插入一个文字或图片链接。其中链接目标可以是一个文本、图像、声音或视频等各种类型的文件,也可以是一个网页的 URL 地址,还可以是 mailto:邮箱地址,当单击链接文字或图片时,将打开向指定邮箱地址发送邮件的新邮件编辑窗口。使用〈a name="参考点名称"〉〈/a〉标记可以在 HTML 文件中的特定位置设置一个参考点(称为锚),在同一个 HTML 文件中将♯参考点名称作为 href 短语的链接目标,可以定位到参考点;如果想从其他 HTML 文件定位到这个参考点,需要在参考点名称前加它的 URL 地址。

8.插入表格

（1）规则表格。

下面是在网页中插入一个规则表格的 HTML 文件主体部分的代码,它在 IE 中的显示效果如图 5-3 所示。

〈body〉
〈table align=center border=10 cellspacing=4 width=80%〉
〈caption〉〈b〉〈font size=7〉课程表〈/font〉〈/b〉〈/caption〉
〈tr height=45〉〈th〉时间〈th〉8:00—9:40 〈th〉10:00—11:40 〈th〉2:30—4:10
〈tr〉〈th〉星期一〈td align=center〉语文〈td〉数学〈td〉英语
〈tr〉〈th〉星期二〈td align=center〉数学〈td〉英语〈td〉语文
〈tr〉〈th〉星期三〈td align=center〉英语〈td〉数学〈td〉语文
〈tr〉〈th〉星期四〈td align=center〉语文〈td〉英语〈td〉数学
〈tr〉〈th〉星期五〈td align=center〉数学〈td〉语文〈td〉英语
〈/table〉
〈/body〉

每个表格的所有内容都在标记〈table〉和〈/table〉之间,在〈table〉中可以使用一些短语对表格的宽度、线型、对齐方式等进行设置,常用的短语有:

• align=表格对齐方式。用于调整窗口的水平位置,可供选择的表格对齐方式有:left(左对齐)、center(居中对齐)、right(右对齐)。如图 5-3 中的表格是居中对齐的。

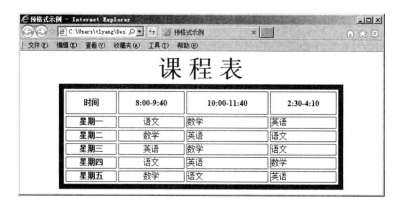

图 5-3 HTML 表格设计示例

• border＝n。用于设置表格边框的阴影宽度,如果缺省,表格将没有任何线条(包括边框线和表内的水平、垂直线)。如果只有关键词 border,缺省 n 值,默认为 1。如图 5-3 中的表格边框阴影宽度为 10。

• cellspacing＝n。用于设置单元格间距,如图 5-3 中的表格单元格间距为 4。

• width＝n 或 n%。用于设置表格的宽度,用数值表示以像素为单位,用百分比表示占浏览器窗口宽度的比例。如图 5-3 中的表格占整个浏览器窗口宽度的 80%。

HTML 中有一些专门的表格标记,只能出现在〈table〉和〈/table〉标记之间,用于描述表格的内容,常用的有:

• 〈caption〉表格标题〈/caption〉。表格的标题可以在插入表格之前,也就是〈table〉标记之前,用 HTML 的 6 级标题标记〈Hn〉…〈/Hn〉来定义;也可以在〈table〉和〈/table〉之间的任何位置使用〈caption〉和〈/caption〉标记来定义。用 caption 标记定义的表格标题默认的对齐方式是顶部居中,如果想改变对齐方式,可以使用 align＝对齐方式,可供选择的对齐方式有：left(左对齐)、center(居中对齐)、right(右对齐)、top(顶部,即表格上方居中)、bottom(底部,即表格下方居中)。

• 〈tr〉行数据。表格中每一行数据都是以〈tr〉标记开始的,因此在〈table〉和〈/table〉之间有多少个〈tr〉,这个表格就有多少行。在〈tr〉标记中可以使用 height＝n 短语设置行高,如图 5-3 中的表格第一行的行高为 45。

• 〈td〉或〈th〉单元格数据。行数据是由单元格数据组成的,每一个单元格数据都是以〈td〉或〈th〉标记开始的,因此在〈tr〉后面有多少个〈td〉或〈th〉,这一行就有多少个单元格。在〈td〉或〈th〉中可以使用短语 width＝n 设置单元格宽度;align＝水平对齐方式(center,left,right),设置单元格中数据的水平对齐方式;valign＝垂直对齐方式(top,middle,bottom),设置单元中数据的垂直对齐方式。

〈td〉和〈th〉的不同之处在于,〈th〉单元格中的数据默认显示为加粗并居中,通常用于表头等需要加强显示的单元格;而〈td〉单元格中的数据默认显示为不加粗左对齐,通常用于普通单元格。

(2)非规则表格。

在实际应用中,并非所有表格都如图 5-3 一样是规则的,所谓不规则的表格就是行列数不统一的表格,所有非规则表格都可以由规则表格通过合并单元格获得。在〈td〉或〈th〉标记中使用短语 rowspan＝n 可以将单元格向下延伸 n 行,即纵向合并 n 个单元格。colspan＝n 可以将单元格向右延伸 n 列,即横向合并 n 个单元格。

第二部分

实　　验

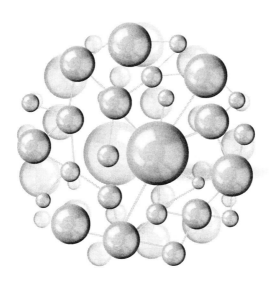

实验 1 认识计算机

一 实验目的

(1) 了解计算机的基本组成。
(2) 掌握计算机的开机与关机方法。
(3) 了解 BIOS 设置程序与 CMOS 参数设置。
(4) 熟悉键盘与鼠标的操作,并掌握中英文输入的方法。
(5) 了解磁盘分区的概念。
(6) 了解驱动程序的概念。

二 实验内容

1. 观察计算机的外观组成

2. 练习计算机的开机、关机,学习、了解 CMOS 设置

BIOS 设置程序和 CMOS 参数设置是相关的。基本输入输出系统(Basic Input Output System,BIOS)是固化在计算机中的一组程序,为计算机提供最低级、最直接的硬件控制。BIOS 提供了 4 个功能,即加电自检及初始化、系统设置、系统引导和基本输入输出系统。由于 ROM(只读存储器)具有只能读取、不能修改且掉电后仍能保证数据不会丢失的特点,因此 BIOS 一般都存放在 ROM 中,其中的系统设置部分常常称为 BIOS 设置程序,用于设定系统部件配置的组态。运行设置程序后的设置参数则存放在主板的 CMOS RAM 芯片中,这是由于随着系统部件的更新,所设置的参数可能需要修改,而 RAM 的特点是可读取、可写入,加上 CMOS 有电池供电,因此能长久地保持参数不会丢失,但电池如果使用时间较长,电力不足,也可能会产生掉电现象,系统设置参数会丢失,这时需要更换一块新电池并重新进行设置。当计算机启动时,如果 BIOS 判断系统部件与原来存放在 CMOS 中的参数不符合、CMOS 参数丢失或系统不稳定时,都需要进入 BIOS 设置程序,重新配置正确的系统组态。对于新安装的系统,也需要进行设置,才能使系统工作在最佳状态。

3. 观察键盘布局并了解各键的功能及指法规则,练习键盘的基本操作,并用打字高手或金山打字通软件,按照指法规则进行键盘输入练习

(1) 键盘的布局。

键盘的布局分为 4 个区域:主键盘区、功能键区、编辑键区和数字键盘区,如实验图 1-1 所示。

实验图 1-1　键盘区域分布图

(2) 常用键的功能。

键盘常用键的功能如实验表 1-1 所示。

实验表 1-1　键盘常用键的功能

键	键名	作用
Backspace	退格键	删除光标前面的字符
Tab	制表位键	多用于文字处理的对齐操作
Caps Lock	大小写锁定	若 Caps Lock 指示灯亮时输入字母为大写字母，否则为小写字母
Shift	换档键	若按住 Shift 键不松再按其他键，则输入键位上方的字符或大写字母
Insert	插入键	插入和改写的切换键
Delete	删除键	删除当前光标处的字符
NumLock	数字锁定键	若 Num Lock 灯亮，数字键盘处于数字输入状态，否则用于光标移动
Enter	回车换行键	用于文档编辑时换行，或提交一个命令
→、←、↑、↓	光标移动键	使光标分别向右、左移动一个字符或向上、下移动一行
Home、End	行首、尾键	使光标分别移动到行首、行尾
PageUp、PageDown	翻页键	分别向上、向下翻一页
⊞	Win 键	

(3) 击键方法。

① 击键时，要用手指动，不要用手腕动作。在打字过程中只是手指上下动作，手腕不要抬起落下；用指力也用腕力；无腕力的指力是无源之水，无本之木，手指和手腕自然结合用力。准确地说，是手指碰撞键面，是弹性碰撞，不是"击"。

② 击键时，手指尖垂直对准键位轻轻击打。

③ 击键时，要轻松、自然，用力不要过猛。

(4) 指法规则。

基准键：如实验图 1-2 所示。左手小指、无名指、中指和食指应分别虚放在"A""S""D""F"

键上,右手的食指、中指、无名指和小指应分别虚放在"J""K""L"";"键上,两个大拇指则轻放在空格键上。这 8 个基本键是打字时手指所处的基准位置,击打其他任何键,手指都是从这里出发,而且打完后又须立即退回到基本键位,手形保持不变。

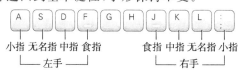

实验图 1-2　基准键位分布图

非基准键:掌握了基准键及其指法,就可以进一步掌握打字键区的其他键位了,每个手指负责的键位如实验图 1-3 所示。击键时,每个手指要各司其职,仅负责自己管辖内的按键。首先手指按键按在与基准键的相应位置,击键时手从基准键位前移一排或二排,或后移一排定位,对应手指击键,然后返回基准键位。非击键手指在此过程中保持原位不变。

实验图 1-3　指法分工图

数字键盘:数字键盘用右手击键,基准键分别是[4]、[5]、[6]键,[5]键为定位标志键。右手食指负责[0]、[1]、[4]、[7]和[Num Lock]键,中指负责[2]、[5]、[8]和[/]键,无名指负责[.]、[3]、[6]、[9]和[＊]键,小指负责[Enter]、[+]、[－]键。

4.观察鼠标的结构并了解、练习鼠标的基本操作

现在广泛使用的是带滚动轮的光电鼠标,左右分别有一按键,称为左键和右键,中间是滚动轮。

鼠标的基本操作有五种:指向、单击、右键单击、双击、拖动。

(1)指向。

指向非常简单,就是把鼠标指针移到某个对象、图标或者菜单上,准备操作。

(2)单击。

单击是指单击左键一次,表示选中某个对象、图标、按钮或菜单。如果是单击按钮、菜单,则执行相应的动作。

(3)右键单击。

右键单击是指单击右键一次,一般会弹出一个相应的快捷菜单,右击的对象不同,所弹出的快捷菜单也可能不同。

(4)双击。

双击是指左键快速点击两次。如果指向某程序图标双击,将打开相应的应用程序窗口。

(5)拖动。

拖动是指利用鼠标把对象、图标等拖到一个新的地方,其操作方法是先选中对象,然后按住鼠标左键不放,再移动鼠标到一个新的位置,再松开左键,则被选中的对象就会被拖动到新位置。

5. 了解硬盘分区的知识,查看硬盘分区情况

硬盘分区是指对硬盘的物理存储空间进行逻辑划分,将一个较大容量的硬盘分成多个大小不等的逻辑区间。将一个硬盘划分出若干个分区,分区的数量和每一个分区的容量大小是由用户根据自己的需要来设置的。

(1)主分区、扩展分区和逻辑分区。

硬盘必须得有一个主分区用来安装操作系统启动所必需的文件和数据。扩展分区也就是除主分区外的分区,但它不能直接使用,必需再将其划分为若干个逻辑分区才行。逻辑分区也就是平常在操作系统中所看到的 D:、E:、F:盘等。

(2)分区格式。

目前 Windows 所用的分区格式主要有 FAT16、FAT32、NTFS 等,其中几乎所有的操作系统都支持 FAT16。但采用 FAT16 分区格式的硬盘实际利用效率低,且单个分区的最大容量只能为 2GB,因此如今该分区格式已经很少用了。

FAT32 采用 32 位的文件分配表,使其对磁盘的管理能力大大增强,突破了 FAT16 对每一个分区的容量最多只有 2GB 的限制,其管理的分区理论上可以达到 40GB。它是 Windows 98/2000/XP/2003 系统常用的分区格式。

NTFS 的优点是具有很高的安全性和稳定性以及对磁盘空间极强的管理能力,其管理的分区可以突破 FAT32 分区的 40GB 限制。不过除了 Windows NT/2000/XP/2003 及以后的 Windows 系列以外,其他的操作系统都不能识别该分区格式。

一般情况下,在分区时,用户选择采用何种分区格式和系统的安全性、稳定性及磁盘空间大小等有关。

6. 了解驱动程序的知识,查看设备驱动情况

驱动程序是一种可以使计算机和设备进行通信的特殊程序,可以说相当于硬件的接口,操作系统只有通过这个接口,才能控制硬件设备的工作,假如某设备的驱动程序未能正确安装,便不能正常工作。因此,驱动程序被誉为"硬件的灵魂""硬件的主宰"和"硬件和系统之间的桥梁"等。

三 实验步骤

1. 观察了解计算机的外观组成

从外观上看,计算机由主机、显示器、键盘和鼠标组成,如实验图 1-4 所示。

计算机主机是由机箱将主板、电源、硬盘、光驱等封装在里面的一个整体。

主板上提供了各种插接口,以便插接各种设备,包括电源、CPU、内存条、硬盘、光驱等,现在的主板一般集成了显卡、声卡、网卡,但也可插接独立的显卡、声卡和网卡。在机箱的后部提供了连接显示器、键盘、鼠标、音箱、网线、USB 等设备的插口,在机箱的前部安装了光驱,以方便插入、

实验图 1-4 计算机外观组成

取出光盘的操作,同时也提供了 USB、音箱、麦克风的插口,以方便计算机的使用。

2. 练习计算机的开机、关机

(1)开机。

机箱前面的面板上有电源开关和复位键(Reset)。找到电源开关,在确保电源线及连接其他设备的信号线连接完好的情况下,按下电源开光,机器开始加电启动。

观察计算机的启动过程,从显示 BIOS 信息、自检、直到 Windows 7 操作系统启动完成,出现 Windows 7 桌面。

(2)CMOS 设置。

在开机自检的过程中,如果按[Del]键可进入 CMOS 设置(计算机主板 BIOS 型号不同,进入 CMOS 设置的按键也有所不同),查看 CMOS 可设置的项目及设置情况。

实验图 1-5 所示为技嘉 GA-81915P DUO Pro 主板 CMOS 设置界面。

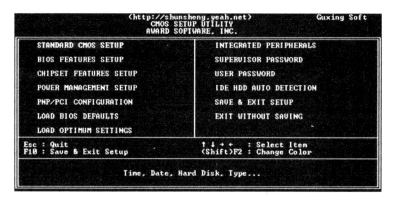

实验图 1-5　技嘉 GA-81915P DUO Pro 主板 CMOS 设置界面

其主要选项含义如下:

STANDARD CMOS SETUP(标准 CMOS 设定):用来设定日期、时间、软硬盘规格、工作类型以及显示器类型。

BIOS FEATURES SETUP(BIOS 功能设定):用来设定 BIOS 的特殊功能,例如病毒警告、开机启动顺序等。

CHIPSET FEATURES SETUP(芯片组特性设定):用来设定 CPU 工作相关参数。

POWER MANAGEMENT SETUP(省电功能设定):用来设定 CPU、硬盘、显示器等设备的省电功能。

PNP/PCI CONFIGURATION(即插即用设备与 PCI 组态设定):用来设置 ISA 及其他即插即用设备的中断和相关参数。

LOAD BIOS DEFAULTS(载入 BIOS 预设值):载入 BIOS 的初始设置值,即出厂设置,若遇到启动故障时载入此设置以便启动机器来查找故障。

LOAD OPTIMUM SETTINGS(载入最优化设置):这是厂家按电脑硬件系统的优化参数值进行设置。

INTEGRATED PERIPHERALS(主板集成设备设定):主板集成设备的设定。

SUPERVISOR PASSWORD(超级密码):设置进入 BIOS 设置的密码。

USER PASSWORD(用户密码):设置用户的开机密码。

IDE HDD AUTO DETECTION(自动检测 IDE 硬盘类型):用来自动检测硬盘容量、类型。

SAVE&EXIT SETUP(保存并退出设置):保存已经更改的设置并退出 BIOS 设置。

EXIT WITHOUT SAVING(不保存退出):放弃已经修改的设置,并退出。

(3)运行程序。

用鼠标在桌面上任意双击一个快捷图标,运行该图标所对应的应用程序,观察其运行情况。

单击屏幕左下角任务栏上的"开始"菜单,观察"开始"菜单的组成及内容,从菜单中任意选择一个菜单项,运行该菜单所对应的应用程序。

(4)关机。

选择"开始"菜单中的"关机"菜单项,如实验图 1-6 所示,Windows 7 启动关机程序。关闭计算机时一定要等到计算机完全关闭,即屏幕黑屏之后才能断电,如果在关机过程中提前断电,将会破坏硬盘的数据,甚至损坏硬盘。

实验图 1-6 "关机"菜单

3. 键盘练习

(1)运行打字高手或金山打字通软件,按照指法规则,进行键盘练习。

(2)选择"开始|程序|附件|记事本"菜单,打开"记事本"应用程序窗口,录入下述英文文稿:

Opportunities don't come often. They come every once in a while. Very often, they come quietly and go by without being noticed. Therefore, it is advisable that you should value and treat them with care.

When an opportunity presents itself, it brings a promise but never realizes it on its own. If you want to achieve something or intend to fulfill one of your ambitions you must work hard, make efforts and get prepared. Otherwise, you will take no advantage to in the way each treats opportunities. The successful person always makes adequate preparations to meet opportunities as they duly arrive. The unsuccessful person, on the other hand, works little and just waits to see them pass by. Obviously, the two different attitudes towards opportunities may lead to quite different consequences.

In my opinion, there are plenty of opportunities for everyone in our society, but only those who are prepared adequately and qualified highly can make use of them to achieve their purpose.

4. 查看硬盘分区情况

选择"开始|控制面板|管理工具|计算机管理"打开如实验图 1-7 所示"计算机管理"窗口，然后选择"磁盘管理"，则在窗口右边显示当前计算机磁盘的分区及使用情况，如实验图 1-8 所示。

实验图 1-7 "计算机管理"窗口

实验图 1-8 当前计算机的磁盘分区及使用情况

5. 查看设备驱动情况

在桌面上右键单击"计算机"，然后在弹出的快捷菜单中选择"属性"，打开"控制面板|系统和安全系统"窗口，点击"高级系统设置"，打开"系统属性"对话框，然后点击"硬件"标签，再点击"设备管理器"，则打开如实验图 1-9 所示的"设备管理器"窗口。在该窗口中列出了当前计算机已安装的所有设备。

或在桌面上右键单击"计算机"，然后在弹出的快捷菜单中选择"设备管理器"。

选择其中的任一设备，例如"键盘"，点击其前面的展开按钮，展开列出当前计算机所安装的键盘情况，如实验图 1-10 所示。双击该键盘，打开其"属性"对话框，再选择"驱动程序"标签页，则显示管理该键盘的驱动程序的对话框，可以查看当前安装的驱动程序的信息及更新驱动

实验图 1-9 "设备管理器"窗口

程序等。

实验图 1-10 查看键盘的驱动程序

四 实验思考

(1) 如何提高自己的输入水平？
(2) 在中英文混合输入时，中英文输入方式如何切换？
(3) 在中英文符号的输入时，如何区分全角/半角和中/英标点符号？
(4) 如何为计算机添加新设备并安装驱动程序？
(5) 逛逛电脑市场，了解当前电脑行情。
(6) 如有机会，尝试一下自己组装一台电脑或安装电脑的软件系统。

实验 2 Windows 7 的基本操作

一 实验目的

(1) 熟悉应用程序的启动方法及快捷方式的创建。
(2) 了解 Windows 7 的窗口、对话框组成。
(3) 熟悉菜单、工具栏的操作。
(4) 熟悉任务栏的操作。
(5) 熟悉应用程序的安装。

二 实验内容

(1) 了解 Windows 7 的"桌面"。
(2) 了解图标的概念,练习快捷方式的创建。
(3) 练习应用程序的各种启动方法。
(4) 练习 Windows 7 窗口操作。
(5) 练习应用程序的安装。

三 实验步骤

1. 启动 Windows 7 并观察桌面

根据上机实验的具体环境启动 Windows 7,观察 Windows 7 的桌面,了解桌面组成,如实验图 2-1 所示。

实验图 2-1 Windows 7 桌面

Windows 7 桌面是人们使用计算机的工作界面,有桌面背景,俗称壁纸,左边排列有一些图标,底部是任务栏。

2．了解图标的概念,练习快捷方式的创建

桌面图标也称快捷图标,用以表示一个指向某个应用的快捷方式,用一个能够代表该应用的图形表现出来并附带一个名称,这个图形称图标。双击该图标能够打开该应用,右键单击该图标会弹出一个有关该应用及管理该图标的快捷菜单。

（1）创建桌面图标。

创建桌面图标有很多方法,有些应用程序在安装时会自动在桌面创建图标,也可以自己创建。

练习创建一个"画图"程序图标。

①指向"开始|所有程序|附件|画图"菜单项,右键单击该菜单项,然后在弹出的快捷菜单中选择"发送到|桌面快捷方式"菜单项,即可在桌面创建一个"画图"程序图标。

②右键单击桌面空白处,在弹出的快捷菜单中选择"新建|快捷方式"菜单项,打开如实验图2-2所示对话框,单击【浏览…】按钮打开如实验图2-3所示对话框,在其中找到对应于"画图"程序的程序文件"c:\windows\system32\mspaint.exe"。

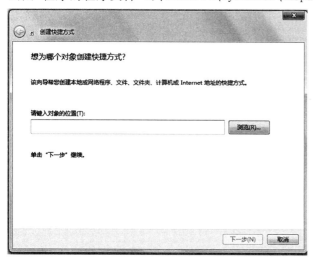

实验图2-2 "创建快捷方式"对话框　　实验图2-3 "浏览文件或文件夹"对话框

单击【确定】按钮,则实验图2-2中的【下一步】按钮变为可用,单击【下一步】,打开如实验图2-4所示对话框,修改快捷方式的名称为"画图",点【完成】,即可在桌面创建一个"画图"程序图标。

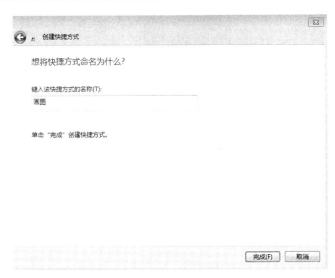

实验图 2-4　输入快捷方式名称

(2) 启动图标对应的应用程序。

双击桌面上刚创建的"画图"程序图标,打开"画图"应用程序窗口。

(3) 查看图标的属性。

右键单击桌面上刚创建的"画图"程序图标,选择"属性"菜单项,打开其属性窗口,查看其属性。

(4) 排列桌面图标。

右键单击桌面空白区域,在弹出的快捷菜单中选择不同的菜单项排列图标,观察桌面图标排列的变化。

(5) 删除图标。

删除桌面上刚创建的"画图"程序图标。

3. 练习应用程序的各种启动方法

分别通过以下方法启动"记事本"应用程序,然后退出该程序:

(1) 选择"开始|所有程序|附件|记事本"菜单。

(2) 通过"计算机"窗口,找到 c:\windows\system32\notepad.exe 后双击运行。

(3) 选择"开始|运行"菜单项,然后在弹出的对话框中输入"notepad",单击【确定】运行。

(4) 先在桌面上为记事本程序创建一个快捷图标,然后双击该图标运行。

4. 练习 Windows 7 的窗口操作

双击"计算机"图标,打开窗口,进行下列操作:

(1) 用鼠标点击窗口右上角的最小化、最大化(还原)、关闭按钮,观察窗口变化。

(2) 把鼠标移到窗口边框或角上,在鼠标指针变为双向箭头形状时拖动鼠标,改变窗口大小。

(3) 用鼠标拖动窗口标题栏,移动窗口;双击标题栏,最大化窗口或还原窗口。

(4) 通过 Aero Snap 功能调整窗口:

① 最大化:Win+向上箭头;或选中窗口标题栏并按住不放,将窗口拖至屏幕最上方。

② 靠左显示:Win+向左箭头;或拖拽窗口至屏幕左边边缘。

③靠右显示：Win+向右箭头；或拖拽窗口至屏幕右边边缘。

④还原、最小化：Win+向下箭头。

（5）打开"回收站""我的文档"等窗口，用鼠标在不同的窗口上单击，进行窗口间的切换。或者用鼠标点击任务栏上窗口按钮进行切换。

（6）右键单击任务栏空白位置，选择弹出菜单"层叠窗口""堆叠显示窗口"或"并排显示窗口"，观察其变化。

5．练习任务栏的操作

在任务栏空白处右键单击，在快捷菜单中选择"属性"菜单项，如实验图 2-5 所示。

实验图 2-5　"任务栏和「开始」菜单"属性窗口　　实验图 2-6　将程序锁定到任务栏

（1）设置任务栏的自动隐藏。在实验图 2-5 所示窗口中的"自动隐藏任务栏"前的复选框打"√"，然后单击【确定】或【应用】按钮。当鼠标离开任务栏时，任务栏会自动隐藏。

（2）移动任务栏。单击"屏幕上的任务栏位置"的下拉列表按钮，选择不同的选项，观察任务栏的位置变化。

（3）改变任务栏按钮显示方式。单击"任务栏按钮"的下拉列表按钮，选择不同的选项，观察任务栏的变化。

（4）将程序锁定到任务栏。运行 Word 2010 程序，任务栏上会显示一个 Word 2010 图标，关闭文档后任务栏上的图标将消失。右键单击任务栏上的 Word 2010 图标，在快捷菜单中选择"将此程序锁定到任务栏"菜单项即可将 Word 2010 程序锁定到任务栏，如实验图 2-6 所示。

（5）通知区域的设置。单击【自定义…】按钮，打开如实验图 2-7 所示的对话框，在"始终在任务栏上显示所有图标和通知"复选框前打"√"；或者不选而单独对个别图标进行设置，观察任务栏通知区域的变化。

实验图 2-7　通知区域的设置窗口

四　实验思考

（1）从网上下载一软件，并安装到计算机。

（2）应用程序还有其他的启动方法吗？

实验 3 Windows 7 文件操作

一 实验目的

(1)掌握 Windows 7 资源管理器功能。
(2)掌握 Windows 7 资源管理器的文件(夹)基本操作。

二 实验内容

(1)启动资源管理器,了解资源管理器窗口。
(2)改变窗口中文件的显示和排序方式。
(3)文件操作。
①在 D:盘的根文件夹下建立一个子文件夹,取名为 as,然后在子文件夹 as 中建立两个子文件夹,分别取名为 as1 和 as2。
②在子文件夹 as 中创建两个文本文件,分别取名为 aa.txt,bb.txt。
③将子文件夹 as 中的 aa.txt 重命名为 cc.htm。
④将子文件夹 as 中的文件 bb.txt 复制到子文件夹 as1 中。
⑤将子文件夹 as 中的文件 cc.htm 剪切到子文件夹 as2 中。
⑥移动子文件夹 as 中的文件 bb.txt 到 as2 中。
⑦将子文件夹 as1 设置为隐藏。
⑧搜索 D:盘当前系统日期下修改的所有.txt 文件。
(4)显示或隐藏文件的扩展名、显示或隐藏文件。
(5)文件查找。

三 实验步骤

1. 启动资源管理器

右键单击"开始"菜单,在弹出的快捷菜单中选择"打开 Windows 资源管理器"菜单项,启动资源管理器窗口,或选择"开始|所有程序|附件|Windows 资源管理器"菜单项启动资源管理器。

2. 更改文件查看方式

在资源管理器中单击"查看"菜单,如实验图 3-1 所示,选择"详细信息"菜单项,查看文件或文件夹的详细信息,再选择"排序方式"中的"名称""类型""大小""递增"或"递减"等方式进行排序,观察显示效果。

3. 文件操作

(1)新建文件夹。

在 D:盘上创建一个名为 as 的文件夹,再在 as 文件夹下创建两个并列的二级文件夹:as1 和 as2。

在资源管理器窗口的左侧导航窗格中选定 D:\为当前文件夹,右键单击资源管理器右窗

口任一空白位置,在弹出的快捷菜单中选择"新建|文件夹"菜单项,窗口中出现默认名称为"新建文件夹"的文件夹图标,将其改名为 as 即可。

实验图 3-1　在资源管理器中打开"查看"菜单

双击 as 文件夹,进入该文件夹,用上述方法创建文件夹 as1 和 as2。

(2) 新建文件。

右键单击当前文件夹"D:\as"右窗口内任意空白处,选择弹出的快捷菜单中的"新建|文本文档"菜单项,窗口中出现默认名称为"新建文本文档.txt"的文本文件图标,在名称框中输入新的文件名"aa.txt",然后回车键确认,便在 D:\as 下建立了一名为 aa.txt 文件。同样的方法建立另一个文本文件 bb.txt。

(3) 重命名。

右键单击"aa.txt"文件图标,在弹出的快捷菜单中选择"重命名"菜单项,则 aa.txt 文件的名称框中的名称成为编辑状态,输入新的名称"cc.htm",按回车键确认,将文件 aa.txt 更名为 cc.htm。若更改文件名涉及文件扩展名,需要确认后才能改变文件名。

(4) 复制。

右键单击"bb.txt"文件,在弹出的菜单中选择"复制",双击"as1"子文件夹,进入"as1"文件夹,选中"编辑|粘贴"菜单项,或者右键单击空白处,在快捷菜单中选择"粘贴"菜单项,即可将复制的文件粘贴到当前文件夹。

(5) 剪切。

右键单击"cc.htm"文件,在弹出的菜单中选择"剪切"菜单项,双击"as2"子文件夹,进入 as2 文件夹,选中"编辑|粘贴"菜单项,或者右键单击空白处,在快捷菜单中选择"粘贴"菜单项,即可将剪切的文件粘贴到当前文件夹。

(6) 移动。

单击左窗口的"as"文件夹,选中"bb.txt",按住鼠标左键不松,移动鼠标,使鼠标光标移动到"as2"子文件夹上面,然后松手,观察文件位置的变化。

(7) 设置属性。

右键单击文件夹"as1",在弹出的快捷菜单中选择"属性"菜单项,打开"属性"对话框,可以看到"类型""位置""大小""占用空间""包含"等信息,如实验图 3-2 所示。在"隐藏"复选框中打"√",as1 成为隐藏文件夹。

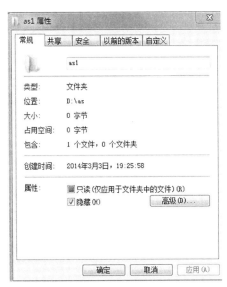

实验图 3-2　文件属性窗口

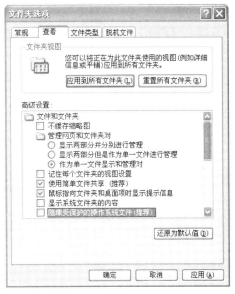

实验图 3-3　"文件夹选项"对话框

4. 文件夹设置

在"资源管理器"窗口中,选择"工具|文件夹选项…"菜单项,单击"查看"选项卡,打开如实验图 3-3 所示对话框,然后在"高级设置"栏中改变"隐藏已知文件类型的扩展名"项的设置,观察文件扩展名的变化;选中"不显示隐藏的文件、文件夹或驱动器"或"显示隐藏的文件、文件夹和驱动器",观察 as1 文件夹的变化。

5. 搜索文件

在资源管理器左侧导航窗格中选择 D:盘,在搜索框中输入"＊.txt",然后在"添加搜索筛选器"下选择"修改日期"为当前系统日期,如实验图 3-4 所示,观察搜索结果。

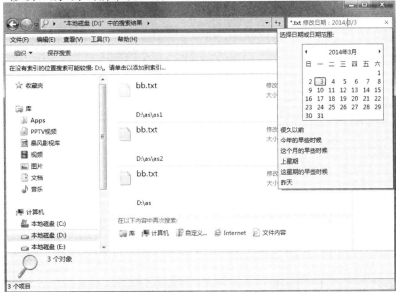

实验图 3-4　搜索文件窗口

四 实验思考

(1)在移动文件时,如果按住[Ctrl]键或将文件移动到别的盘上,会有什么样的结果?

(2)当资源管理器中已知文件的扩展名隐藏起来时,如何进行文件改名? 如何建一个名称为 123.abc 的文件?

(3)在搜索文件时,如何设置修改日期为 2014-01-01 至 2014-02-01?

实验 4 Windows 7 环境设置与系统维护

一 实验目的

(1) 了解控制面板的功能与特点。
(2) 掌握使用控制面板设置系统环境的方法。
(3) 掌握系统的基本维护方法。

二 实验内容

(1) 桌面"个性化"属性的设置。
(2) 输入法属性的设置。
(3) 了解系统硬件配置。
(4) 添加账户。
(5) 任务管理器的使用。
(6) 磁盘清理。
(7) 磁盘碎片整理。

三 实验步骤

单击"开始"菜单右侧的"控制面板"菜单项或单击"计算机"窗口中的工具栏"打开控制面板",如实验图 4-1 所示。

实验图 4-1 "控制面板"窗口

1. 桌面主题的设置

在"控制面板"窗口中选择"个性化"图标或在桌面任一空白处右键单击,在弹出的快捷菜单中选择"个性化"菜单项,打开"个性化"设置窗口,如实验图 4-2 所示。

实验图 4-2 "个性化"设置窗口

(1) 设置桌面主题。

选择桌面主题为"Aero 主题|中国",观察桌面主题的变化。

(2) 设置窗口颜色。

单击实验图 4-2 下方的"窗口颜色"图标,打开"窗口颜色和外观"窗口,选择一种窗口的颜色,观察桌面窗口边框颜色的变化。

(3) 设置桌面背景。

单击实验图 4-2 中的"桌面背景"图标,选择桌面背景图片,设置幻灯片放映,时间间隔为 5 分钟,无序播放。

(4) 设置屏幕保护程序。

单击实验图 4-2 中的"屏幕保护程序"图标,设置屏幕保护程序为三维文字,屏幕保护等待时间为 2 分钟。

(5) 更改屏幕分辨率。

在桌面空白处右键单击,在快捷菜单中选择"屏幕分辨率"菜单项,设置屏幕分辨率为 1280×720,然后单击【确定】或【应用】。

2. 设置汉字输入法

单击"控制面板"窗口中"时钟、语言和区域"分类下的"更改键盘或其他输入法"选项,打开"区域和语言"对话框,单击【更改键盘】按钮,弹出如实验图 4-3 所示的对话框。

在"已安装的服务"栏内的"输入语言"列表框内选择某一已安装的输入法,单击【删除】按

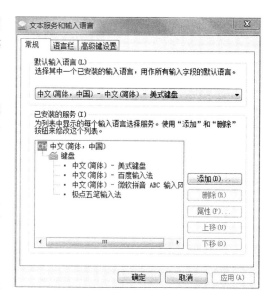

实验图 4-3 "文本服务和输入语言"对话框

钮可以从系统中删除该输入法。

单击【添加…】按钮，可以添加 Windows 7 系统集成的某种语言和相应输入法。

3．查看系统属性及计算机硬件配置

在"控制面板"窗口中，单击"系统"图标，打开"系统"对话框，如实验图 4-4 所示。"系统"对话框显示了 Windows 版本号、CPU 型号及其主频、内存等信息。

实验图 4-4　"系统"对话框

选择"设备管理器"打开"设备管理器"对话框查看计算机系统的硬件配置。

4．账户设置

创建一个名称为"abc"的标准账户，为其设置密码，然后注销当前用户，并以 abc 重新登录计算机，本实验结束后，再删除 abc 账户。

5．任务管理器的使用

按组合键[Ctrl]+[Shift]+[Esc]或在任务栏的空白处右键单击打开快捷菜单，在快捷菜单中选择"启动任务管理器"菜单项可启动任务管理器，如实验图 4-5 所示。

实验图 4-5　任务管理器窗口

通过任务管理器可以查看正在运行的应用程序和进程,也可终止正在运行的应用程序和进程。如果要终止某个程序,可先用鼠标选择此程序,再单击【结束任务】按钮即可。如果要终止某个进程,用户需选择"进程"选项卡,然后选择需要终止的进程,再单击【结束进程】按钮即可。当应用程序没有响应时,一般选择这种方法结束应用程序或相应的进程。

6. 磁盘清理

打开"计算机"窗口,右键单击 C:盘,在弹出的快捷菜单中选择"属性"菜单项,在"属性"对话框中单击【磁盘清理】按钮,即开始磁盘清理。磁盘清理程序就会搜索 C:盘,然后列出临时文件、Internet 缓存文件和可以安全删除的不需要的程序文件。可以使用磁盘清理程序删除这些文件,释放 C:盘存储空间。

7. 磁盘碎片整理

磁盘上文件的物理存储方式往往是不连续的。当用户修改文件、删除文件或存放新文件时,文件在磁盘上往往被分成许多不连续的碎片,这些碎片在逻辑上是链接起来的,因而不妨碍文件内容的正确性。但是,随着碎片的增多,读取文件的时间就会变长,系统性能也就会不断降低。磁盘碎片整理程序可以重新存放磁盘上的文件、程序片段,整理未使用的磁盘空间,以便改善系统性能。

选择"开始|所有程序|附件|系统工具|磁盘碎片整理程序"菜单项,然后选择要整理的磁盘,单击【磁盘碎片整理】。

四 实验思考

(1)从网上搜索下载一个屏幕保护程序,安装并使用。

(2)任务管理器中所列出的进程是否都可以随意结束?

实验 5 Windows 7 操作系统综合实验

一 实验目的

综合应用前面掌握的知识，熟练进行 Windows 7 操作。

二 实验内容

(1) 桌面设置。
(2) 任务栏设置。
(3) 在桌面上为系统自带的记事本创建快捷方式。
(4) 设置.jpg 文件的默认打开方式。
(5) 文件和文件夹操作。
(6) 控制面板操作。
(7) 附件的使用。

三 实验步骤

1. 桌面设置

打开"个性化"设置窗口，进行下列设置：

(1) 更改桌面主题。选择"联机获取更多主题"，从微软网站浏览选择喜欢的主题，下载并应用该主题，直到满意为止。

(2) 更改桌面背景。使用自己拍摄的照片或从网上搜索下载一幅满意的图片，将其设置为桌面背景。

(3) 设置屏幕保护。设置屏幕保护程序，预览其效果，选择自己喜欢的，设置时间间隔为 2 分钟，并启用密码保护，并更改屏幕保护程序的选项设置（有一些屏幕保护程序没有选项设置）。

2. 任务栏设置

打开"任务栏和「开始」菜单属性"对话框，对任务栏进行下列设置：
(1) 设置桌面任务栏自动隐藏。
(2) 将"桌面"设置到工具栏。
(3) 将截图工具程序锁定到任务栏。
(4) 改变任务栏图标的显示方式。
(5) 改变任务栏位置到桌面右边。
(6) 在通知区域隐藏扬声器图标和通知。

3. 在桌面上为系统自带的记事本创建快捷方式

4. 设置.jpg 文件的默认打开方式

使用资源管理器找到一个.jpg 文件，右键单击该文件，然后在弹出的菜单中选择"打开方

式|选择默认程序…"菜单打开"打开方式"对话框,如实验图 5-1 所示,其中列出了可以用来打开.jpg文件的应用程序,勾选"始终使用选择的程序打开这种文件",再从中选择一个或选择【浏览】按钮直接通过资源管理器定位打开.jpg文件的应用程序。

实验图 5-1　"打开方式"对话框

5．文件和文件夹操作

(1)在 D:盘根目录下建立"作业"文件夹,在此文件夹下建立"文字","图片"两个子文件夹。

(2)在"文字"文件夹下建立一个文本文件,输入自己的简单信息,命名为"简历"。

(3)在 C:盘查找大小为 10～100 kB 之间的.JPG 文件,并选择若干复制到"图片"文件夹中。

(4)删除"D:\作业\图片"文件夹中的文件,再从"回收站"中恢复这些删除的文件。

(5)将"文字"文件夹移动到 D 盘根目录下。

(6)将名为"简历"的文本文件改名,新名字为自己的姓名。

(7)将文件夹"文字"设置为隐藏属性。

(8)改变文件夹的浏览方式,分别设置为显示和不显示隐藏文件夹,并观察结果。

6．控制面板操作

(1)创建一个新用户,并为新用户设置密码。

(2)不关机切换用户,用新创建的用户登录,查看变化。

(3)查看本机系统配置信息。

(4)删除一种不常用的汉字输入法。

(5)运行磁盘清理程序清理 D:盘中无用的程序。

7．附件的使用

(1)"画图"和"截图工具"应用程序的使用。打开"画图"和"截图工具"应用程序,在"画图"

应用程序中绘制图案,并通过"截图工具"应用程序截取合适的画面粘贴到"画图"中,然后编辑制作,最后将其设为桌面背景。

(2)"计算器"应用程序的使用。打开"计算器"应用程序,练习计算器 4 种工作模式下的应用。

四 实验思考

(1)如何利用控制面板的"程序和功能"来删除 Windows 7 自带的游戏程序及添加一些没有安装的功能应用?

(2)如何设置文件的网络共享及访问网络上其他计算机上的共享文件?

实验 6 Word 2010 文档编辑与格式编排

一 实验目的

(1) 掌握文字的录入方法与技巧。
(2) 掌握文字的美化技巧。
(3) 掌握段落格式的设置。
(4) 掌握文档的打印与保存。

二 实验内容

创建如实验图 6-1 所示的 Word 2010 文档,保存为"春晓.docx"。然后进行格式编排,编排效果如实验图 6-2 所示。

三 实验步骤

(1) 启动 Word 2010,创建一个新文档,保存为"春晓.docx",用默认格式输入实验图 6-1 中的文字。

> 春晓
> 孟浩然
> 春眠不觉晓,处处闻啼鸟。
> 夜来风雨声,花落知多少。
> 【作者介绍】
> 孟浩然(689—740),唐代诗人。襄州襄阳(今湖北襄樊)人,世称孟襄阳。前半生主要居家侍亲读书,以诗自适。曾隐居鹿门山。40 岁游京师,应进士不第,返襄阳。在长安时,与张九龄、王维交谊甚笃。后漫游吴越,穷极山水,以排遣仕途的失意。因纵情宴饮,食鲜疾发而亡。孟浩然诗歌绝大部分为五言短篇,题材不宽,多写山水田园和隐逸、行旅等内容。虽不无愤世嫉俗之作,但更多属于诗人的自我表现。他和王维并称,其诗虽不如王诗境界广阔,但在艺术上有独特造诣,而且是继陶渊明、谢灵运、谢朓之后,开盛唐田园山水诗派之先声。孟诗不事雕饰,清淡简朴,感受亲切真实,生活气息浓厚,富有超妙自得之趣,如《秋登万山寄张五》《过故人庄》《春晓》等篇,淡而有味,浑然一体,韵致飘逸,意境清旷。
> 【注释】
> 春晓:春天的早晨。
> 晓:早晨,天亮。
> 闻:听见。
> 啼鸟:鸟鸣。
> 【译文】
> 春天酣睡,醒来时不觉已经天亮了,处处都可以听到悦耳动听的鸟的鸣叫声。夜里沙沙的风声雨声,不知花儿吹落了多少。
> 【赏析】
> 诗人从听觉的角度描绘了雨后春天早晨的景色,表现了春天里诗人内心的喜悦和对大自然的热爱。春天在诗人的笔下是活灵活现生机勃勃的。这首诗看似平淡无奇,却韵味无穷,全诗行文如流水,自然平易,内蕴深厚。

实验图 6-1 "春晓"原文档

(2) 设置整篇文档:A4 打印纸,上、下页边距为 2.5 厘米,左、右页边距为 3 厘米。

(3) 选中前 4 行,设置分栏为"两栏",左栏宽度为 22 个字符,栏间距为 2 个字符,无栏间分割线。

(4) 选中"春晓",设置为华文新魏字体、一号、居中,文本效果为"填充|茶色,文本|2,轮廓|背景 2";选中"春"字,设置字间距为加宽 12 磅。设置本段段后间距为 0.5 行。

(5) 在"晓"字后输入①(纯字符①,不是带圈的字符 1,使用中文输入法的软键盘输入),设置其为宋体、蓝色、上标。

(6) 选中"孟浩然",设置华文行楷、小三、绿色、右对齐、段后间距为自动。

(7) 选中两行古诗正文,设置仿宋、四号字,居中对齐,2 倍行距。

(8) 在两行古诗正文中,分别在"晓""闻""鸟"三字后加入上标序号②③④(纯字符②③④,不是带圈字符,使用中文输入法的软键盘输入),蓝色、三号字。选中"落"字,为其加上拼音。

(9) 在两行古诗正文后加入若干空行,使文字全部在左栏,右栏为新增加的空行,定位右栏中第一行,从网上搜索下载一幅大小合适的相关图片,插入到当前位置,设置图片水平居中,删除多余的空行,调整使左栏为文字,右栏为图片。

(10) 设置"【作者介绍】"为黑体、四号字,使用格式刷设置其他"【】"文字格式与"【作者介绍】"相同。

(11) 设置"【作者介绍】"下两个段落为楷体、小四,首行缩进 2 个字符,行间距为 18 磅。使用格式刷设置其他"【】"下方文字格式与"【作者介绍】"相同。

(12) 选中"【注释】"下四个段落,设置项目编号格式为"①…"(不是项目符号,①也不是"插入"选项卡"符号"功能组中的编号)。

(13) 在页眉居中位置输入"古诗欣赏",方正舒体、四号。

(14) 打印预览,调整为一页显示,部分最终效果如实验图 6-2 所示。

(15) 保存文档。

实验图 6-2　排版效果

关于如何设置带圈数字编号(项目编号)：

(1)设置：从文件|选项|校对|自动更正选项|键入时自动套用格式|勾选"自动编号列表"，默认是选上的。

(2)输入字符①(要使用中文输入法软键盘数字序号中的编号，不能使用带圈中文字符、"插入"选项卡"符号"功能组中的编号)，按空格键，则会触发自动更正功能，产生该编号序列，这样，在项目编号中就可以看到这种编号了。

四 实验思考

输入并编排如实验图 6-3 所示文档，保存为"海燕.docx"。

经典散文诗

海　燕

高尔基

在苍茫的大海上，狂风卷集着乌云。在乌云和大海之间，海燕像黑色的闪电，在高傲地飞翔。

一会儿翅膀碰着波浪，一会儿箭一般地冲向乌云，它叫喊着，——就在这鸟儿勇敢的叫喊声里，乌云听出了欢乐。

在这叫喊声里，——充满着对暴风雨的渴望！在这叫喊声里，乌云听出了愤怒的力量、热情的火焰和胜利的信心。

海鸥在暴风雨来临之前呻吟着，——呻吟着，它们在大海上飞窜，想把自己对暴风雨的恐惧，掩藏到大海深处。

海鸭也在呻吟着，——它们这些海鸭啊，享受不了生活的战斗的欢乐：轰隆隆的雷声就把它们吓坏了。

蠢笨的企鹅，胆怯地把肥胖的身体躲藏在悬崖底下——只有那高傲的海燕，勇敢地，自由自在地，在泛起白沫的大海上飞翔！

乌云越来越暗，越来越低，向海面直压下来，而波浪一边歌唱，一边冲向高空，去迎接那雷声。

雷声轰响。波浪在愤怒的飞沫中呼叫，跟狂风争鸣。看吧，狂风紧紧抱起一层层巨浪，恶狠狠地把它们甩到悬崖上，把这些大块的翡翠摔成尘雾和碎末。

海燕叫喊着，飞翔着，像黑色的闪电，箭一般地穿过乌云，翅膀掠起波浪的飞沫。

看吧，它飞舞着，像个精灵，——高傲的、黑色的暴风雨精灵——它在大笑，它又在号叫——它笑那些乌云，它因为欢乐而号叫！

这个敏感的精灵，——它从雷声的震怒里，早就听出了困乏，它深信，乌云遮不住太阳，——是的，遮不住的！

狂风吼叫——雷声轰响——

一堆堆乌云，像青色的火焰，在无底的大海上燃烧。大海抓住闪电的箭光，把它们熄灭在自己的深渊里。这些闪电的影子活像一条条火蛇，在大海里蜿蜒游动，一晃就消失了。

——暴风雨！暴风雨就要来啦！

这是勇敢的海燕，在怒吼的大海上，在闪电中间，高傲地飞翔；这是胜利的预言家在叫喊：

——让暴风雨来得更猛烈些吧！

实验图 6-3　"海燕"效果图

要求：

(1)选中"海燕"，设置为黑体、二号、居中；选中"海"字，设置字间距为加宽 20 磅。

(2)选中"高尔基"，设置为楷体、四号、加粗、居中，段后空 1 行。

(3)选中正文部分，设置首行缩进 2 个汉字，1.5 倍行距，段后空 0.5 行；分两栏显示，栏间距 2.5 字符，栏宽相等。

(4)设置正文所在节的上、下页边距为 2.5 厘米，左、右页边距为 3 厘米。

(5)给整篇文档加页面边框，边框类型阴影，2.25 磅实线。

(6)在页眉居中位置输入"经典散文诗"，宋体、五号。

(7)打印预览，调整为一页显示。

思考：

(1)Word 2010 中的样式是一个非常重要的概念，那么样式的定义、修改具体是如何操作的？在 Word 2010 文档中又是如何应用样式的？

(2)当从网页上利用剪贴板复制一段内容到 Word 2010 文档中时，如果直接粘贴，则粘贴的内容往往会因保留原先在网页中的格式而出现一些表格线或编排格式不如意的现象，要删除这些表格线或重新编排这些文本的格式均不是很方便，那么，如何使得粘贴的内容不保留这些格式呢？

实验 7 Word 2010 文字排版与邮件合并

一、实验目的

(1) 熟悉 Word 2010 工作环境。
(2) 掌握 Word 2010 文件操作：新建文件、保存文件。
(3) 掌握 Word 2010 的文字排版操作。
(4) 掌握 Word 2010 的邮件合并功能。

二、实验内容

(1) 创建如实验图 7-1 所示的 Word 2010 文档，保存为"邀请函.docx"。
(2) 创建如实验表 7-1 所示表格，保存为"同学录.docx"。
(3) 邮件合并。将实验表 7-1 中的姓名信息自动填写到"邀请函"中"尊敬的"三个字后面，并根据性别信息，在姓名后面添加"先生"(男)或"女士"(女)，然后将生成的全部邀请函保存为 Word 2010 文档"邀请函 2.docx"。

实验图 7-1 "邀请函"原文档

三、实验步骤

(1) 创建一个新的 Word 2010 文档，保存为"邀请函.docx"。
(2) 页面设置：A4 打印纸，上、下、左、右页边距均为 3 厘米，纸张方向为横向，插入背景图片(网上搜索下载自己喜欢的图片)，设置页面边框(任意选择合适、漂亮的)。
(3) 在页眉位置插入艺术字"缘聚十年""情定终生"，设置为喜爱的样式。
(4) 键入文字，第 1 段"尊敬的"和第 3 段"附：…"应用"要点"样式，段前和段后空 12 磅；第 2 段正文应用"正文"样式，首行缩进 2 个字符；第 4 段日期"2014…"应用"正文"样式，加粗，右对齐,段前空一行。

(5)在第 3 段后面插入一个 11 行 4 列的表格,居中,行高 0.7 cm,应用表格样式"中等深浅网格 1—强调文字颜色 4",输入表格中的文字,设置对齐方式(第 1、2 列水平居中、垂直居中;第 3、4 列水平左对齐,垂直居中;第 1 列的单元格中不能有多余的段落),调整列宽至适当。

(6)创建一个新的 Word 2010 文档,保存为"同学录.docx",输入如实验表 7-1 所示。

实验表 7-1　同学录

编号	姓名	性别
1	张珮珮	女
2	李小明	男
3	赵红	女
4	沈梦婕	女
5	刘丽萍	女
6	江涛	男
7	孙卫国	男
8	陈科	男

(7)邮件合并。

①切换到文档"邀请函.docx"。

②设置"选择收件人",选择"同学录.docx"为收件人。

③在第 1 段"尊敬的"后面插入同学录中的"姓名"域。

④在"姓名"的后面根据同学录中的"性别"信息,插入"先生"(性别为男)或"女士"(性别为女)域。

⑤开始邮件合并,将全部邀请函保存为"邀请函 2.docx",其部分效果如实验图 7-2 所示。

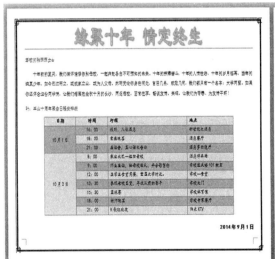

实验图 7-2　邮件合并后的邀请函

四 实验思考

制作个人简历如实验表 7-2 所示,在此基础上根据个人喜好进行美化,保存为"个人简历.docx"。

实验表 7-2 个人简历

姓名		性别		出生年月		相片
民族		政治面貌		个人爱好		
毕业院校				专业、学位		
通信地址				QQ		
电子邮件				电话		
个人情况						
社会实践						
求职意向						

思考:

(1)邮件合并的收件人列表可以来自于哪几种数据源?

(2)默认情况下,打印预览及打印是不显示和打印背景色和图像的,如何设置显示和打印背景色和图像?

实验 8　Word 2010 图文混排

一　实验目的

(1) 掌握图文混排的编辑。
(2) 掌握插入图片、自选图形的方法。
(3) 掌握插入 SmartArt 图形的方法。
(4) 掌握数学公式的编排。

二　实验内容

(1) 输入并编排结果如实验图 8-2 所示的文档，保存为"爱的教育.docx"。
(2) 新建 Word 2010 文档"Smart.docx"，插入如实验图 8-3 所示的 SmartArt 图形。
(3) 新建 Word 2010 文档"公式.docx"，插入如下的公式：

① $\gamma = \dfrac{5\sin^2\varphi}{\cos\varphi}, -\dfrac{\pi}{3} \leqslant \varphi \leqslant \dfrac{\pi}{3}$；

② $\begin{cases} x = \mathrm{e}^{-1/20}\cos t, \\ y = \mathrm{e}^{-1/20}\sin t, \quad 0 \leqslant t \leqslant 2\pi. \\ z = t, \end{cases}$

三　实验步骤

(1) 新建 Word 2010 文档，选择页面布局，进行页面设置，纸张大小为 A4，页边距均为 2.2 厘米。
(2) 插入一个文本框，在文本框内采用默认设置输入文档内容，如实验图 8-1 所示。

实验图 8-1　"爱的教育"文档

(3) 设置文本框内的文字：微软雅黑，四号，黑色，文字 1，淡色 25%，首行缩进 2 字符，3 倍行距，设置文本框无填充色，环绕方式为浮于文字上方，拖动文本框到页面合适位置。

(4)插入艺术字"爱的教育"和"含笑花",环绕方式为浮于文字上方。

(5)绘制自选图形:箭头、心形、新月形、十字星、椭圆形(填充双色渐变)、矩形(紫色和白色双色渐变),环绕方式均为衬于文字下方,拖动到合适位置。

(6)插入一幅小图片,设置环绕方式为衬于文字下方。

(7)保存文档,爱的教育.docx。

(8)新建 Word 2010 文档,分别插入 SmartArt 图形,"选择循环|多向循环"图…、"流程|基本流程"图、"层次结构|水平层次结构"图,保存文档为"Smart.docx",效果图如实验图 8-3 所示。

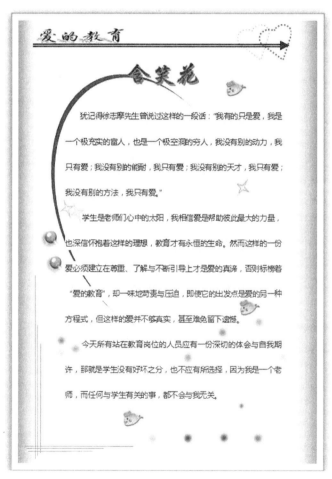

实验图 8-2 图文混排效果

(9)新建 Word 2010 文档,插入公式,分别使用"分数"结构、"上下标"结构、"括号"结构、"矩阵"结构等,保存文档为"公式.docx"。

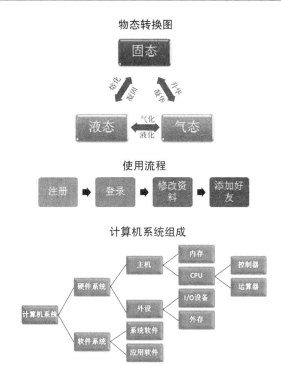

实验图 8-3　SmartArt 图形效果

四　实验思考

制作如实验图 8-4 所示新年贺卡，保存为"贺卡.docx"。

实验图 8-4　新年贺卡

(1) 页面布局设置纸张大小为 B5，页边距均设置为 1 厘米，纸张方向为横向。
(2) 设置页面边框为艺术型。
(3) 在左上角插入一个文本框，设置文本填充颜色为红色，在其中插入一张图片，调整好尺

寸。设置文本框的形状效果：阴影|右下斜偏移。

(4) 在右下角插入一个文本框，设置文本填充颜色为绿色，文本框线条为实线、颜色为深蓝。在其中输入祝词，设置为宋体、小三号、加粗，段后空 0.5 行。设置文本框的形状效果：阴影|内部居中，发光|"颜色为绿色（橄榄色），11 pt 发光，强调文字颜色 3"。

(5) 在图片下方，输入文字，设置为宋体、四号、加粗，最后一个字"缘"设置为华文新魏、72 号字、加粗，设置为某种喜爱的文字效果。

(6) 在右上角插入艺术字"新年快乐"，选择某种喜爱的艺术字样式，设置合适的颜色、字体、字号，最后调整好位置。

(7) 在任意位置插入自选图形：星与旗帜中的"十字星"，设置喜爱的填充颜色与线条颜色（如橙色）。复制多个，移动到合适的位置，并调整尺寸，制作成满天星的效果。

(8) 调整各个对象到合适位置，最后保存文档为"贺卡.docx"。

思考：

是否可以给贺卡加上音乐呢？

实验 9 Word 2010 长文档编排

一 实验目的

(1) 掌握页面布局的设置。
(2) 掌握样式的管理与设置。
(3) 掌握页眉页脚的设置。
(4) 了解目录的自动生成。

二 实验内容

在网上搜索、下载一篇本科毕业论文文档,删除其他部分,只留下正文部分,选择整篇文档,清除格式,然后按照下述编排要求进行编排。

1. 页面布局设置要求

(1) 纸张方向:纵向。
(2) 纸张大小:A4。
(3) 左侧预留 1.2 厘米装订线。
(4) 上边距 2.6 厘米,下边距 2.2 厘米;对称页边距,内侧边距 2.8 厘米,外侧边距 2.3 厘米。
(5) 版心:指定行和字符网格,38 行×39 字(每页 38 行,每行 39 个字符)。
(6) 每章均从奇数页开始

2. 章、节标题以及正文的格式要求

如实验表 9-1 所示。

实验表 9-1 本科毕业论文格式要求

内容	样式名称	字体设置	段落设置
章标题	标题 1	小二号,黑体,不加粗	段前、段后各 1 行,行距最小值 12 磅,居中
一级节标题	标题 2	小三号,黑体,不加粗	段前、段后各 12 磅,行距固定值 15 磅,左对齐
二级节标题	标题 3	四号,宋体,加粗	段前、段后各 6 磅,行距最小值 12 磅,左对齐
正文	论文正文	小四号,宋体,不加粗	段前、段后各 0 行,首行缩进 2 字符,单倍行距,两端对齐

3. 页眉页脚

(1) 页眉。
在页眉显示毕业论文题目,设置字体为宋体,5 号,斜体,居中。
(2) 页脚。
在页脚居中显示页码。

4. 目录

自动生成目录放在论文前面。

三 实验步骤

1.清除文档格式

（1）选择全部文档（[Ctrl]+[A]）。

（2）如实验图 9-1 所示，鼠标单击"样式"列表的向下展开按钮，弹出如实验图 9-2 所示"样式"列表下拉框。

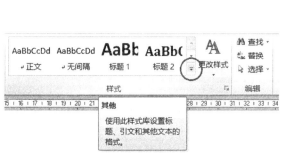

实验图 9-1 "样式"列表的向下展开按钮

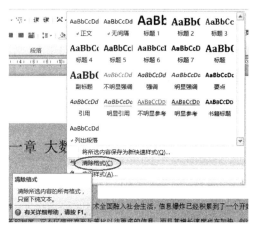

实验图 9-2 "样式"列表下拉框

（3）在实验图 9-2 中，选择"清除格式"菜单，则将选定文本的格式设置成默认设置，如实验图 9-3 所示。

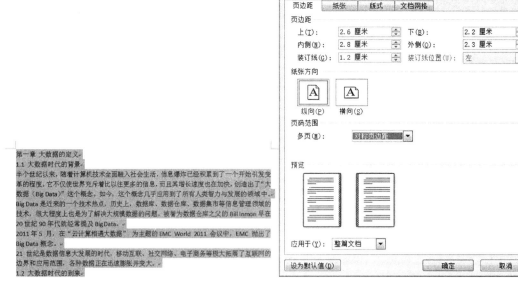

实验图 9-3 "清除格式"后的文本　　实验图 9-4 "页面设置|页边距"对话框

2.设置页面布局

（1）设置纸张。打开"页面设置|页边距"对话框，如实验图 9-4 所示，设置纸张方向："纵

向",设置装订线:"1.2 厘米",装订线位置:"左"。

(2)设置上、下页边距。上:"2.6 厘米",下:"2.2 厘米"。

(3)设置内侧、外侧页边距。设置多页为"对称页边距"后,左、右页边距则变为内侧、外侧页边距,设置内侧边距:"2.8 厘米",外侧边距:"2.3 厘米"。

(4)设置版心。选择"页面设置|文档网格"选项卡,如实验图 9-5 所示,设置网格为"指定行和字符网格",字符数为:每行"39"字符,行数为:每页"38"行。

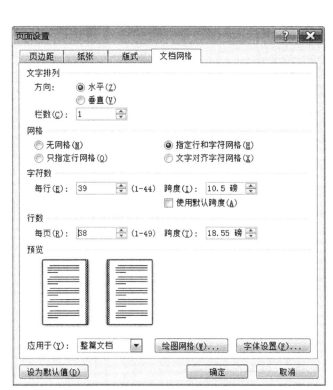

实验图 9-5 版心设置

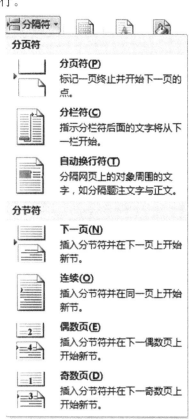

实验图 9-6 分隔符选项

(5)插入分节符。

将光标定位在"第二章…"前面,单击"页面布局"选项卡"页面设置"功能区的"分隔符"按钮,弹出如实验图 9-6 所示下拉选项,单击"分节符"区域的"奇数页"按钮,则在插入点位置插入一个"奇数页"分节符,使得第二章…从一个奇数页开始编排。

采用同样的方法,在后续的章标题前插入"奇数页"分节符。

"节"是文档的一部分,是一段连续的文档块。所谓分节,可理解为将 Word 2010 文档分为几个子部分,对每节可单独设置有关页面的格式,如纸张大小、纸张方向、边距、页面边框、垂直对齐方式、页眉页脚、分栏、页码编排、行号等。同一节中的页面可以拥有相同的格式,而不同的节则可以不相同,互不影响。如果没有分节,则整个 Word 2010 文档默认为只有一个节,所有页面都属于这个节,因此,要想对文档的不同部分设置不同的页面格式,必须进行分节。

对于"奇数页"分节符,如果前一节编排后的最后一页为奇数页,则在打印输出时,将输出一个空白页,然后再输出下一节的起始页,使其页号为奇数,否则不插入空白页。如实验图 9-7 所示,1 和 2,3 和 4,…分别为一页的正反面,奇数页对应于我们翻开书的右侧页面,偶数页对应于左侧页面。从图中可以看出,第二章(也即第二节)只有 3 页内容,编排为第 3、4、5 页,第三章(第三节)的起始页按顺序应为第 6 页,但由于"奇数页"分节符的要求,必须出现在奇数页,所以,中间插入了一个空白页,即第 6 页,而第三章(第三节)的起始页从第 7 页开始。需要注意的是,在页面视图中,插入的空白页不显示。

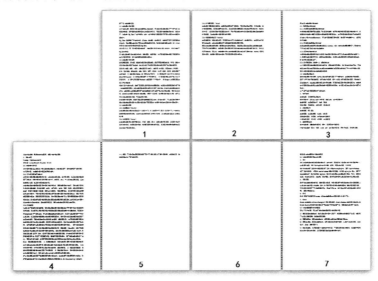

实验图 9-7 "奇数页"分节符编排打印预览效果

3. 样式设置

(1)修改样式。

右击"样式"列表中的"标题 1"样式,弹出如实验图 9-8 所示下拉菜单,选择"修改",弹出如实验图 9-9 所示"修改样式"对话框,对章标题的对应样式"标题 1"按照实验表 9-1 所示要求进行设置,字体设置:"小二号,黑体,不加粗"。段落设置:"段前、段后各 1 行,行距最小值 12 磅,居中"。

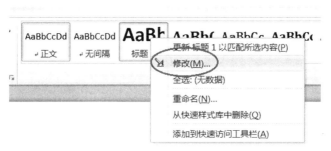

实验图 9-8 样式"修改"菜单

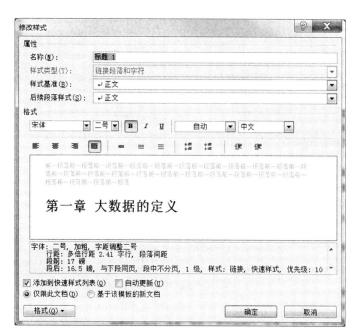

实验图 9-9 "修改样式"对话框

实验图 9-10 新建样式

采用同样方法,分别为一级节标题、二级节标题所对应的"标题 2""标题 3"样式按照实验表 9-1 所示要求进行设置。

(2)新建样式。

点击"样式"功能区的启动器,弹出如实验图 9-10 所示对话框,点击【新建样式】按钮。弹出如实验图 9-11 所示对话框,在"名称"中输入新建样式的名称"论文正文",然后根据实验表 9-1 所示要求设置"论文正文"样式的格式。

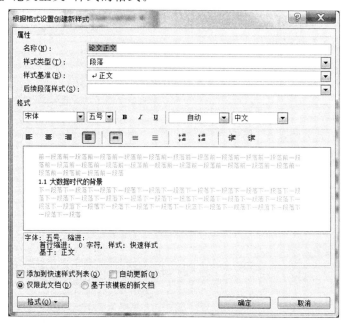

实验图 9-11 "创建新样式"对话框

(3)应用样式。

分别应用"标题 1""标题 2""标题 3"和"论文正文"到章标题、一级节标题、二级节标题和正文文字上。可以通过格式刷工具提高效率。

应用后的结果如实验图 9-12 所示,通过导航窗格可以浏览文档的大纲视图。

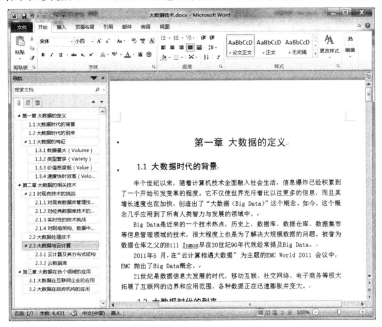

实验图 9-12　应用样式后

4．页眉页脚设置

双击页眉或页脚区域,则进入页眉页脚编辑状态。或者,选择"插入"功能选项卡的"页眉页脚"功能区的"页码",然后在弹出的下拉列表中选择"页面底端|普通数字 2",直接在页脚插入指定要求的页码,并进入页眉页脚编辑状态。

按本实验毕业论文要求插入页眉、页脚:

(1)在页眉显示毕业论文题目:宋体,5 号,斜体,居中。

(2)在页脚居中显示页码。

5．插入目录

(1)将光标定位于文档首页"第一章"前面,插入"奇数页"分节符。

(2)在文档最前面新插入的空白页面中输入"目录",然后回车换行,另起一段落,如实验图 9-13所示。

实验图 9-13　"目录"页面

(3) 选择"引用"功能选项卡"目录"功能区的"目录",在弹出的下拉列表中选择"插入目录",如实验图 9-14 所示。

(4) 弹出如实验图 9-15 所示"目录"对话框,选择默认设置,点击【确定】按钮,生成如实验图 9-16 所示目录。

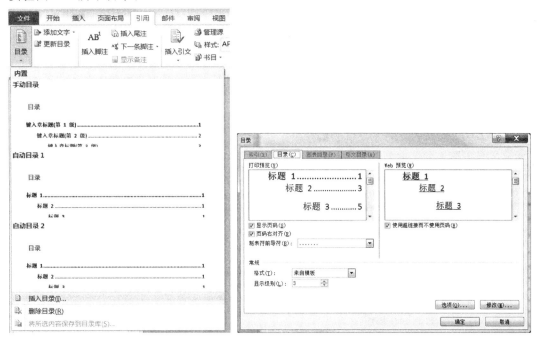

实验图 9-14 "插入目录"对话框　　　　　实验图 9-15 "目录"对话框

目录

实验图 9-16 生成的目录

四 实验思考

(1) 实验素材(毕业论文)的章节号"第一章""1.1""1.3.1"等都是手工输入的,如何设置多级列表,使其自动产生章节编号?

(2) 文档加入页眉后,页眉文字下有一条横线,如何去掉这条横线?

实验 10 Word 2010 表格应用

一 实验目的

（1）掌握表格的转换。
（2）掌握表格的绘制。
（3）掌握表格的排序和计算。
（4）掌握域的更新。

二 实验内容

已知一文本文件（*.txt）存储了考试成绩数据，如实验图 10-1 所示，各数据间用制表符隔开。

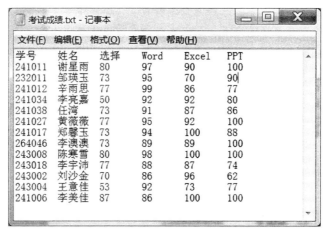

实验图 10-1 文本文件格式的考试成绩

（1）将该考试成绩拷贝到 Word 2010 文档中，然后转换为表格。
（2）在表格最右边增加"总评"列，计算总评成绩，各小题占总评的比例为：

　　选择：30%
　　Word：25%
　　Excel：25%
　　PPT：20%

（3）在表格最下面增加一行"平均分"，计算各小题及总评成绩的平均分。
（4）调整表格行的高度和列的宽度，设置合适字体，使表格美观。
（5）对考试成绩按"总评"降序排列。

三 实验步骤

1. 转换文字为表格

打开"记事本"程序，输入实验图 10-1 考试成绩，或由老师提供素材。
（1）新建一个 Word 2010 文档"考试成绩.docx"，将考试成绩数据拷贝到该文档中。

(2) 选中所有考试成绩数据,选择"插入"功能选项卡"表格"功能区的"表格",在弹出的下拉列表中选择"文本转换成表格",如实验图 10-2 所示,则弹出如实验图 10-3 所示"将文字转换成表格"对话框,Word 2010 自动识别文本中的分隔符,判断列数与行数,如果自动识别结果不正确,可以修改分隔符和列数,此处,自动识别正确,分隔符为制表符,列数为 6,行数为 14。

实验图 10-2　选择"文本转换成表格"菜单　　　　实验图 10-3　"将文字转换成表格"对话框

(3) 点击【确定】按钮,得到如实验图 10-4 所示转换结果表格。

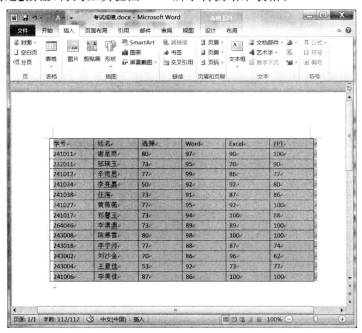

实验图 10-4　转换结果表格

2. 增加"总评"列并计算总评成绩

(1) 将光标置于"PPT"单元格。

(2) 点击"布局"功能选项卡"行和列"功能区的"在右侧插入"按钮,如实验图 10-5 所示,则在表格最右侧插入一个新列,输入标题"总评"。

(3) 将光标置于"总评"下的第一个单元格,点击"布局"功能选项卡"数据"功能区的"公式"按钮,弹出如实验图 10-6 所示"公式"对话框。

实验图 10-5　插入新列　　　　　　实验图 10-6　"公式"对话框

(4) 如实验图 10-6 所示,"公式"栏默认为"=SUM(LEFT)",意思为对当前单元格左侧紧邻的连续包含数值数据的单元格进行求和,即从左到右依次为 80、97、90、100 四个单元格。由于在此处,总评成绩是根据各小题所占的比例综合核算得到的,因此,在"公式"一栏中输入"=c2*0.3+d2*0.25+e2*0.25+f2*0.2",在"编号格式"一栏中经下拉列表选择"0",如实验图 10-7 所示。

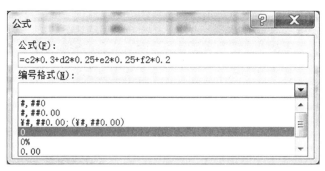

实验图 10-7　输入公式并设置数据格式

公式"=c2*0.3+d2*0.25+e2*0.25+f2*0.2"的意义:"="为公式的开始符,表示这是一个公式,而"c2*0.3+d2*0.25+e2*0.25+f2*0.2"为一个表达式,其中,c2、d2、e2、f2 分别表示"谢星雨"同学的选择、Word、Excel、PPT 各小题得分,0.3、0.25、0.25、0.2 则为对应各小题在总评中的比例。

在 Word 2010 表格中,为了计算方便,表格的每个单元格都在内部定义了一个名称,由列号和行号两部分组成,列号从 A 开始,以英文字母命名,不区分大小写;行号从 1 开始,以阿拉伯数字命名,所以"谢星雨"同学选择题成绩所在的单元格名称为"C2"或"c2"。

"编号格式"指明计算结果值的显示格式,"0"表示只取整数部分,四舍五入,"0.00"表示取 2 位小数。

(5)采用同样方法,分别为其他同学计算总评成绩,计算结果如实验图 10-8 所示。

学号	姓名	选择	Word	Excel	PPT	总评
241011	谢星雨	80	97	90	100	91
232011	邹瑛玉	73	95	70	90	81
241012	辛雨思	77	99	86	77	85
241034	李亮嘉	50	92	92	80	77
241038	任湾	73	91	87	86	84
241027	黄薇薇	77	95	92	100	90
241017	郑馨玉	73	94	100	88	88
264046	李澳澳	73	89	89	100	86
243008	陈寒雪	80	98	100	100	94
243018	李宇沛	77	88	87	74	82
243002	刘沙金	70	86	96	62	79
243004	王意佳	53	92	73	77	73
241006	李美佳	87	86	100	100	93

实验图 10-8 总评成绩计算结果

3. 增加"平均分"行并计算平均成绩

(1)将光标移至表格右下角最后一个单元格的后面(表格外面,实验图 10-8 中画圈位置),按回车,即可在表格最后增加一行。

(2)在新增加的行中,在"姓名"列输入"平均分",在"选择"列,插入公式,弹出"公式"对话框,"公式"栏默认为"=SUM(ABOVE)",意思为对当前单元格上侧紧邻的连续包含数值数据的单元格进行求和,如实验图 10-9 所示。由于此处实际需要的是求平均分,也即平均值,因此,可将"SUM"修改为"AVERAGE",或点击"粘贴函数"栏右侧的下拉按钮,从中找到"AVERAGE"项并选中,选择"编号格式"为"0",点击【确定】按钮,即可计算得到所有同学"选择"题的平均分,如实验图 10-10 所示。

学号	姓名	选择	Word
241011	谢星雨	80	97
232011	邹瑛玉	73	95
241012	辛雨思	77	99
241034	李亮嘉	50	92
241038	任湾	73	91
241027	黄薇薇	77	95
241017	郑馨玉	73	94
264046	李澳澳	73	89
243008	陈寒雪	80	98
243018	李宇沛	77	88
243002	刘沙金	70	86
243004	王意佳	53	92
241006	李美佳	87	86
	平均分	73	

实验图 10-9 "公式"对话框　　　　实验图 10-10 计算"选择"题的平均分

(3)将计算"选择"题平均分的域(实验图 10-10 中带阴影的"73"方块)复制,也可以将该单元格的内容整体复制,然后依次粘贴到 Word、Excel、PPT、总评各列的"平均分"行,因为它们的计算公式都是相同的,但我们发现,粘贴后,它们的值都是一样的,并没有根据实际的数据值重新计算,如实验图 10-11 所示。

学号	姓名	选择	Word	Excel	PPT	总评
241011	谢星雨	80	97	90	100	91
232011	邹瑛玉	73	95	70	90	81
241012	辛雨思	77	99	86	77	85
241034	李亮嘉	50	92	92	80	77
241038	任湾	73	91	87	86	84
241027	黄薇薇	77	95	92	100	90
241017	郑馨玉	73	94	100	88	88
264046	李澳澳	73	89	89	100	86
243008	陈寒雪	80	98	100	100	94
243018	李宇沛	77	88	87	74	82
243002	刘沙金	70	86	96	62	79
243004	王意佳	53	92	73	77	73
241006	李美佳	87	86	100	100	93
	平均分	73	73	73	73	73

实验图 10-11　域粘贴后不会自动更新

(4)按[Ctrl]+[A]选择整个文档,或选择"平均分"行,或选择所有需要更新的域按[F9]快捷键,强制更新所选中范围内的所有域,即重新根据域中的公式进行计算,得到如实验图 10-12 所示的结果。

学号	姓名	选择	Word	Excel	PPT	总评
241011	谢星雨	80	97	90	100	91
232011	邹瑛玉	73	95	70	90	81
241012	辛雨思	77	99	86	77	85
241034	李亮嘉	50	92	92	80	77
241038	任湾	73	91	87	86	84
241027	黄薇薇	77	95	92	100	90
241017	郑馨玉	73	94	100	88	88
264046	李澳澳	73	89	89	100	86
243008	陈寒雪	80	98	100	100	94
243018	李宇沛	77	88	87	74	82
243002	刘沙金	70	86	96	62	79
243004	王意佳	53	92	73	77	73
241006	李美佳	87	86	100	100	93
	平均分	73	92	89	87	85

实验图 10-12　域更新后的计算结果

4.调整表格

(1)增加标题。将光标置于表格左上角单元格内字符的最前面,如实验图 10-13 所示圆圈位置,按回车键,则在表格前面插入一空行,输入文字"期末考试成绩汇总表",设置:黑体,三号,居中对齐。

学号	姓名	选择
241011	谢星雨	80
232011	邹瑛玉	73
241012	辛雨思	77
241034	李亮嘉	50

实验图 10-13　在表格顶端插入一空行

(2)设置表格内所有单元格内容水平居中、垂直居中。选中整个表格,选择"表格工具|布局"选项卡"对齐方式"功能区内的"水平居中"按钮,如实验图 10-14 圆圈所示按钮。

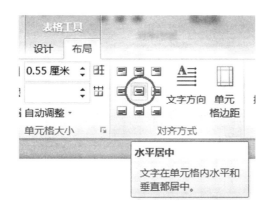

实验图 10-14　设置水平居中、垂直居中

(3)合并单元格。合并"平均分"行"学号""姓名"两列所在单元格。

5.按"总评"排序

(1)将光标置于"总评"单元格内,选择"表格工具|布局"选项卡"数据"功能区内的"排序"按钮,如实验图 10-15 所示,弹出如实验图 10-16 所示"排序"对话框。

实验图 10-15　表格排序

(2)如实验图 10-16 所示,选择"有标题行",则"主要关键字"下拉列表框中就可以选择"总评",然后选中"降序",点击【确定】按钮,则表格中的数据就按照"总评"成绩降序排序,如实验图 10-17 所示。

实验图 10-16　"排序"对话框

(3)最后,完成计算并稍加修饰的表格如实验图 10-17 所示。

期末考试成绩汇总表

学号	姓名	选择	Word	Excel	PPT	总评
243008	陈寒雪	80	98	100	100	94
241006	李美佳	87	86	100	100	93
241011	谢星雨	80	97	90	100	91
241027	黄薇薇	77	95	92	100	90
241017	郑馨玉	73	94	100	88	88
264046	李澳澳	73	89	89	100	86
241012	辛雨思	77	99	86	77	85
241038	任湾	73	91	87	86	84
243018	李宇沛	77	88	87	74	82
232011	邹瑛玉	73	95	70	90	81
243002	刘沙金	70	86	96	62	79
241034	李亮嘉	50	92	92	80	77
243004	王意佳	53	92	73	77	73
平均分		73	92	89	87	85

实验图 10-17 最后效果

四 实验思考

(1)在某些正式文档中,例如毕业论文,要求表格为三线表形式,如实验图 10-18 所示,如何制作三线表?

地区	一季度	二季度	三季度	四季度
北京	560	692	467	693
上海	678	872	389	782
广州	456	567	892	476

实验图 10-18 三线表

(2)Word 2010 中没有提供绘制多斜线表头的功能,但在中国式表格中,很多情况下会要求有多斜线表头,那么如何绘制多斜线表头呢?

实验 11 Excel 2010 工作表的创建与编排

一 实验目的

(1) 掌握 Excel 2010 工作表的创建及基本操作。
(2) 掌握 Excel 2010 工作表数据的输入。
(3) 掌握公式的运用。
(4) 掌握文档的打印与保存。

二 实验内容

在 Excel 2010 中制作学生成绩统计表,如实验图 11-1 所示。

	A	B	C	D	E	F	G	H	I	J	K
1	长沙市xx学校初二年级三班期末考试成绩										
2	姓名	语文	数学	英语	政治	历史	地理	生物	物理	总分	排名
3	袁林	81	93	83	89	93	92	87	87	705	1
4	李道宣	82	87	79	67	90	62	90	86	643	4
5	万珏禹	85	74	79	90	85	86	72	86	657	2
6	李小璐	69	69	50	89	85	92	77	60	591	8
7	李端阳	75	79	40	83	81	80	80	63	581	9
8	张兆飞	64	77	45	73	80	87	69	85	580	10
9	文嫒婷	74	78	30	79	81	80	80	76	578	11
10	王倩茜	70	48	57	84	91	69	77	66	562	12
11	唐一非	71	64	50	83	77	77	75	64	561	13
12	徐晓琴	63	87	74	81	78	62	72	89	606	7
13	许杨庆	76	45	48	85	76	78	87	60	555	14
14	曾小贤	53	57	52	76	84	88	78	63	551	15
15	余天鸿	72	36	47	83	88	77	78	63	544	16
16	苏胜超	67	89	50	89	86	82	77	84	624	5
17	李鸿宇	85	78	85	78	75	83	88	80	652	3
18	袁永红	61	72	39	72	85	74	74	53	530	17
19	陈辉煌	64	75	69	78	83	85	79	79	612	6
20	平均分	71.3	71.1	57.5	81.1	83.4	79.6	78.8	73.2		
21	最高分	85	93	85	90	93	92	90	89		
22	最低分	53	36	30	67	75	62	69	53		
23	及格人数	1	4	11	0	0	0	0	1		
24	优秀人数	2	4	1	5	8	6	4	5		

实验图 11-1 学生成绩统计表

要求:

(1) 首先在 Excel 2010 中输入学生的原始成绩数据,如实验图 11-2 所示。
(2) 按实验图 11-1 所示效果排版。
(3) 运用 SUM 函数计算每位同学的总分,运用 AVERAGE 函数计算每门课程的平均分,运用 MAX、MIN 函数计算每门课程的最高分和最低分,运用 COUNTIF 函数统计每门课程的及格人数和优秀人数,运用 RANK 函数计算每位同学的名次。

三 实验步骤

(1) 首先在 Excel 2010 中输入学生成绩表的相关数据,如实验图 11-2 所示。

	A	B	C	D	E	F	G	H	I	J	K
1	长沙市xx学校初二年级三班期末考试成绩										
2	姓名	语文	数学	英语	政治	历史	地理	生物	物理	总分	排名
3	袁林	81	93	83	89	93	92	87	87		
4	李道宣	82	87	79	67	90	62	90	86		
5	万珏禹	85	74	79	90	85	86	72	86		
6	李小璐	69	69	50	89	85	92	77	60		
7	李端阳	75	79	40	83	81	80	80	63		
8	张兆飞	64	77	45	73	80	87	69	85		
9	文嫘婷	74	78	30	79	81	80	80	76		
10	王倩茜	70	48	57	84	91	69	77	66		
11	唐一非	71	64	50	83	77	77	75	64		
12	徐晓琴	63	87	74	81	78	62	72	89		
13	许杨庆	76	45	48	85	76	78	87	60		
14	曾小贤	53	57	52	76	84	88	78	63		
15	余天鸿	72	36	47	83	88	77	78	63		
16	苏胜超	67	89	50	89	86	82	77	84		
17	李鸿宇	85	78	85	78	75	83	88	80		
18	袁永红	61	72	39	72	85	74	74	53		
19	陈辉煌	64	75	69	78	83	85	79	79		
20	平均分										
21	最高分										
22	最低分										
23	及格人数										
24	优秀人数										

实验图 11-2 输入数据示例

(2) 选定 A1 至 K1 单元格区域,在所选区域上单击鼠标右键,选择快捷菜单中的"设置单元格格式"菜单选项,在如实验图 11-3 所示的对话中选择"对齐"选项卡,在"水平对齐"和"垂直对齐"下拉列表框中选择"居中",在"文本控制"组中选择"合并单元格"项,单击【确定】按钮即可使标题位于表格第一行中间。

实验图 11-3 "设置单元格格式|对齐"对话框

(3) 选定 A2 至 K24 单元格区域,右键单击,选择快捷菜单中的"设置单元格格式"菜单选项,在如实验图 11-3 所示的对话框中选择"边框"选项卡,在"线条样式"中选择"双线",单击"外边框"按钮,再在"线条样式"中选择"单线",单击"内部"按钮,然后单击【确定】按钮即可产生如实验图 11-2 所示的表格。

(4) 在 J3 单元格中输入"=SUM(B3:I3)",按回车键确定即可计算第一位同学的总分。

或单击"fx"按钮,打开如实验图 11-4 所示的"插入函数"对话框,选择 SUM 函数,单击【确定】按钮进入如实验图 11-5 所示的"函数参数"设置窗口,Number1 右侧文本框的默认值为:"B3:I3",如不符合要求,可以直接修改,单击【确定】按钮即可计算总分成绩。

实验图 11-4 "插入函数"对话框

实验图 11-5 "函数参数"对话框

(5)选择 J3 单元格,将光标移至 J3 单元格的填充柄上,拖曳至 J19,再释放鼠标,计算所有同学的总分。

(6)在 K3 单元格中输入"=RANK(J3,J＄3:J＄19)",按回车键确定即可计算第一位同学的名次。

(7)选择 K3 单元格,将光标移至 K3 单元格的填充柄上,拖曳至 K19 再释放鼠标,计算所有同学的名次。

(8) 在 B20 单元格内输入"=AVERAGE(B3:B19)",按回车键确定即可计算语文课程的平均分,再将光标移至 B20 单元格的填充柄上,拖曳至 I20 再释放鼠标,即可计算所有课程的平均分。

(9) 在 B21 单元格内输入"=MAX(B3:B19)",按回车键确定即可计算语文课程的最高分,再将光标移至 B21 单元格的填充柄上,拖曳至 I21 再释放鼠标,即可计算所有课程的最高分。

(10) 在 B22 单元格内输入"=MIN(B3:B19)",按回车键确定即可计算语文课程的最低分,再将光标移至 B22 单元格的填充柄上,拖曳至 I22 再释放鼠标,即可计算所有课程的最低分。

(11) 在 B23 单元格内输入"=COUNTIF(B3:B19,">=60")",按回车键确定即可计算语文课程的及格人数,再将光标移至 B23 单元格的填充柄上,拖曳至 I23 再释放鼠标,即可计算所有课程的及格人数。

(12) 在 B24 单元格内输入"=COUNTIF(B3:B19,">=85")",按回车键确定即可计算语文课程的优秀人数,再将光标移至 B24 单元格的填充柄上,拖曳至 I24 再释放鼠标,即可计算所有课程的优秀人数。

四 实验思考

完成下列操作:

(1) 在 Excel 2010 中新建一个"职工工资表.xlsx"。

(2) 选择 Sheet1,输入数据,如实验表 11-1 所示。

实验表 11-1 职工工资表

工资项 姓名	基本工资	奖金	津贴	水电费	养老金	实发工资
李多幻	628	2300	600	40		
董杨幂	704	2300	600	37		
文小路	917	2300	700	42		
柳一菲	520	2300	800	45		
高小媛	836	2300	900	35		

(3) 把"职工工资表"标题设为宋体 16 号粗体字,合并居中,行和列标题设为楷体,12 号蓝色,中间的数字(B3:G7)都保留一位小数位。

(4) 计算养老金和实发工资。养老金是基本工资的 15%,实发工资=基本工资+奖金+津贴-水电费-养老金-扣税,扣税规则为:基本工资+奖金+津贴三项之和超过 3500 元的部分扣 3% 的税金。

(5) 删除 Sheet2 和 Sheet3 工作表,将 Sheet1 改名为"职工工资表"。

实验 12 Excel 2010 数据分析与图表制作

一 实验目的

(1)掌握 Excel 2010 中图表的创建及基本操作。
(2)掌握数据清单的分类汇总。
(3)掌握数据透视表的创建和基本操作。

二 实验内容

利用实验 11 的方法建立实验图 12-1 所示的学生成绩表,进行如下操作:

学号	姓名	性别	学院	专业	成绩
\multicolumn{6}{c}{2013年期末考试计算机成绩表}					
2013110232	张小波	男	法学院	法学	85
2013110233	毛鑫语	女	法学院	法学	80
2013110234	滕若芊	男	法学院	法学	85
2013110235	李喻瑜	女	法学院	知识产权	84
2013110236	刘晶莹	男	法学院	知识产权	92
2013110237	胡广敏	女	法学院	知识产权	83
2013110238	马雪莹	女	法学院	知识产权	89
2013110239	赵韵琳	男	法学院	知识产权	95
2013110240	刘小芳	女	公共管理学院	社会学	91
2013110241	孙琦悦	男	公共管理学院	社会学	70
2013110242	殷越荣	男	公共管理学院	社会学	81
2013110243	周之铨	男	公共管理学院	思想政治教育	85
2013110244	李春雨	女	公共管理学院	思想政治教育	94
2013110245	杜明莹	女	公共管理学院	行政管理	79
2013110246	吴健武	男	公共管理学院	行政管理	86
2013110247	杨尚龙	女	公共管理学院	行政管理	92
2013110248	陈正胜	男	公共管理学院	行政管理	79
2013110249	吴亚倩	男	公共管理学院	哲学	80
2013110250	田雪瑞	女	公共管理学院	哲学	80
2013110237	吴慧云	男	教育科学学院	教育学	81
2013110238	李冰冰	女	教育科学学院	教育学	85
2013110239	温悦彤	女	教育科学学院	教育学	90

实验图 12-1 学生考试成绩表

(1)利用 Excel 2010 的排序功能对成绩进行降序排列。
(2)按学院对学生成绩进行分类汇总。
(3)使用 Excel 2010 的数据透视表功能对学院和性别进行数据统计。
(4)利用图表向导生成图表。

三 实验步骤

1. 排序

(1)按实验 11 的方法在 Sheet1 中创建如实验图 12-1 所示的工作表。
(2)复制 Sheet1 中的数据到 Sheet2 中。
(3)选择 Sheet1 为当前工作表,将光标定位于表格中的任意单元格内,右键单击,选择快捷菜单中的"排序"菜单选项,打开如实验图12-2所示的"排序"对话框,此时系统会自动选定所需数据(实验图 12-2 中灰色部分)。

实验图 12-2 "排序"对话框

(4)在实验图 12-2 中"主要关键字"下拉列表框内选择"成绩"选项,在"排序依据"下拉列表框内选择"数值"选项,在"次序"下拉列表框内选择"降序"选项,单击【确定】按钮即可得到如实验图 12-3 所示的按成绩降序排列的结果。

	A	B	C	D	E	F
1	2013年期末考试计算机成绩表					
2	学号	姓名	性别	学院	专业	成绩
3	2013110239	赵韵琳	男	法学院	知识产权	95
4	2013110244	李春雨	女	公共管理学院	思想政治教育	94
5	2013110236	刘晶莹	男	法学院	知识产权	92
6	2013110247	杨尚龙	女	公共管理学院	行政管理	92
7	2013110240	刘小芳	女	公共管理学院	社会学	91
8	2013110239	温悦彤	女	教育科学学院	教育学	90
9	2013110238	马雪莹	女	法学院	知识产权	89
10	2013110246	吴健武	男	公共管理学院	行政管理	86
11	2013110232	张小波	男	法学院	法学	85
12	2013110234	滕若芊	男	法学院	法学	85
13	2013110243	周之铨	男	公共管理学院	思想政治教育	85
14	2013110238	李冰冰	女	教育科学学院	教育学	85
15	2013110235	李喻瑜	女	法学院	知识产权	84
16	2013110237	胡广敏	女	法学院	知识产权	83
17	2013110242	殷越荣	男	公共管理学院	社会学	81
18	2013110237	吴慧云	男	教育科学学院	教育学	81
19	2013110233	毛鑫语	女	法学院	法学	80
20	2013110249	吴亚倩	男	公共管理学院	哲学	80
21	2013110250	田雪瑞	女	公共管理学院	哲学	80
22	2013110245	杜明莹	女	公共管理学院	行政管理	79
23	2013110248	陈正胜	男	公共管理学院	行政管理	79
24	2013110241	孙琦悦	男	公共管理学院	社会学	70

实验图 12-3 按成绩降序排列结果

2. 分类汇总

(1) 选择 Sheet2 为当前工作表，按照排序的操作方法，将表中数据按学院、成绩均为降序排列，结果如实验图 12-4 所示。

	A	B	C	D	E	F
1	\multicolumn{6}{c}{2013年期末考试计算机成绩表}					
2	学号	姓名	性别	学院	专业	成绩
3	2013110239	温悦彤	女	教育科学学院	教育学	90
4	2013110238	李冰冰	女	教育科学学院	教育学	85
5	2013110237	吴慧云	男	教育科学学院	教育学	81
6	2013110244	李春雨	女	公共管理学院	思想政治教育	94
7	2013110247	杨尚龙	女	公共管理学院	行政管理	92
8	2013110240	刘小芳	女	公共管理学院	社会学	91
9	2013110246	吴健武	男	公共管理学院	行政管理	86
10	2013110243	周之铨	女	公共管理学院	思想政治教育	85
11	2013110242	殷越荣	女	公共管理学院	社会学	81
12	2013110249	吴亚倩	男	公共管理学院	哲学	80
13	2013110250	田雪瑞	女	公共管理学院	哲学	80
14	2013110245	杜明莹	女	公共管理学院	行政管理	79
15	2013110248	陈正胜	男	公共管理学院	行政管理	79
16	2013110241	孙琦悦	男	公共管理学院	社会学	70
17	2013110239	赵韵琳	男	法学院	知识产权	95
18	2013110236	刘晶莹	男	法学院	知识产权	92
19	2013110238	马雪莹	女	法学院	知识产权	89
20	2013110232	张小波	男	法学院	法学	85
21	2013110234	滕若芊	男	法学院	法学	85
22	2013110235	李喻瑜	女	法学院	知识产权	84
23	2013110237	胡广敏	女	法学院	知识产权	83
24	2013110233	毛鑫语	女	法学院	法学	80

实验图 12-4 按学院降序排列结果

(2) 将光标定位于表格中的任意单元格内，右键单击，在"数据"功能选项卡"分级显示"组中点击"分类汇总"，打开如实验图 12-5 所示的"分类汇总"对话框，在"分类字段"下拉列表框中选择"学院"，在"汇总方式"下拉列表框中选择"平均值"，单击【确定】按钮即可得到如实验图 12-6 所示的分类汇总结果。

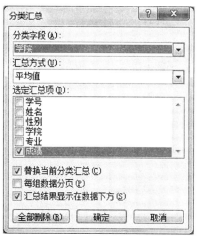

实验图 12-5 "分类汇总"对话框

	A	B	C	D	E	F
1	2013年期末考试计算机成绩表					
2	学号	姓名	性别	学院	专业	成绩
3	2013110239	温悦彤	女	教育科学学院	教育学	90
4	2013110238	李冰冰	女	教育科学学院	教育学	85
5	2013110237	吴慧云	男	教育科学学院	教育学	81
6				教育科学学院 平均值		85.33
7	2013110244	李春雨	女	公共管理学院	思想政治教育	94
8	2013110247	杨尚龙	女	公共管理学院	行政管理	92
9	2013110240	刘小芳	女	公共管理学院	社会学	91
10	2013110246	吴健武	男	公共管理学院	行政管理	86
11	2013110243	周之铨	男	公共管理学院	思想政治教育	85
12	2013110242	殷越荣	男	公共管理学院	社会学	81
13	2013110249	吴亚倩	男	公共管理学院	哲学	80
14	2013110250	田雪瑞	女	公共管理学院	哲学	80
15	2013110245	杜明莹	女	公共管理学院	行政管理	79
16	2013110248	陈正胜	男	公共管理学院	行政管理	79
17	2013110241	孙琦悦	男	公共管理学院	社会学	70
18				公共管理学院 平均值		83.36
19	2013110239	赵韵琳	男	法学院	知识产权	95
20	2013110236	刘晶莹	男	法学院	知识产权	92
21	2013110238	马雪莹	女	法学院	知识产权	89
22	2013110232	张小波	男	法学院	法学	85
23	2013110234	滕若芊	男	法学院	法学	85
24	2013110235	李喻瑜	女	法学院	知识产权	84
25	2013110237	胡广敏	女	法学院	知识产权	83
26	2013110233	毛鑫语	女	法学院	法学	80
27				法学院 平均值		86.63
28				总计平均值		84.82

实验图 12-6　按学院分类汇总结果

3．数据透视表

(1) 选择 Sheet1 为当前工作表，将光标定位于数据清单的任意单元格内。

(2) 打开"插入"选项卡，在功能区的表格组内单击"数据透视表"按钮，选择"数据透视表"选项，打开"创建数据透视表"对话框，如实验图 12-7 所示。在该对话框中可以选择要分析的数据源，指定数据透视表要存放的位置(指定存放在新工作表中)。

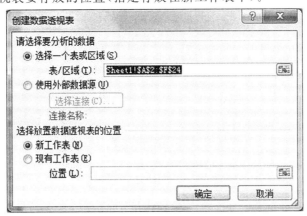

实验图 12-7　数据透视图向导

(3) 在实验图 12-7 中，单击【确定】按钮，Excel 2010 就会产生一个空的数据透视表，如实验图 12-8 所示。

(4) 将"数据透视表字段列表"中"学院"字段拖入"报表筛选"区域，将"专业"和"性别"字段

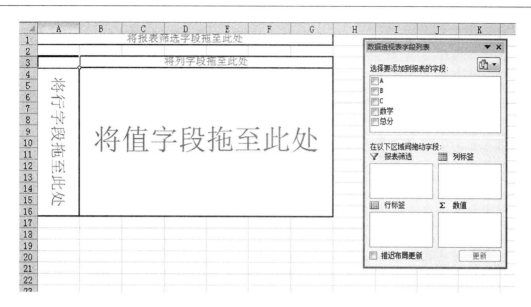

实验图 12-8 空数据透视表及设置窗口

拖入"行标签"区域,将"成绩"字段拖入"数值"区域两次,得到如实验图 12-9 所示的数据透视表。

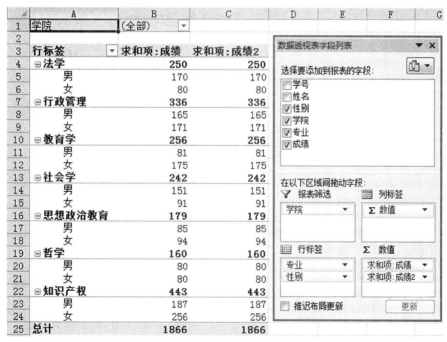

实验图 12-9 学生数据透视设置图

(5)在实验图 12-9 中的"求和项:成绩"上右键单击,在如实验图 12-10(a)所示的快捷菜单中选择"值字段设置"选项,打开如实验图 12-10(b)所示的"值字段设置"对话框,在对话框中选择值字段的"计算类型"为"最大值",在字段的"自定义名称框"内录入"最高分",单击【确定】按钮。按同样的方法将"求和项:成绩 2"设置为"平均分"。结果如实验图 12-11 所示。

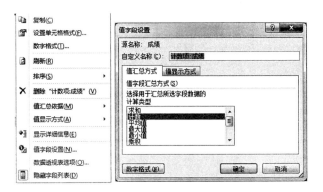

(a)快捷菜单　　　　　　　(b)值字段

实验图 12-10　"值字段设置"对话框

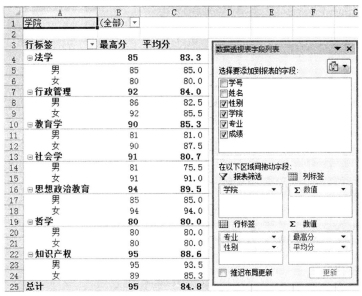

实验图 12-11　学生成绩数据透视结果

4．图表的创建

(1)选择 Sheet1 为当前工作表,选择创建图表需要的数据区域,如在实验图 12-3 中,选择学生成绩表中的姓名和成绩两列数据。

(2)在"插入"选项卡上的"图表"组内单击"图表类型",再选择要使用的图表子类型。若要查看所有可用的图表类型,单击"图表"组右侧的扩展箭头,打开如实验图 12-12 所示的"插入图表"对话框,在模板中选择"折线图",在折线图中选择"堆积折线图"类型,单击【确定】按钮即可得到如实验图 12-13 所示的成绩折线图。

注意:在默认情况下,所创建的图表会直接嵌入到当前工作表中。如果要将图表放在单独的工作表或其他工作表中,则可按如下步骤操作:

(a)单击图表的任意位置激活图表。此时,选项卡栏将会显示"图表工具",其中包含"设计""布局"和"格式"选项卡。

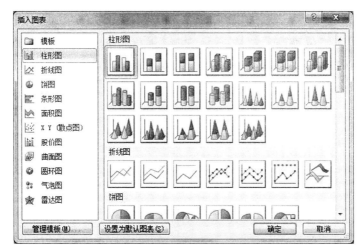

实验图 12-12 "插入图表"对话框

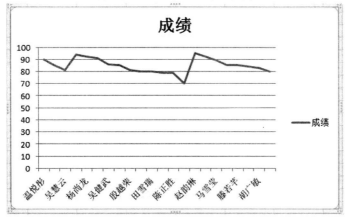

实验图 12-13 成绩折线图

(b)在"设计"选项卡功能区中的"位置"组内单击【移动图表】按钮,打开如实验图 12-14 所示的"移动图表"对话框。

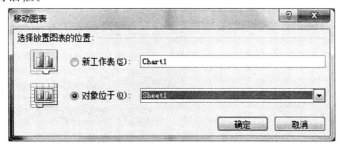

实验图 12-14 "移动图表"对话框

四 实验思考

(1)分类汇总与数据透视表有什么区别?在什么情况下只能使用数据透视表?

(2)给学生成绩统计表增加"性别"字段,然后根据性别对"总分"进行分类汇总。

实验 13 PowerPoint 2010 演示文稿编辑与格式化

一 实验目的

(1) 熟悉 PowerPoint 2010 演示文稿软件界面组成和基本操作。
(2) 掌握演示文稿的创建和幻灯片插入操作。
(3) 掌握幻灯片中对象的插入、编辑和格式化。
(4) 掌握幻灯片放映的基本设置。

二 实验内容

(1) 建立一个名为"我的大学"的演示文稿,要求有不低于 10 张的幻灯片,演示文稿要有一个主题(标题),每张幻灯片要有一个小主题,如校园风光、校园生活、教学和读书、科研和实验等。

(2) 要求将每张幻灯片的背景都设置有学校标志性建筑物、校徽图案或校训文本,背景颜色要求协调。

(3) 演示文稿要求有一个封面幻灯片(例如一本书的封面一样)。封面幻灯片中要有艺术字表明演示文稿的主题(标题)。

(4) 要求有一张幻灯片通过组织结构图反映该演示文稿的结构。
(5) 要求有一张幻灯片通过表格和图表反映搜集的数据信息。
(6) 在校园生活幻灯片中,插入一段学校电影短片,要求有声音。
(7) 演示文稿中要设置一种主题(样式),要有动画、幻灯片的切换等效果。

三 实验步骤

1. 打开学校网站,搜索下载有关资料

2. 建立演示文稿

启动 PowerPoint 2010,执行"文件|新建"菜单命令建立演示文稿,然后执行"文件|保存"或"文件|另存为"菜单命令,输入文件名为"我的大学.pptx",将演示文稿保存到自己建立的文件夹中。

在"幻灯片/大纲浏览"窗口中选中第一张幻灯片缩略图,在"开始"选项卡下单击"幻灯片"命令组的"新建幻灯片"下拉按钮,从出现的幻灯片版式列表中选择空白幻灯片版式,如实验图 13-1 所示,则在当前幻灯片后新插入一张空白幻灯片。

实验图 13-1 插入新幻灯片

在"视图"选项卡下,选择"母版视图"命令组内的"幻灯片母版"命令,打开"幻灯片母版"视图,如实验图 13-2 所示。将实验内容(2)中要求的内容(有学校标志性建筑物、校徽图案或校训文本的背景等)添加到幻灯片母版中,并根据需要调整其位置、大小和颜色。

实验图 13-2　"幻灯片母版"视图

3．制作幻灯片封面

将演示文稿切换到普通视图模式,选择第 1 张幻灯片,在实验内容(2)准备的图片中选择一张,作为本演示文稿的封面;单击"插入"选项卡"文本"组中"艺术字"按钮,出现艺术字样式列表,如实验图 13-3 所示,选择一种艺术字形式,输入确定的封面标题;修改艺术字(包括大小、颜色、立体效果和形状),调整图片大小,以满足需要。

实验图 13-3　插入艺术字列表

4．插入图表

在普通视图模式中,插入新幻灯片,单击"插入"选项卡"插图"命令组"图表"按钮,打开"数据表",将实验内容(5)要求的数据内容添加到幻灯片图表的数据表中,并根据需要选择图表类型和图表选项,调整其位置、大小和颜色。

5．插入影片和声音文件

在普通视图模式中,插入新幻灯片,选择"插入"选项卡,单击"媒体"命令组的"音频"命令下的三角形,可以插入"文件中的音频""剪贴画音频",还可以进行录制音频操作。选择"插入"选项卡,单击"媒体"命令组的"视频"命令下的三角形,可以插入"文件中的视频""来自网站的视频""剪贴画视频"等。选择在实验内容(6)准备的影片文件和音乐文件,插入其中。

6．观看演示文稿

保存演示文稿，按[F5]键，或单击【视图】按钮的"幻灯片放映"图标按钮，或利用"幻灯片放映"选项卡下的"开始放映幻灯片"命令进行幻灯片放映，观看幻灯片放映效果。如实验图13-4所示。

实验图 13-4　"我的大学"演示文稿浏览视图效果示例

四　实验思考

（1）如何建立统一风格的幻灯片？
（2）如何设置每张幻灯片具有不同的背景？
（3）如何在幻灯片中插入页码和日期？
（4）如何建立自己的模板？

实验 14 PowerPoint 2010 演示文稿放映

一 实验目的

(1)掌握超链接目标的设置。
(2)掌握幻灯片动作和动画的设置。
(3)掌握幻灯片切换的设置。
(4)了解 PowerPoint 2010 演示文稿另存为网页和打包成 CD 的操作过程。

二 实验内容

(1)在网上搜索本科毕业论文要求及一篇感兴趣的毕业论文,然后根据毕业论文要求,创建一个 PowerPoint 2010 演示文稿,模拟毕业答辩,设置幻灯片的主题(样式)、幻灯片超链接、动画设置和幻灯片放映。将在校园网中搜集的图片、影片、音乐、资料和数据等和 PowerPoint 2010 演示文稿保存在同一个文件夹中,文件夹名称以学生的学号和姓名命名。

(2)建立一个名为"毕业设计论文"的演示文稿,要求有不少于 10 张的幻灯片,要设置成演讲者放映方式。

(3)要求每张幻灯片都有演示文稿主题(标题)文字、作者姓名和页码信息。

(4)要求将第 1 张幻灯片作为封面,有论文的主标题、副标题,第 2 张幻灯片为目录,包含论文各主要章节标题,并以各章节标题作为超链接,单击各章节,幻灯片即可跳转到相应的章节,而且每章节讲解完后,都必须跳转到第 2 张幻灯片。

(5)要求设置必要的动画,且动画必须有声音,并且设置成单击产生相应的动作。

(6)要求幻灯片切换至少有两种不同的方式,且设置成单击后切换。

三 实验步骤

1. 新建演示文稿,插入新幻灯片

启动 PowerPoint 2010,执行"文件|新建"菜单命令建立演示文稿,然后执行"文件|保存"或"文件|另存为"菜单命令,输入文件名为"毕业答辩.pptx",将演示文稿保存到指定的文件夹中。

在"幻灯片/大纲浏览"窗口中选中第 1 张幻灯片缩略图,在"开始"选项卡下单击"幻灯片"命令组的"新建幻灯片"下拉按钮,从出现的幻灯片版式列表中选择"空白"幻灯片版式,则在当前幻灯片后新插入一张空白幻灯片,根据需要添加新的空白幻灯片。

在"视图"选项卡下,选择"母版视图"命令组内的"幻灯片母版"命令,打开幻灯片母版视图。将实验内容中要求的相关内容添加到幻灯片母版中,并根据需要调整其位置、大小和颜色。

2. 超链接设置

将演示文稿切换到普通视图模式,选择第 1 张幻灯片,输入论文标题、副标题及作者等有关信息,封面要求有必要的背景和颜色效果。

选择第 2 张幻灯片,把毕业论文章节作为目录内容,再设置成超链接。

选中第 2 张幻灯片中需要设计成超链接的文本,选择"插入"选项卡下的"链接"命令组的"超链接"命令,或右键单击,在弹出的快捷菜单中选择"超链接"命令,打开"插入超链接"对话

框,选择"本文档中的位置",如实验图 14-1 所示,再选择文档中的幻灯片,最后单击【确定】按钮。

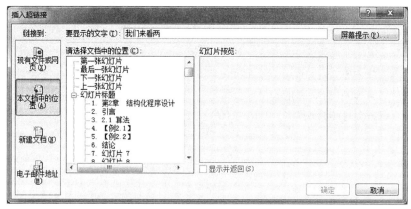

实验图 14-1　设置"超链接"对话框

在各章节的幻灯片中,设置返回第 2 张幻灯片的超链接的操作与此相同,链接的目标均为第 2 张幻灯片。

3．动画设置

选中普通视图模式中某张幻灯片,选择"动画"选项卡下"动画"命令组的"效果选项"命令,可选择下拉列表中的选项对对象的动画设置效果,如实验图 14-2 所示。选择"动画"选项卡下"计时"命令组的"开始"下拉列表框中的下三角按钮,出现动画播放时间选项。在"计时"命令组的"持续时间"增量框中输入时间值,可以设置动画放映时的持续时间,持续时间越长,放映速度越慢。

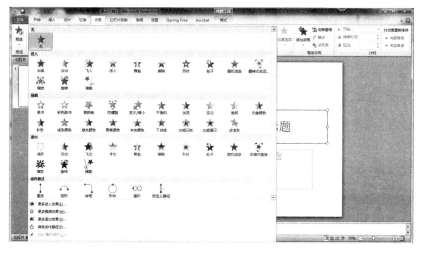

实验图 14-2　设置"自定义动画"对话框

4．幻灯片切换设置

在普通视图模式下,选中某张幻灯片,选择"切换"选项卡"切换到此幻灯片"命令组中下拉列表或"切换方案"命令打开"细微型""华丽型"和"动态内容"切换效果列表,如实验图 14-3 所示。在切换效果列表中选择一种切换方式,设置的切换效果应用于所选幻灯片,如希望所有幻灯片均采用该切换效果,可单击"计时"命令组的"全部应用"命令。

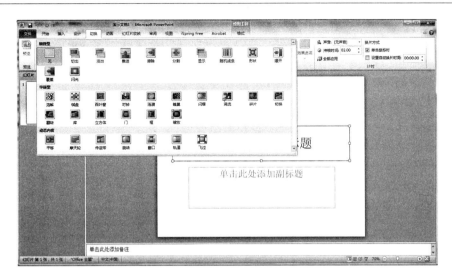

实验图 14-3　设置"幻灯片切换"对话框

5．观看幻灯片

可以按[F5]键，或单击【视图】按钮的"幻灯片放映"图标按钮，或利用"幻灯片放映"选项卡下的"开始放映幻灯片"命令进行幻灯片放映。

四　实验思考

(1)如何将设计模板只应用于单张幻灯片？
(2)如何设置文本为不同颜色的超链接？
(3)自定义动画的设置内容有哪些，如何设置自定义动画？
(4)幻灯片放映有哪些设置，这些设置适合哪些场合？

实验 15 Internet 信息检索与下载

一 实验目的

(1) 学会使用搜索引擎在 Internet 上查找所需信息。
(2) 学会使用在 Internet 中进行下载。
(3) 掌握利用中国知网查找、下载有关论文资料的方法。
(4) 了解中国知网电子论文的格式以及相关全文阅读器的使用。

二 实验内容

(1) 要阅读中国知网系列数据库的全文,必须使用全文浏览器 CAJViewer,利用搜索引擎找到一个提供 CAJViewer 软件下载的页面。
(2) 下载 CAJViewer。
(3) 安装 CAJViewer。
(4) 在中国知网的中国期刊全文数据库中找到一篇有关"高等教育研究"的论文并下载。

三 实验步骤

1. 搜索 CAJViewer

(1) 启动浏览器,在地址栏输入 http://www.baidu.com,进入百度主页,如实验图 15-1 所示。输入"CAJViewer",选择"网页",单击【百度一下】按钮,进入搜索结果页面,如实验图 15-2 所示。

实验图 15-1 百度主页

(2) 结果通常分多页显示,在搜索结果页面的下方有"百度为您找到相关结果约 100 000 000 个"可供选择。如单击第 1 页的第一个结果"CAJViewer 最新官方版下载百度软件中心"的"立即下载",如实验图 15-3 所示,提供了 CAJViewer 7.2 全文浏览器的下载链接。

2. 下载 CAJViewer

在实验图 15-3 所示的 CAJViewer 下载页面中单击【保存】旁边的下拉按钮,选择"另存为",弹出如实验图 15-4 所示的"另存为"对话框。单击"组织"下面栏目的下拉按钮,选择下载文件的保存位置。选择完成后点【保存】,则进入下载状态。

实验图 15-2　搜索结果页面

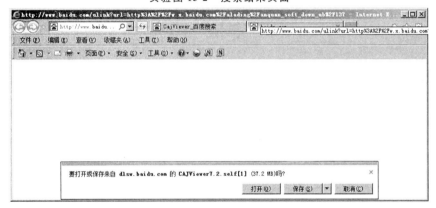

实验图 15-3　CAJViewer 下载页面

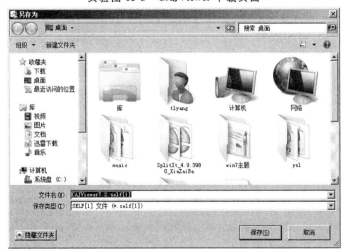

实验图 15-4　"另存为"对话框

3. 安装 CAJViewer

下载完成后,转到下载目录内双击刚下载的 CAJViewer 安装文件,进入"CAJViewer 安装向导",按提示安装 CAJViewer。

4. 在中国知网的中国期刊全文数据库中检索论文并下载

(1) 在 IE 地址栏输入 http://www.cnki.net/,进入中国期刊网数字图书馆,如实验图 15-5 所示。然后,输入用户名和密码,选择"中国期刊全文数据库",单击【登录】按钮,进入中国期刊全文数据库。如果学校购买了中国知网的中国期刊全文数据库使用权,则可选择 IP 登录或 IP 自动登录;若没有购买或在 IP 地址范围外,则只能检索数据而不能下载。

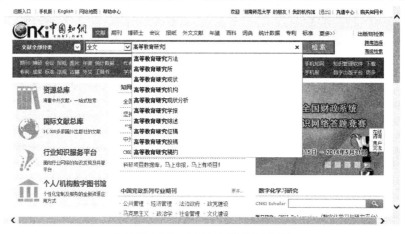

实验图 15-5 中国知网数字图书馆

(2) 如实验图 15-5 所示,在检索词文本框中输入"高等教育研究",则会弹出有关的检索词,点击左侧的"全文"检索项,会弹出检索项选项,可选择在"全文""主题""篇名""引文""摘要""第一作者"等范围内进行检索,本例选择"篇名"。如果想查找某位作者的论文,可以在"检索词"栏输入该作者的姓名,"检索项"则选择"第一作者"。如果需要进一步详细定义检索条件,可点击【高级检索】按钮,则弹出如实验图 15-6 所示"高级检索"条件定义页面,可以选择文献分类、学科领域、发表时间等,定义好后单击【检索】按钮,则在右下方列出符合条件的检索结果。

实验图 15-6 "高级检索"条件定义页面

(3)选择一篇需要的论文,单击其篇名,则会打开一个新的页面,显示该论文的有关信息,如实验图 15-7 所示。如果需要下载,单击【CAJ 下载】按钮即可全文下载。

实验图 15-7 检索结果

四 实验思考

(1)在中国知网数字图书馆中的论文除了 CAJ 格式,还有另一种 PDF 格式,用搜索引擎在 Internet 上查找有关 PDF 文件的信息,了解用什么软件可以阅读 PDF 格式的论文,并下载此软件。

(2)当下载的文件比较大时,学会使用迅雷、FlashGet 等工具下载。

实验 16　电子邮件与文件传输

一　实验目的

（1）掌握申请免费邮箱的方法。

（2）学会使用文件传输协议（File Transfer Protocol，FTP）服务器软件，如 FTP Serv-U，构建 FTP 服务器。

（3）学会使用 FTP 客户端软件，如 IE、CuteFTP，进行文件下载或上传。

二　实验内容

（1）在新浪网申请一个免费邮箱。

（2）使用 FTP 服务器软件 FTP Serv-U 建立自己的 FTP 服务器。

（3）使用 CuteFTP 从已建立的 FTP 服务器上下载和上传一个文件。

三　实验步骤

1．在新浪网申请一个免费邮箱

（1）启动 IE，在地址栏输入 http://www.sina.com.cn，进入新浪首页，如实验图 16-1 所示。

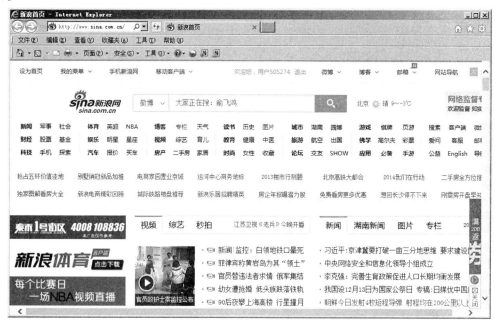

实验图 16-1　新浪首页

（2）单击"邮箱|免费邮箱"，进入如实验图 16-2 所示的"新浪邮箱"首页，单击【注册】按钮，进入如实验图 16-3 所示的新浪免费邮箱注册页面。

（3）在注册页面，输入各项所需内容，如"邮箱地址"为"mymailbox"，"密码"为"123456"，还有"确认密码""验证码"等，选择"我已阅读并接受"，单击【立即注册】。

实验图 16-2 "新浪邮箱"首页

实验图 16-3 新浪免费信箱

（4）系统提示刚才申请的邮箱名已经有人注册过了，建议在原邮箱名的后面加上数字如"128"，输入新的邮箱名："mymailbox128"等资料，再次单击【立即注册】，进入"短信验证"对话框，输入短信验证码后，点【确认】，即进入登录界面。

2．使用 FTP 服务器软件 FTP Serv-U 建立自己的 FTP 服务器

（1）打开"控制面板"，进入"程序"设置界面，如实验图 16-4 所示，选择"打开或关闭 Windows 功能"，如实验图 16-5 所示，按照图中所示进行设置。

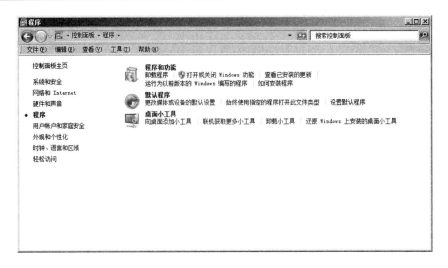

实验图 16-4　控制面板的程序窗口模式

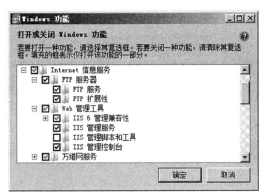

实验图 16-5　"打开或关闭 Windows 功能"对话框

（2）进入"控制面板|系统和安全|管理工具"设置界面，如实验图 16-6 所示，然后选择 Internet 信息服务(IIS)管理器，如实验图 16-7 所示。

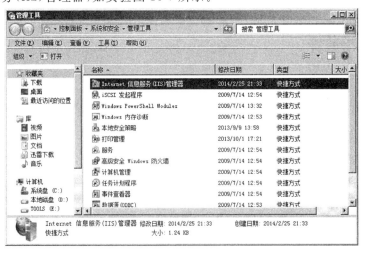

实验图 16-6　"管理工具"对话框

实验图 16-7　新建 FTP 站点

(3) FTP 站点信息的设置。右键单击实验图 16-7 中的网站，选择添加 FTP 站点，依次按照如实验图 16-8~16-10 所示的设置，最后如实验图 16-11 所示，并设置用户名为"user"，密码为"123456"。其中实验图 16-9 中的 IP 地址视实际情况设置，用户名和密码可任意设定。

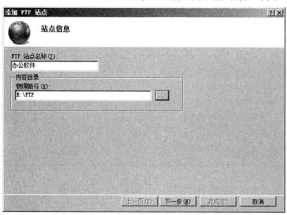

实验图 16-8　FTP"站点信息"设置

实验图 16-9　FTP 站点"绑定和 SSL"设置

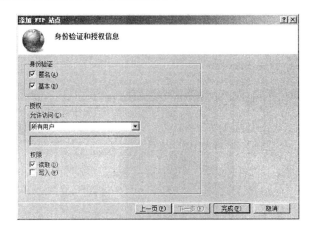

实验图 16-10　FTP 站点"身份验证和授权信息"设置

实验图 16-11　已建好的 FTP 站点

(4)FTP 的访问,打开 IE 浏览器,输入前面设置的 FTP 站点地址"ftp://192.168.2.102",就可以按如实验图 16-12 所示进入操作。可以把要共享的文件直接复制到设定的 FTP 文件夹中去,则局域网中同网关的计算机可以按如实验图 16-12 或实验图 16-13 的方式进行访问。

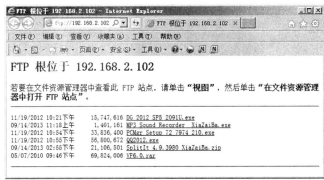

实验图 16-12　FTP 以树形目录的方式打开

实验图 16-13　FTP 站点以资源管理器的方式打开

3. 使用 CuteFTP 从已建立的 FTP 服务器上下载和上传一个文件

（1）启动 CuteFTP 软件，在快速连接栏输入"主机"："192.168.2.102""用户名"："user""密码"："123456""端口"："21"，单击【连接】按钮。连接成功后的 CuteFTP 窗口如实验图 16-14 所示。

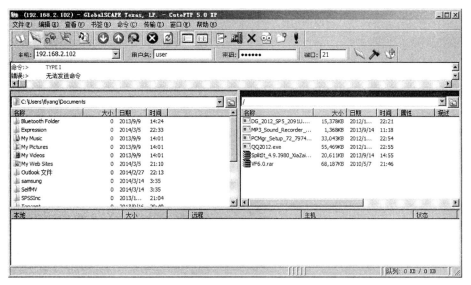

实验图 16-14　成功登录后的 CuteFTP 窗口

（2）在 FTP 服务器窗口可以看见有两个文件，在"本地窗口"选定保存路径，双击 FTP 服务器窗口中的某个文件，即可将该文件下载到选定位置。

（3）在本地窗口双击一个文件可以上传至服务器，在 FTP 任务队列窗口可以看见添加的上传任务，但在项目名称前显示了一个黄色的"！"，双击这个符号，系统提示"请求被拒绝"。原来用户 user 只有读取服务器主目录的权限，而没有改写的权限，因此只能从服务器下载文件，而不允许上传文件到服务器。如果想执行上传操作，必须要求服务器开放此权限。

（4）再次启动 CuteFTP 软件，用户以 user 身份登录原服务器，在本地窗口双击一个文件即可上传至服务器,在任务队列窗口可以观察文件传输的进度。文件上传完毕后,在FTP服务器窗口并不会马上看见新上传的文件,右键单击窗口空白处,选择"刷新"之后才能看见新上传的文件。

四 实验思考

(1)直接从浏览器登录到新浪邮箱收发邮件。

(2)将你建立的FTP服务器的用户名和密码告诉其他同学,让他们登录你的FTP服务器,进行上传或下载操作。

(3)用CuteFTP软件登录其他同学建立的FTP服务器,注意他提供给你的用户名和密码以及访问权限。

实验 17 用 HTML 编写网页文件

一 实验目的

(1)能够使用 HTML 编写简单网页。
(2)掌握常用 HTML 标记的用法。

二 实验内容

用框架结构设计一个"我爱唐诗"主页,要求将窗口分为三个部分,如实验图 17-1 所示,左窗格是唐诗目录,单击其中一首唐诗,在右上方的窗口中显示其内容,单击"注释",在右下方的窗口中显示该唐诗的注释。

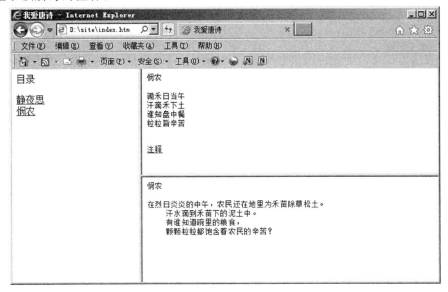

实验图 17-1 网页结构构思

三 实验步骤

(1)为了便于管理,首先在 D:盘建立一个名为 site 的文件夹,存放所有文件。
(2)创建主页文件,在 D:\site 下新建文件 index.htm,这应该是一个具有框架结构的 HTML 文件,将窗口划分为左右两个窗格,左窗格的宽度是窗口总宽度的 30%。左右两帧中显示的文档分别为 left.htm 和 right.htm。
(3)用记事本程序打开 D:\site\index.htm,输入如下内容并保存:

〈html〉
　〈head〉
　　〈title〉我爱唐诗〈/title〉
　〈/head〉
　〈frameset cols="30%,*"〉

```
    <frame src="d:\site\left.htm">
    <frame src="d:\site\right.htm">
  </frameset>
</html>
```

(4) 要将窗口分成如实验图17-1所示的三个窗格，要使用框架嵌套，也就是说在右窗格中显示的文档right.htm 也是一个具有框架结构的 HTML 文档，它将右窗格再分为上下两个等高的窗格。因为这两个窗格要作为左窗格中文字链接的目标窗口，所以在定义帧时必须为它们指定一个名称，分别为 right_top 和 right_bottom，开始这两个窗格中都不显示内容。

在 D:\site 下新建文件 right.htm，用记事本程序打开它，输入如下内容并保存：

```
<html>
  <head>
    <title>唐诗</title>
  </head>
  <frameset rows="50%,*">
    <frame name="right_top">
    <frame name="right_bottom">
  </frameset>
</html>
```

(5) 在 D:\site 下新建文件 left.htm，这是左窗格中显示的文档，提供唐诗目录。每首诗名都是一个文字链接，链接的对象是显示这首诗内容的文档，本例中有两首诗，分别对应文档 jys.htm 和 mn.htm。链接目标都是右上方的窗格，即 right_top。

(6) 用记事本程序打开 D:\site\left.htm，输入如下内容并保存：

```
<html>
  <head>
    <title>唐诗目录</title>
  </head>
  <body>
    目录<p>
    <a href="d:\site\jys.htm" target="right_top">静夜思</a>
    <br><a href="d:\site\mn.htm" target="right_top">悯农</a>
  </body>
</html>
```

(7) 在 D:\site 下新建文件 jys.htm 和 mn.htm，这两个文档都是用于显示唐诗内容的，可以采用预格式文本。另外增加一个"注释"链接，指向两个文件的注释文档，分别命名为 jys_note.htm 和 mn_note.htm。目标窗口是右下方的窗格，即 right_bottom。

(8) 用记事本程序打开 D:\site\jys.htm，输入如下内容并保存：

```
<html>
  <head>
    <title>静夜思</title>
  </head>
  <body>
    <pre>
            静夜思

        床前明月光
        疑是地上霜
        举头望明月
        低头思故乡
    </pre>
    <a href="jys_note.htm" target="right_bottom"><small>注释</small></a>
  </body>
</html>
```

(9) 用记事本程序打开 D:\site\mn.htm，输入如下内容并保存：

```
<html>
  <head>
    <title>悯农</title>
  </head>
  <body>
    <pre>
            悯农

        锄禾日当午
        汗滴禾下土
        谁知盘中餐
        粒粒皆辛苦
    </pre>
    <a href="mn_note.htm" target="right_bottom"><small>注释</small></a>
  </body>
</html>
```

(10) 在 D:\site 下新建文件 jys_note.htm 和 mn_note.htm，这两个文档都是用于显示唐诗注释的，同样可以采用预格式文本。

(11) 用记事本程序打开 D:\site\jys_note.htm，输入如下内容并保存：

```
<html>
  <head>
```

```
    <title>静夜思注释</title>
  </head>
  <body>
    <pre>
            静夜思

        宁静的夜晚,床前洒上了一片皎洁的月光,
        好像是大地铺上了一层白霜。
        抬头仰望高悬在天上的明月,
        低头思念起久别的故乡。
    </pre>
  </body>
</html>
```

(12) 用记事本程序打开 D:\site\mn_note.htm,输入如下内容并保存:

```
<html>
  <head>
    <title>悯农注释</title>
  </head>
  <body>
    <pre>
            悯农

        在烈日炎炎的中午,农民还在地里为禾苗除草松土。
        汗水滴到禾苗下的泥土中。
        有谁知道碗里的粮食,
        颗颗粒粒都饱含着农民的辛苦?
    </pre>
  </body>
</html>
```

(13) 用 IE 打开 D:\site\index.htm,如实验图 17-2 所示,单击左窗格中的"静夜思",如实验图 17-3 所示,单击右上方窗格中的"注释",如实验图 17-4 所示。

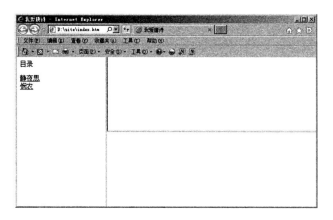

实验图 17-2　效果一

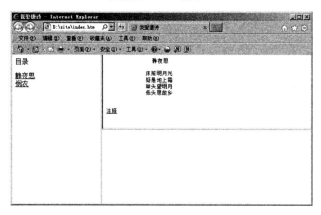

实验图 17-3　效果二

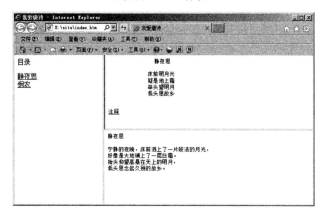

实验图 17-4　效果三

四 实验思考

(1)为上例的网页增加一些图片,例如当在右上方窗格中显示唐诗内容时,同时显示一幅与唐诗相关的图片。

(2)改进上例中左窗格的唐诗目录,用一个 2 行 2 列的表格,将唐诗名和作者列表显示。

实验 18　Access 2010 数据库应用实例

一　实验目的

(1)了解 Access 2010 的功能,熟悉建立与打开数据库文件的方法。
(2)熟悉添加和编辑表记录的方法。
(3)理解表之间关系的概念和定义关系的方法。
(4)掌握建立查询、窗体、报表的方法。
(5)了解报表的打印。

二　实验内容

1. 建立"图书管理.accdb"数据库,在该数据库中有 3 个表:图书表、读者表和借阅表

(1)建立表结构(如实验表 18-1～18-3 所示)。

实验表 18-1　图书表

字段名	数据类型	字段大小
图书编号	文本	5
图书名称	文本	30
作者	文本	10
定价	货币	
出版社名称	文本	20
出版日期	日期/时间	

其中"图书编号"是主键。

实验表 18-2　读者表

字段名	数据类型	字段大小
读者证编号	文本	6
读者姓名	文本	10
单位	文本	20
电话号码	文本	7

其中"读者证编号"是主键。

实验表 18-3　借阅表

字段名	数据类型	字段大小
读者证编号	文本	6
图书编号	文本	5
借阅日期	日期/时间	

(2)向 3 个表中各输入记录数据,记录内容如实验表 18-4～18-6 所示。

实验表 18-4　图书表的数据

图书编号	图书名称	作者	定价	出版社名称	出版日期
C1001	中国上下五千年	安晓峰	49.50	延边教育出版社	2000-1-28
N1002	Interne 技术及其应用	刘建	35	清华大学出版社	2003-8-1
D1003	数据库系统及应用(第二版)	崔巍	28.4	高等教育出版社	2003-7-1
N1004	计算机网络应用技术教程	吴功宜	21	清华大学出版社	2003-4-1
D1005	Visual FoxPro 程序设计教程	刘卫国	28	北京邮电大学出版社	2003-11-1
D1006	数据库系统原理	宁洪	38	北京邮电大学出版社	2005-3-1
M1007	多媒体技术与应用	陈明	21	清华大学出版社	2004-7-1
N1008	计算机系统结构	郑纬民	42	清华大学出版社	2000-3-10

实验表 18-5　读者表的数据

读者编号	读者姓名	单位	电话号码
190101	王道功	信息学院	8872001
200202	童小岚	机电学院	8872002
210003	章诗诗	信息学院	8872003
230014	李玲玲	医学学院	8873004
240025	林咏梅	数学学院	8872005
251236	张冠希	新闻学院	8872006
281137	陈小娇	音乐学院	8872007
130818	林小妹	文学学院	8873008

实验表 18-6　借阅表的数据

读者编号	图书编号	借阅日期
190101	N1002	2004-12-1
190101	D1003	2004-12-1
230014	N1004	2005-2-15
281137	D1005	2005-4-11
281137	D1006	2005-3-10
240025	D1005	2005-4-15
240025	M1007	2004-12-27
200202	N1003	2005-2-28
251236	M1007	2005-1-11
130818	N1008	2006-4-10
251236	C1001	2006-6-2
210003	C1001	2007-5-4

(3)设置字段属性。将图书表中的"出版日期"格式设置为"长日期"显示格式,并且为该字段定义一个有效性规则,规定出版日期不得早于1998年,此规定要用有效性文本"不许输入

1998年以前出版的图书"加以说明,出版日期字段设置为"必填字段"。

2．建立3个表之间的关系

3．将图书表中的数据按定价的升序排序

4．建立查询

(1)查询图书表中定价在25元以上的图书信息,并将所有字段信息显示出来。

(2)查询图书表中定价在25元以上并且是2003年以后出版的图书信息。

(3)求出读者表中的总人数。

(4)求出图书表中所有图书的最高价、最低价和平均价。

(5)显示信息学院读者的借书情况,要求给出读者编号、读者姓名、单位以及所借阅图书名称、借阅日期等信息。

5．使用向导创建窗体

使用向导创建窗体的方法,建立如实验图18-1所示的纵栏式窗体,然后单击窗体下面的箭头按钮,实现图书表记录的显示和添加。

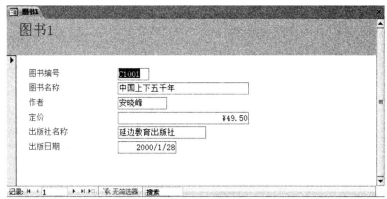

实验图18-1 纵栏式窗体

6．使用设计器创建一个查询

使用设计器创建一个名为"Borrow"的查询,用于从图书管理.mdb中查询借出的图书清单,包括"图书编号""图书名称""定价""出版日期""读者姓名"以及"借阅日期",然后使用向导创建一个报表,以"Borrow"查询作为数据源,在报表中按照图书定价降序排列记录,如实验图18-2所示。

实验图18-2 表格式报表

三 实验步骤

1．建立数据库

(1)新建一个"图书管理"数据库,在数据库窗口中,选择"创建|表"对象,再切换到设计视图窗口,定义表中的每个字段及表的主键,将表保存为"图书",如实验图 18-3 所示。

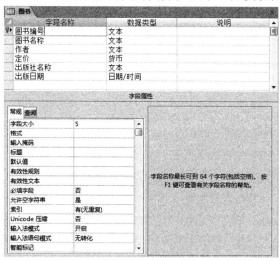

实验图 18-3　建立图书表结构

(2)进入数据表视图窗口,输入实验表 18-4 的数据记录,如实验图 18-4 所示。

实验图 18-4　图书表数据

(3)进入设计视图窗口,设置字段属性,如实验图 18-5 所示。

2．建立 3 个表之间的关系

(1)打开数据库窗口,选择"数据库工具|关系"命令。如果是第一次建立表之间的关系,则出现"显示表"对话框。添加"图书"表、"读者"表和"借阅"表,再关闭"显示表"对话框,则出现"关系"窗口。

(2)从"图书"表中将"图书编号"字段拖动到"借阅"表中的"图书编号"字段上,在"编辑关系"对话框中选中"实施参照完整性"复选框,单击"创建"按钮。同样,可建立读者表与借阅表间的关系。

3．将图书表中的数据按定价的升序排序

在数据表视图中打开图书表,选择"定价"字段,单击工具栏上的"升序排序"按钮,则表中的数据按升序方式排列。

4．建立查询

(1)查询图书表中定价在 25 元以上的图书信息,并将所有字段信息显示出来。

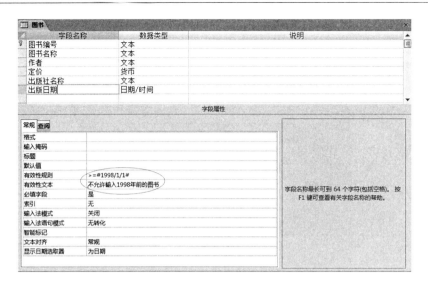

实验图 18-5　字段属性设置

在数据库窗口中选中"创建|查询设计器"后,系统打开"查询设计"视图并打开"显示表"对话框。在"显示表"对话框将"图书"添加到查询视图后关闭"显示表"对话框。然后依次双击"图书"表中的各个字段,便将全部字段添加到字段区域,在"定价"字段对应的"条件"区输入">25",如实验图 18-6 所示。然后关闭窗口,以"25 元以上的图书"为名保存查询便得到如实验图 18-7 所示的查询结果。

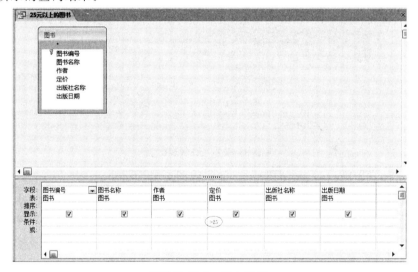

实验图 18-6　建立查询

图书编号	图书名称	作者	定价	出版社名称	出版日期
D1001	中国上下五千年	安晓峰	¥49.50	延边教育出版社	2000/1/28
N1002	Interne技术及其应用	刘建	¥35.00	清华大学出版社	2003/8/1
D1003	数据库系统及应用(第二版)	崔巍	¥28.40	高等教育出版社	2003/7/1
D1005	Visual FoxPro程序设计教程	刘卫国	¥28.00	北京邮电大学出版社	2003/11/1
D1006	数据库系统原理	宁洪	¥38.00	北京邮电大学出版社	2005/3/1
N1008	计算机系统结构	郑纬民	¥42.00	清华大学出版社	2000/3/10

实验图 18-7　查询结果 1

(2)查询图书表中定价在 25 元以上并且是 2003 年以后出版的图书信息。

和(1)的过程相同,只是在"定价"字段对应的"条件"区输入">25"后还要在"出版日期"字段对应的"条件"区输入">=♯2003/1/1♯"。以"25元以上并且是2003年以后出版的图书"为名保存查询,如实验图18-8所示。

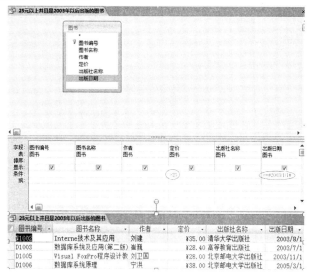

实验图18-8　查询结果2

(3)求出读者表中的总人数。

统计表中人数(即记录数)过程与上述操作过程相同,不过要注意应该添加"读者"表,在"字段"区至少添加一个字段(如"读者证编号"),然后单击工具栏上"∑"按钮,在"读者证编号"字段的"总计"栏选择"计数",以"读者人数"为名保存查询结果,如实验图18-9所示。

实验图18-9　查询结果3

(4)求出图书表中所有图书的最高价、最低价和平均价。

在数据库窗口中选中"创建|查询设计器"后,在"查询设计"视图下从"显示表"对话框中将"图书"添加到查询视图后关闭"显示表"对话框。在字段区分别添加三次"定价"字段,然后单

击工具栏上"Σ"按钮,在"定价"三个列的"总计"区分别选择"最大值""最小值"和"平均值"。以"图书的最高价、最低价和平均价"为名保存查询,结果如实验图 18-10 所示。

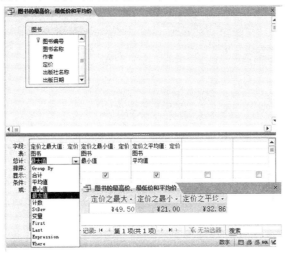

实验图 18-10　图书的最高价、最低价和平均价

(5)显示信息学院读者的借书情况。要求给出读者证编号,读者姓名,单位以及所借阅图书名称,借阅日期等信息。

在数据库窗口中选中"创建|查询设计器"后,在"查询设计"视图下从"显示表"对话框中将三个表添加到查询视图后关闭"显示表"对话框。在字段区分别添加"读者证编号""读者姓名""单位""图书名称"和"借阅日期"。在"单位"字段的"条件"区建立查询条件:"信息学院",如实验图 18-11 所示。以"信息学院读者的借书情况"为名保存查询结果,如实验图 18-12 所示。

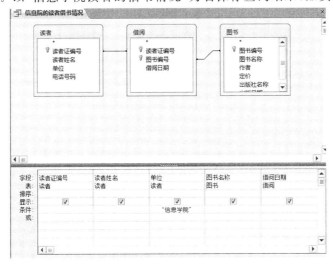

实验图 18-11　查询信息院读者的借书

实验图 18-12　信息学院读者的借书情况

5. 使用向导窗体创建

系统提供了多种窗体的方法,首先要确定用何种方法来创建窗体,本处使用向导来创建。

在数据库窗口中选择"创建"菜单后,在工具栏上单击"窗体向导",在"表/查询"框中选择"图书"表,添加所有字段后单击"下一步",确定窗体的布局,以"图书"为名保存窗体,如实验图 18-1 所示。

6. 使用设计器创建查询

本操作要分两步完成:首先创建查询 Borrow,然后以 Borrow 为数据源创建窗体。创建查询 Borrow 的过程与 4.(5)相似,在"查询设计"视图中将三个表都添加在视图中,在字段区分别添加"读者证编号""读者姓名""单位""图书名称"以及"借阅日期"。如实验图 18-13 所示。

实验图 18-13 借出的图书清单

在数据库窗口中选中"报表"对象后双击"使用向导创建报表",在"表/查询"框中选择"查询:Borrow",添加所有字段后单击"下一步",确定"查看数据的方式"为"通过借阅",两次单击"下一步"后,指定"定价"字段以"降序",单击"下一步"后确定报表的"布局方式":"表格",单击"下一步"后确定"所用式样":"正式",单击"下一步"后,指定"报表标题":"借阅",最后保存报表,如实验图 18-2 所示。

四 实验思考

(1)创建货物供应数据库 Goods.accdb,其中有 3 个表(实验表 18-7～18-9),请设计 3 个表并输入相关数据(表中数据不全,请自行补充完整)。

实验表 18-7 货物表

货号	货名	单价	出厂日期	库存量
LX750	DVD 机	1200		12
LX756	DVD 机	780		9
DSJ120	电视机	3540		10
YX430	音响	3100		5
YX431	音响	1500		6
DSJ121	电视机	12000		8
WBL12	微波炉	680		6
WBL31	微波炉	1200		3

实验表 18-8 供应商表

供应商号	供应商名称	地址	联系电话	银行账号
KH01	Macy 公司			
KH02	华东公司			
AQ03	美和公司			
TR04	泰达铃公司			

实验表 18-9 货物供应表

货号	供货数量	供应商号
LX750		KH01
LX756		KH01
DSJ120		AQ03
YX430		TR04
YX431		TR04
DSJ121		KH02
WBL12		AQ03
WBL31		AQ03

(2) 3 个表的主码、外码及表间的联系类型是什么？将 3 个表按相关的字段建立关系。

(3) 在货物供应表中，按供货数量的降序排序。

(4) 在货物供应表中增加"供货日期"字段。

实验 19* Adobe Photoshop 图像处理软件应用实例

一 实验目的

(1) 了解图像的一些基础知识。
(2) 了解图像处理的一些基本方法。
(3) 能够应用 Adobe Photoshop 进行一些简单的图像处理、作品设计。

二 实验准备

Adobe Photoshop(以下简称 Photoshop)是由美国 Adobe 公司开发的一个集图像扫描、编辑修改、图像制作、广告创意、图像合成以及图像输入输出于一体的图像处理软件。Photoshop 的运行界面如实验图 19-1 所示。

(1) 公共栏为①，主要用来显示工具栏中所选工具的一些选项。选择不同的工具或选择不同的对象时出现的选项也不同。

(2) 工具栏为②，也称为工具箱。对图像的修饰以及绘图等工具，都从这里调用，几乎每种工具都有相应的键盘快捷键。Photoshop 的工具众多，如果全部放在工具栏中，工具栏会变得很长。因此有一些性质相近的工具被放到一起，只占用一个图标的位置，并且在工具栏上用一个细小的箭头来加以注明，如画笔中就包含了画笔和铅笔两个工具。展开其他工具的方法是用鼠标点住工具不放，过一会儿就会出现该类工具的列表。也可以直接右键单击。

实验图 19-1 Photoshop 运行界面

(3)调板区为③,用来安放制作需要的各种常用的调板,也可以称为浮动面板或面板,调板可伸缩、可最小化、可组合。

下面是 Photoshop 图像处理涉及的一些基本概念。

1. 位图

又称光栅图,一般用于照片品质的图像处理,是由许多像小方块一样的"像素"组成的图形。由其位置与颜色值表示,能表现出颜色阴影的变化。

2. 矢量图

通常无法提供生成照片的图像特性,一般用于工程技术绘图。如灯光的质量效果很难在一幅矢量图上表现出来。

3. 分辨率

每单位长度上的像素叫作图像的分辨率,即图像的清晰程度,分辨率越高图像越清晰,分辨率越低图像越模糊。分辨率有很多种,如屏幕分辨率,扫描仪的分辨率,打印分辨率。

图像尺寸与图像文件大小及分辨率的关系:如果图像尺寸大,分辨率大,则图像文件较大,所占内存大,处理速度就会慢,反之,任意一个因素减少,处理速度都会加快。

4. 图像的色彩模式

(1)RGB 彩色模式:又叫加色模式,是屏幕显示的最佳色彩模式,由红、绿、蓝三种颜色组成,每一种颜色可以有 0~255 的亮度变化。

(2)CMYK 彩色模式:由品蓝,品红,品黄和黄色组成,又叫减色模式。一般打印输出及印刷都是这种模式,所以打印图片一般都采用 CMYK 彩色模式。

(3)HSB 彩色模式:是将色彩分解为色调、饱和度及亮度,通过调整色调、饱和度及亮度得到颜色的变化。

(4)Lab 彩色模式:这种模式通过一个光强和两个色调来描述。一个色调叫 a,另一个色调叫 b,它主要影响色调的明暗。

(5)索引颜色:这种模式下的图像像素用一个字节表示,它有一个最多有 256 种颜色的颜色表并索引其所用的颜色,它的图像质量不高,占空间较少。

(6)灰度模式:即只用黑色和白色显示图像,像素 0 值为黑色,像素 255 为白色。

(7)位图模式:像素不是由字节表示,而是由一个二进制位表示,即只有黑色和白色,从而占磁盘空间最小。

5. 通道

通道是用来存放图像信息的地方。Photoshop 将图像的原色数据信息分开保存,我们把保存这些原色信息的数据带称为颜色通道(简称为通道)。通道有两种:颜色通道和 Alpha 通道,颜色通道用来存放图像的颜色信息,Alpha 通道用来存放和计算图像的选区。通道将不同色彩模式图像的原色数据信息分开保存在不同的颜色通道中,可以通过对各颜色通道的编辑来修补、改善图像的颜色色调,例如,RGB 模式的图像由红、绿、蓝三原色组成,那么它就有三个颜色通道,除此以外还有一个复合通道。也可将图像中的局部区域的选区存储在 Alpha 通道中,随时对该区域进行编辑。

6. 选区

选区是封闭的区域,可以是任何形状,但一定是封闭的,不存在开放的选区。选区一旦建立,大部分的操作就只针对选区范围内有效。如果要针对全图操作,必须先取消选区。

选区大部分是靠使用选取工具来实现的。选取工具共有 8 个,集中在工具栏上部,分别是矩形选框工具、椭圆选框工具、单行选框工具、单列选框工具、套索工具、多边形套索工具、磁性套索工具、魔棒工具,其中前 4 个属于规则选取工具。

7. 图层

通俗地讲,图层就像是含有文字或图形等元素的透明纸,被画上的部分叫不透明区,没画上的部分叫透明区,通过透明区可以看到下一层的内容。一张张按顺序叠放在一起,组合起来形成页面的最终效果,一幅完整的图像。图层中可以加入文本、图片、表格、插件,也可以在里面再嵌套图层,图层可以将页面上的元素精确定位。当对某一图层进行修改处理时,对其他的图层不会造成任何的影响。

8. 路径

路径是 Photoshop 中的重要工具,主要用于光滑图像选择区域及辅助抠图,绘制光滑线条,定义画笔等工具的绘制轨迹,输出输入路径以及和选择区域之间转换。在辅助抠图上突出显示了其强大的可编辑性,具有特有的光滑曲率属性,与通道相比,有着更精确更光滑的特点。

9. 形状

从技术上讲,形状图层是带图层剪贴路径的填充图层,填充图层定义形状的颜色,而图层剪贴路径定义形状的几何轮廓。可以使用形状工具直接拖曳产生一个形状,或使用钢笔工具创建形状,因为形状存在于一个图层中,你可以改变图层的内容,形状由当前的前景色自动填充,但是也可以轻松地将填充更改为其他颜色、渐变或图案。形状的轮廓存储在路径调板的图层剪贴路径中。也可以应用图层样式到图层上,比如斜面和浮雕等。

10. 动作

动作即是由自定义的操作步骤组成的批处理命令,它会根据你定义操作步骤的顺序逐一显示在动作浮动面板中,这个过程称之为录制。以后需要对图像进行此类重复操作时,只需把录制的动作搬出来,按一下播放即可,一系列的动作就会应用在新的图像中了。

11. 滤镜

滤镜是图像处理软件所特有的,它的产生主要是为了适应复杂的图像处理的需求。滤镜是一种植入 Photoshop 的外挂功能模块,或者也可以说它是一种开放式的程序,它是众多图像处理软件进行图像特殊效果处理制作而设计的系统处理接口。目前 Photoshop 内部自身附带的滤镜(系统滤镜或内部滤镜)有近百种之多,另外还有第三方厂商开发的滤镜,以插件的方式挂接到 Photoshop 中,称为外挂滤镜。当然,用户还可以用 Photoshop Filter SDK 来开发自己设计的滤镜。

12. 蒙版

也称蒙板。它是一种特殊的选区,但它的目的并不是对选区进行操作,相反,而是对所选区域进行保护,让其免于操作,不处于蒙版范围的地方则可以进行编辑与处理。

三 实验内容

(1)制作奔驰的轿车。
(2)制作木板雕刻字。

四 实验步骤

1. 制作奔驰的轿车

(1) 从网上搜索下载一幅停放在公路上的轿车的图片,如实验图 19-2 所示。

实验图 19-2　原图

(2) 启动 Photoshop 载入该图片,使用"磁性套索工具"选取轿车区域,如实验图 19-3 所示。按[Ctrl]+[C]将其复制到剪贴板中。

实验图 19-3　选取轿车区域

(3) 按[Ctrl]+[D]去掉选择区域,然后选择"滤镜|模糊|动感模糊"菜单,在弹出的"动感模糊"对话框中设置参数,"角度":"16","距离":"100",如实验图 19-4 所示,单击【确定】按钮。

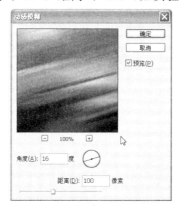

实验图 19-4　设置"动感模糊"参数

(4)按[Ctrl]+[A]选取整个图片,选择"选择|存储选区"菜单将选择区域存储为一个新的通道,如实验图 19-5 所示,单击【确定】按钮。

实验图 19-5　存储选区

(5)设置当前的前景色为白色(0xFFFFFF)、背景色为黑色(0x000000),选择工具栏上的"渐变工具",然后在公共栏中单击"线性渐变"按钮,再单击"线性渐变编辑"按钮,如实验图 19-6 所示,打开"渐变编辑器"对话框,制作一个由白到黑的渐变,如实验图 19-7 所示。

实验图 19-6　选择线性渐变工具

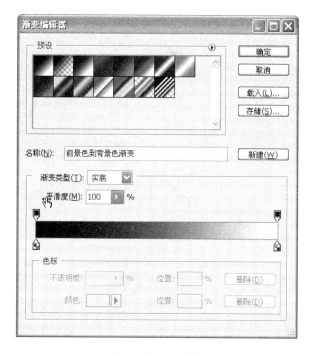

实验图 19-7 制作一个由白到黑的渐变

(6) 单击"通道"调板,选择新建的"轿车"通道,然后用"线性渐变工具"顺着汽车行驶的角度从左到右拉出一个渐变。

(7) 选择"RGB"通道,然后在新建的"轿车"通道上按住左键不放,将其拖拽至通道面板下的【将通道作为选区载入】按钮上。

(8) 选择"编辑|粘贴入"菜单,将剪贴板中的汽车粘贴到图片中,并移动至合适位置,得到如实验图 19-8 所示的最终效果图。

实验图 19-8 最终效果

2. 制作木板雕刻字

(1) 创建一个合适大小的新画布(新文件)。新建一个图层,如实验图 19-9 所示,使用渐变工具在新图层中设置一条"灰/黑/灰"的渐变,如实验图 19-10 所示。

实验图 19-9　渐变设置

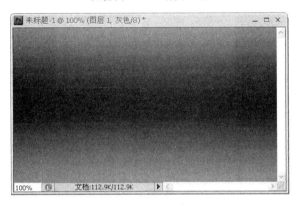

实验图 19-10　新建画布并渐变

（2）选择"滤镜|杂色|添加杂色"菜单，杂色"数量"设置为"30％"，选择"高斯分布""单色"，如实验图 19-11 所示。单击【确定】按钮。

实验图 19-11　添加杂色

(3)选择"滤镜|模糊|动感模糊"菜单,"角度"设置为"0","距离"为"50",让添加的杂点形成水平线条的效果,如实验图 19-12 所示。单击【确定】按钮。

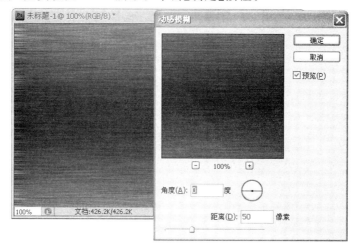

实验图 19-12　设置动感模糊

(4)选择"滤镜|液化"菜单,弹出"液化"对话框,如实验图 19-13 所示,选择旋转工具将画面中的直线变成弯曲的效果。操作方法是:选择旋转工具后,鼠标光标变为圆形,然后在画布上点击,则圆圈内的纹路就会变成弯曲状。注意要做到自然,切不可将所有部分都进行弯曲,总之就是为了模仿现实中木纹的效果。

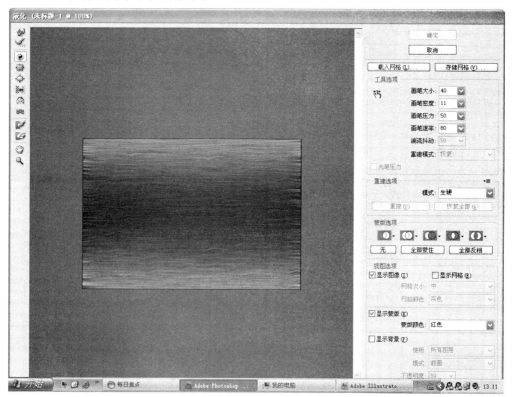

实验图 19-13　液化滤镜

(5)上色。按下[Ctrl]+[U]打开"色相/饱和度"对话框,勾选"着色"复选框,并将"色相""饱和度""明度"分别调整为"46""38""20",这个数值可以根据效果自行调整,如实验图19-14所示。上色结果如实验图19-15所示,看起来像一块木板了。

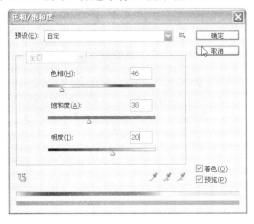

实验图 19-14　上色

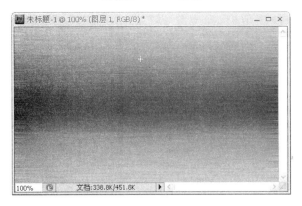

实验图 19-15　上色结果

(6)制作木质卡片。整张画布太大,只需选定一个区域制作一张木质卡片即可。在工具栏上选取"圆角矩形工具",在公共栏上单击"路径"按钮,设定圆角半径为5像素,然后在合适的位置将卡片的形状绘制出来,如实验图19-16所示。

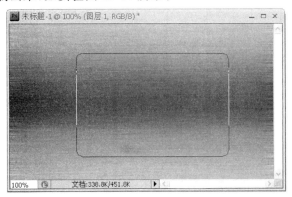

实验图 19-16　使用圆角矩形工具选取木质卡片区域

(7)按下[Ctrl]+[Enter]将路径转化为选区,再按下[Shift]+[Ctrl]+[I]反向选择,最后按下[Delete]键将反选的多余部分删除,得到卡片的外形,如实验图19-17所示。

实验图19-17 得到木质卡片外形

(8)给木片所在的图层添加图层样式。双击该图层打开"图层样式"对话框。

首先选定"投影"样式并勾选,将距离和扩展都调整为0,将大小设置为10像素,其他保持默认值。

然后选定"斜面和浮雕"样式并勾选,将大小、软化均设置为0像素,样式选择为"内斜面",其他保持默认值。

最后选定"描边"样式并勾选,将描边大小设置为1像素,颜色选择黑色,其他保持默认值。

最后效果如实验图19-18所示。

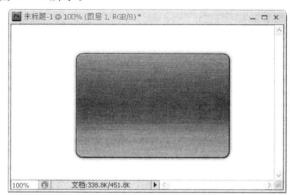

实验图19-18 设定图层样式后的效果

(9)这样,一张木质卡片就制作好了,接下来就可以在上面雕刻图案了。复制该图层,并选择上方的一个进行操作。使用图案路径工具(如工具栏上的"自由钢笔工具")绘制出图案路径,这里的图案可以是你想要的任何事物,这里就不绘制了。

(10)雕刻文字。选择工具栏上的"横排文字蒙版工具"在图层上输入文字并设置其字体字号,在这里输入两行字"Photoshop"和"图像处理",设置字体均为"华文行楷",字号分别为"60"和"36""居中",调整好文字在木板上的位置。

按[Ctrl]+[Enter]键,将文字路径转化为选区,再按下[Delete]键将选区中的内容删除,取消选区,就得到了如实验图 19-19 所示的最终效果。

实验图 19-19　最终效果

五 实验思考

在网上搜索下载一个自己喜欢的图案,将其雕刻在木板上。

实验 20* Adobe Flash 动画制作

一 实验目的

(1) 学习 Adobe Flash 动画制作方法。
(2) 了解动画知识，加深对计算机动画的理解。

二 实验准备

Flash 原是 Macromedia 开发的一种设计人员和开发人员用来创建演示文稿、应用程序和其他允许用户交互的内容的创作工具，现已被 Adobe 公司并购，称为 Adobe Flash(以下简称 Flash)。

Flash 可以包含简单的动画、视频、复杂演示文稿和应用程序以及介于它们之间的任何内容。通常，使用 Flash 创作的各个内容单元称为应用程序，即使它们可能只是很简单的动画。用户可以通过添加图片、声音、视频和特殊效果，构建包含丰富媒体的 Flash 应用程序。

Flash 特别适用于创建通过 Internet 提供的内容，因为它的文件非常小。Flash 是通过广泛使用矢量图形做到这一点的。与位图图形相比，矢量图形需要的内存和存储空间小很多，因为它们是以数学公式而不是大型数据集来表示的。位图图形之所以更大，是因为图像中的每个像素都需要一组单独的数据来表示。

要在 Flash 中构建应用程序，可以使用 Flash 绘图工具创建图形，并将其他媒体元素导入 Flash 文档。Flash 文档的文件扩展名为.fla(FLA)。Flash 文档有以下 4 个主要部分：

(1) 舞台。

舞台是在播放过程中显示图形、视频、按钮等内容的区域。

(2) 时间轴。

时间轴是用来通知 Flash 显示图形和其他项目元素的时间，也可以使用时间轴来指定舞台上各图形的分层顺序。位于较高图层中的图形显示在较低图层中的图形的上方。

(3) 库面板。

库面板是显示 Flash 文档中的媒体元素列表的区域。

(4) ActionScript 代码。

ActionScript 代码可用来向文档中的媒体元素添加交互式内容。例如，可以添加代码以便用户在单击某按钮时显示一幅新图像，还可以使用 ActionScript 向应用程序添加逻辑。逻辑使应用程序能够根据用户的操作和其他情况采取不同的工作方式。

要构建 Flash 应用程序，通常需要执行下列基本步骤：

① 确定应用程序要执行的基本任务。
② 创建并导入媒体元素，如图像、视频、声音、文本等。
③ 在舞台上和时间轴中排列这些媒体元素，以定义它们在应用程序中显示的时间和显示方式。
④ 根据需要，对媒体元素应用特殊效果。
⑤ 编写 ActionScript 代码以控制媒体元素的行为方式，包括这些元素对用户交互的响应

方式。

⑥测试应用程序,确定它是否按预期方式工作,并查找其构造中的缺陷。在整个创建过程中不断测试应用程序。

⑦将 FLA 文件发布为可在 Web 页中显示并可使用 Flash Player 播放的 SWF 文件。

Flash 动画制作涉及很多概念和术语,其中主要的有:

(1) 场景。

场景应用于创建一个较大的演示文稿,类似于影视作品中的分镜头。每个场景都有一个时间轴。一般情况下,应尽量避免使用场景。

(2) 帧和关键帧。

帧是对应时间轴上动画中某一时刻的一个画面,动画片的最小长度单位是帧,当相邻帧的画面有规律地变化时,这些帧按一定的速度播放时就会产生动画效果。

关键帧是指这样的帧:在其中定义了对动画的对象属性所做的更改,或者包含了 ActionScript 代码以控制文档的某些方面,一般代表动画画面的转折点。Flash 可以在关键帧之间补间或自动填充帧,生成流畅的动画,从而使动画创建变得更轻松。

(3) 图层。

图层就像透明的醋酸纤维薄片一样,在舞台上一层层地向上叠加。图层可以帮助用户方便地组织文档中的插图。可以在当前图层上绘制和编辑对象,而不会影响其他图层上的对象。图层可以隐藏、锁定,以防止视觉混乱或无意间的修改。如果一个图层上没有内容,那么就可以透过它看到下面的图层。

除了一般图层外,Flash 还包括两个特殊的图层,即引导图层和遮罩层。

引导图层实际上包含了两个子类,一种是运动引导层,它用于辅助其他图层对象的运动或定位,可在其中绘制用于控制对象运动的曲线;另一种是普通引导层,它仅用于辅助制作动画片。

遮罩层用于控制被遮罩层内容的显示,从而制作一些复杂的动画效果,如聚光灯效果等。

(4) 元件。

元件相当于积木块,是指可以重复使用的同一种资源,当创建一种资源并转换为元件之后,它将被存放在元件库中,用户可以多次使用它而不需要保存它的多个副本,即使用户后来又编辑修改了该元件的某些属性,也不用担心,所有引用该元件的实例均会自动更新。为了能够重复使用某些动画片段或者为其增加交互特性,可创建影片剪辑、按钮或图形元件。当动画中引用元件时,称为元件的示例。

(5) 动作或行为。

行为是一些预定义的 ActionScript 函数,用户可以将它们附加到 Flash 文档中的对象上,而无须自己创建 ActionScript 代码。行为提供了预先编写的 ActionScript 功能,例如,帧导航、链接到 Web 站点、加载外部 SWF 和 JPEG 文件、控制影片剪辑的堆叠顺序以及影片剪辑拖动功能。

行为在构建 Flash 应用程序时可为用户提供方便,使用它们可以避免编写 ActionScript,也可以反过来利用其了解 ActionScript 在特定情形下的工作方式。

(6) 组合和取消组合。

组合是将多个元素定义为一个对象。例如,创建了一幅图画后(如树或花),可以将该图画的元素合成一组,这样就可以将该图画当成一个整体来选择和移动,有利于对象的管理。用户可以对组中的各元素进行编辑而不必取消其组合,还可以在组中选择单个对象进行编辑,不必取消对象组合。

(7) 分离。

分离是将组、实例和位图分离为单独的可编辑元素。尽管可以在分离组或对象后立即执行"编辑|撤销"菜单命令,但分离操作不是完全可逆的。它会对对象产生如下影响:

① 切断元件实例到其主元件的链接。
② 放弃动画元件中除当前帧之外的所有帧。
③ 将位图转换成填充。
④ 对文本块应用时,它会将每个字符放入单独的文本块中。
⑤ 对单个文本字符应用时,它会将字符转换成轮廓。

不要将分离命令和取消组合命令混淆。取消组合命令可以将组合的对象分开,将组合元素返回到组合之前的状态。它不会分离位图、实例或文字,或将文字转换成轮廓。

(8) 动画。

Flash 提供了多种制作动画和特效的方法,主要有 3 种:时间轴特效、逐帧动画和补间动画。

利用时间轴特效(如模糊、扩展和爆炸)可以很容易地将对象制作为动画。只需选择对象,然后选择一种特效并指定参数即可。

逐帧动画是最简单的制作方法,即更改每一帧中的舞台内容,或者说绘制每一帧中舞台的画面,如创作出移动对象、增加或减小对象大小、旋转、更改颜色、淡入或淡出,或者更改对象形状的效果等等,这些帧连续地按一定的速度切换就形成了动画。这种方法最适合于每一帧中的图像都在更改而不是仅仅简单地在舞台中移动的动画。在逐帧动画中,Flash 会保存每个完整帧的值,因而其文件大小的增长速度比补间动画快得多。

要创建补间动画,首先要创建起始关键帧和结束关键帧,然后让 Flash 自动创建中间帧。Flash 通过更改起始帧和结束帧之间的对象大小、旋转、颜色或其他属性来创建运动的效果。

Flash 可以创建两种类型的补间动画:补间动画和补间形状。

① 补间动画:在一个时间点定义一个实例、组或文本块的位置、大小和旋转等属性,然后在另一个时间点改变那些属性。也可以沿着路径(引导图层)应用补间动画。

补间动画是创建随时间移动或更改的动画的一种有效方法,并且最大限度地减小所生成的文件大小。在补间动画中,Flash 只保存在帧之间更改的值。

② 补间形状:在一个时间点绘制一个形状,然后在另一个时间点更改该形状或绘制另一个形状。Flash 会内插二者之间的帧的值或形状来创建动画。需要注意的是,如果要对组、实例或位图图像应用形状补间,首先必须分离这些元素。要对文本应用形状补间,则必须将文本分离两次,从而将文本转换为对象。

三 实验内容

(1) 制作一个按指定轨迹运动的文字动画。

(2) 发布该 Flash 动画。

四 实验步骤

1. 创建 Flash 文档

第 1 次启动 Flash,将出现一个导航对话框,用户可以选择打开最近项目、创建新项目、从模板创建项目、学习等任务,如实验图 20-1 所示,也可以选择不再显示此对话框。

实验图 20-1　Flash 第 1 次启动时的导航对话框

在导航对话框上单击"创建新项目"栏中的"Flash 文档"选项,可创建一个新的 Flash 文档。如果启动时不出现导航对话框,则会自动创建一个新的 Flash 文档。执行"文件|新建"菜单命令打开"新建文档"对话框,在其上选择"Flash 文档"后单击【确定】按钮,也可创建一个新的 Flash 文档。Flash 工作界面如实验图 20-2 所示。

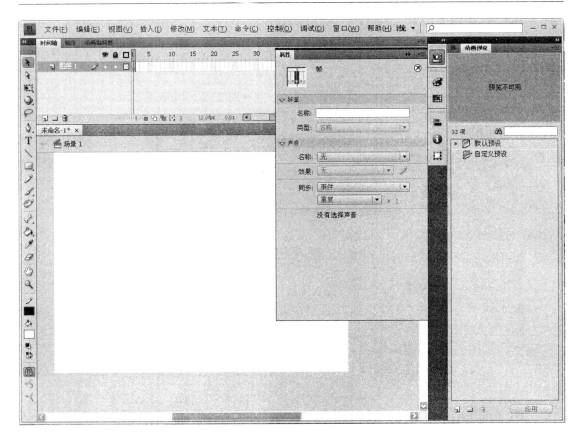

实验图 20-2　Flash 工作界面

Flash 工作界面有很多面板，这些面板可关闭或通过菜单"窗口"下的相应子菜单打开。中间的白色区域为舞台，执行"修改|文档"菜单命令，在打开的"文档属性"对话框中可以设置舞台的属性，如舞台大小、背景颜色、帧频（每秒钟播放的帧数）等。

2．创建文本对象

在"工具"面板中单击"文本工具"按钮T，然后在舞台上按住鼠标左键拖动一个输入框，输入"Flash 动画"，如实验图 20-3 所示。此时舞台下方的"属性"面板中显示了该文本对象的属性。给文本框中的每个字符都可以单独地设定字体、字号、颜色等属性。设定合适的字体、字号、颜色后如实验图 20-4 所示。

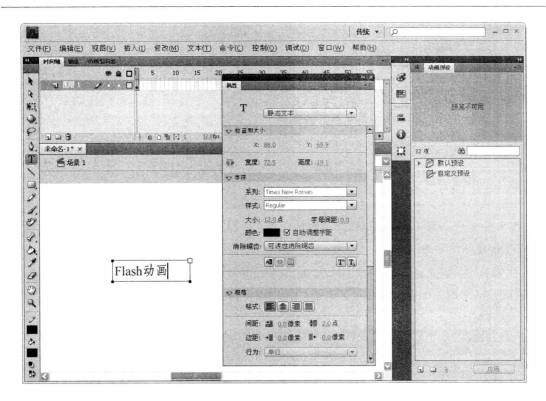

实验图 20-3　创建文本对象

实验图 20-4　文本对象

3. 创建引导层

创建一个引导层,绘制一曲线,如创建两个圆交叉并拖动修剪后得到如实验图 20-5 所示心形曲线。

在"工具"面板中单击"椭圆工具"按钮 ○,按住[Shift]键(限定绘制圆),然后在舞台上按住鼠标左键拖动绘制圆,创建一个圆。然后在"工具"面板中单击"选择工具"按钮,单击圆中心,选定圆内区域,按[Delete]键删除,则只剩下圆框线。框选圆的整个区域,复制再粘贴,选定粘贴的圆移动到如实验图 20-5(a)所示位置。单击两圆交叉部分,按[Delete]键删除。分别单击两圆的下部框线拖动,使其成为如实验图 20-5(b)所示图形。选定删除交叉部分,则成如实验图 20-5(c)所示心形曲线图形。

4. 创建关键帧

选定第 1 层(有文本的那一层),分别在第 20、40、60、80 帧处右键单击,选择快捷菜单中的"插入关键帧"命令创建关键帧。

同理,选定引导层,也分别在第 20、40、60、80 帧处右键单击,选择快捷菜单中的"插入关键帧"

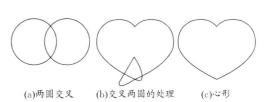

(a)两圆交叉　　(b)交叉两圆的处理　　(c)心形

实验图 20-5　心形引导曲线

命令创建关键帧。

5．为文本对象创建运动路径

在第1层上选定第1帧，选定文本对象，文本对象中心出现一个点，如实验图20-6所示，该点为对象的注册点，相当于运动时该对象的支点。例如，旋转时，对象将以注册点为支点旋转。移动文本对象使其注册点靠近心形图形的上面交叉点，则文本对象的注册点会自动与交叉点对齐，作为运动轨迹的起点。

依次选定第20、40、60、80帧使文本对象的注册点分别与心形图形的右圆弧上某点、下交叉点、左圆弧上某点、上交叉点对齐，即文本对象绕心形曲线一周回到起点。

实验图20-6　对象注册点与运动轨迹点对齐

6．创建补间动画

在第1层上依次选定第1、20、40、60帧，右键单击，选择快捷菜单中的"创建传统补间"命令，则时间轴上两关键帧间有一带箭头的直线，如实验图20-7所示，表示从起始关键帧运动到结束关键帧。

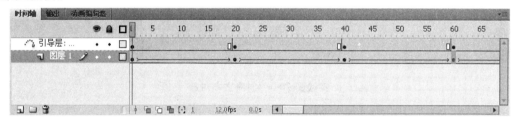

实验图20-7　在时间轴上创建补间动画

7．设置补间动画参数

如实验图20-8所示，在"属性"面板上，可以设置某个关键帧到下一关键帧间的补间动画的参数，即可设置补间动画的类型、旋转、声音等。

8．播放和测试动画

直接按[Enter]键或执行"控制|播放"菜单命令，即可在舞台上播放动画效果，按快捷键[Ctrl]+[Enter]或执行"控制|测试影片"菜单命令则会打开一个新窗口来测试影片动画效果。

9．发布作品

如果满意自己的创作，则可以发布作品。执行"文件|发布设置"菜单命令，打开"发布设置"对话框，如实验图20-9所示，可以设置发布的一些参数，如发布文件格式以及相应文件格式的具体参数。Flash可以同时选择其中的某几种文件格式进行发布。

发布方式设定之后，可直接单击"发布"按钮进行发布，也可单击【确定】按钮然后执行"文件|发布预览"菜单命令预览发布结果，或直接执行"文件|发布"菜单命令发布作品。

实验图 20-8　设置补间动画参数

实验图 20-9　"发布设置"对话框

五 实验思考

创作一个由正方形变成圆的补间形状动画，然后发布为 Flash 动画文件。

第三部分

习 题

一、选择题

1. 计算机系统的组成包括(　　)。
    A. 硬件系统和应用软件　　　　　　B. 外部设备和软件系统
    C. 硬件系统和软件系统　　　　　　D. 主机和外部设备
2. 在计算机内部,传送、存储、加工处理的数据和指令都是(　　)。
    A. 拼音简码　　　　　　　　　　　B. 八进制码
    C. ASCII 码　　　　　　　　　　　D. 二进制码
3. 计算机外设的工作是靠一组驱动程序来完成的,这组程序代码保存在主板的一个特殊内存芯片中,这个芯片称为(　　)。
    A. Cache　　　　　　　　　　　　 B. ROM
    C. I/O　　　　　　　　　　　　　 D. BIOS
4. 大规模和超大规模集成电路芯片组成的微型计算机属于现代计算机阶段的(　　)。
    A. 第一代产品　　　　　　　　　　B. 第二代产品
    C. 第三代产品　　　　　　　　　　D. 第四代产品
5. 计算机一般按(　　)进行分类。
    A. 运算速度　　　　　　　　　　　B. 字长
    C. 主频　　　　　　　　　　　　　D. 内存
6. 我国自行设计研制的"天河二号"计算机属于(　　)。
    A. 微型计算机　　　　　　　　　　B. 小型计算机
    C. 中型计算机　　　　　　　　　　D. 巨型计算机
7. 个人计算机属于(　　)。
    A. 小型计算机　　　　　　　　　　B. 中型计算机
    C. 巨型计算机　　　　　　　　　　D. 微型计算机
8. 冯·诺依曼计算机工作原理是(　　)。
    A. 程序设计　　　　　　　　　　　B. 存储程序和程序控制
    C. 算法设计　　　　　　　　　　　D. 程序调试
9. 计算机的发展阶段通常是按计算机所采用的(　　)来划分的。
    A. 内存容量　　　　　　　　　　　B. 电子器件
    C. 程序设计语言　　　　　　　　　D. 操作系统
10. 现代计算机之所以能自动地连续进行数据处理,主要是因为(　　)。
    A. 采用了开关电路　　　　　　　　B. 采用了半导体器件
    C. 采用存储程序和程序控制原理　　D. 采用了二进制
11. 微型计算机的字长取决于(　　)的宽度。
    A. 控制总线　　　　　　　　　　　B. 地址总线
    C. 数据总线　　　　　　　　　　　D. 通信总线
12. 计算机最主要的工作特点是(　　)。

A. 程序存储与程序控制 B. 高速度与高精度
C. 可靠性 D. 具有记忆能力
13. 十进制数 122 对应的二进制数是（　　）。
A. 1111101 B. 1011110
C. 111010 D. 1111010
14. 在进位计数制中，当某一位的值达到某个固定量时，就要向高位产生进位。这个固定量就是该种进位计数制的（　　）。
A. 阶码 B. 尾数
C. 原码 D. 基数
15. 在计算机中，1MB 为（　　）字节。
A. 1000×1000 B. 1024×1024
C. 1024 D. 1000k
16. 计算机中，Byte 的中文意思是（　　）。
A. 位 B. 字节
C. 字 D. 字长
17. 下列字符中，ASCII 码值最小的是（　　）。
A. M B. 3
C. y D. b
18. 在微机中，应用最普遍的西文字符编码是（　　）。
A. BCD 码 B. ASCII 码
C. 8421 码 D. 补码
19. 科学计算的特点是（　　）。
A. 计算量大，数值范围广 B. 数据输入输出量大
C. 计算相对简单 D. 具有良好的实时性和高可靠性
20. 在计算机应用中，英文缩写"DSS"表示（　　）。
A. 决策支持系统 B. 管理信息系统
C. 办公自动化 D. 人工智能
21. 下列（　　）既是输入设备又是输出设备。
A. 硬盘 B. 键盘
C. 显示器 D. 鼠标
22. 内存储器的存储容量主要是指（　　）的容量。
A. RAM B. 硬盘
C. ROM D. 优盘
23. 在一般情况下，外存中存放的数据，在断电后（　　）丢失。
A. 不会 B. 少量
C. 完全 D. 多数
24. 在标准磁盘中，关于扇区的描述错误的是（　　）。
A. 每一磁道可分为若干个扇区 B. 每一扇区所能存储的数据量相同
C. 每一扇区存储的数据密度相同 D. 存取数据时无需指明扇区的编号

25. 磁盘是一种涂有(   )的聚酯塑料薄膜圆盘。
    A．塑料   B．去磁物
    C．磁性物质   D．防霉物
26. 盘上的磁道是(   )。
    A．一组记录密度不同的同心圆   B．一组记录密度相同的同心圆
    C．一条阿基米德螺旋线   D．二条阿基米德螺旋线
27. 下面列出的四种存储器中,易失性存储器是(   )。
    A．RAM   B．ROM
    C．EROM   D．EPROM
28. 常规内存是指(   )。
    A．ROM   B．EPROM
    C．字节   D．RAM
29. 关于磁盘格式化的叙述,正确的是(   )。
    A．只能对新盘格式化,不能对旧盘进行格式化
    B．新盘必须格式化后才能使用,对旧盘做格式化将抹去盘上原有的内容
    C．格式化后的磁盘,就能在任何计算机系统上使用
    D．新盘不格式化照样可以使用,但格式化可使磁盘容量增大
30. 磁盘的磁面有很多半径不同的同心圆,这些同心圆称为(   )。
    A．扇区   B．磁道
    C．磁柱   D．字节
31. 关于计算机上使用的光盘,以下说法错误的是(   )。
    A．有些光盘只能读不能写
    B．有些光盘可以读也可以写
    C．使用光盘时必须配有光盘驱动器
    D．光盘是一种外存储器,它完全依靠盘表面的磁性物质来记录数据
32. 决定微机性能的主要是(   )。
    A．CPU   B．耗电量
    C．质量   D．价格
33. (   )是传送控制信号的,其中包括 CPU 送到内存和接口电路的读写信号、中断响应信号等。
    A．硬盘驱动器   B．地址总线
    C．数据总线   D．控制总线
34. 地址总线是传送地址信息的一组线,总线还有数据总线和(   )总线。
    A．信息   B．控制
    C．硬件   D．软件
35. 在计算机中,通常用主频来描述(   )。
    A．计算机的运算速度   B．计算机的可靠性
    C．计算机的可扩充性   D．计算机的可运行性
36. 指令由电子计算机的(   )来执行。

A. 控制部分　　　　　　　　　　　B. 存储部分
　　C. 输入/输出部分　　　　　　　　D. 算术和逻辑部分
37. 数据总线用于各器件、设备之间传送数据信息,以下说法中(　　)是错误的。
　　A. 数据总线只能传输 ASCII 码　　B. 数据总线是双向总线
　　C. 数据总线导线数与机器字长一致　D. 数据总线通常是指外部总线
38. 指令是由(　　)发出的。
　　A. 控制器　　　　　　　　　　　B. 运算器
　　C. 存储器　　　　　　　　　　　D. 寄存器
39. 下列不属于系统软件的是(　　)。
　　A. 操作系统　　　　　　　　　　B. 字处理程序
　　C. 语言处理程序　　　　　　　　D. 数据库管理系统
40. 系统软件包括(　　)。
　　A. 操作系统、语言处理程序、数据库管理系统
　　B. 文件管理系统、网络系统、文字处理系统
　　C. 语言处理系统、文字处理系统、操作系统
　　D. Word、Windows、VFP
41. 汇编语言程序需经过(　　)翻译成目标程序后才能执行。
　　A. 监控程序　　　　　　　　　　B. 汇编程序
　　C. 机器语言程序　　　　　　　　D. 诊断程序
42. 下列说法中错误的是(　　)。
　　A. 计算机的工作就是顺序地执行存放在存储器中的一系列指令
　　B. 指令系统有一个统一的标准,所有的计算机指令系统相同
　　C. 指令是一组二进制代码,规定由计算机执行程序的一步操作
　　D. 为解决某一问题而设计的一系列指令就是程序
43. 系统软件中最重要的是(　　)。
　　A. 操作系统　　　　　　　　　　B. 语言处理程序
　　C. 工具软件　　　　　　　　　　D. 数据库管理软件
44. 汇编语言源程序需经过(　　)翻译成目标程序。
　　A. 监控程序　　　　　　　　　　B. 汇编程序
　　C. 机器语言程序　　　　　　　　D. 诊断程序
45. 计算机正在执行的指令存放在(　　)中。
　　A. 控制器　　　　　　　　　　　B. 内存储器
　　C. 输入/输出设备　　　　　　　　D. 外存储器
46. 使用高级语言编写的程序称为(　　)。
　　A. 源程序　　　　　　　　　　　B. 执行程序
　　C. 文本文件　　　　　　　　　　D. 目标程序
47. 计算机的机器语言是用(　　)编码形式表示的。
　　A. 条形码　　　　　　　　　　　B. BCD 码
　　C. ASCII 码　　　　　　　　　　D. 二进制代码

48. 软件与程序的区别是( )。
    A. 程序是用户自己开发的而软件是计算机生产商开发的
    B. 程序价格便宜而软件价格贵
    C. 程序是软件以及开发、使用和维护所需要的所有文档的总称
    D. 软件是程序以及开发、使用和维护所需要的所有文档的总称

49. 软件是指( )。
    A. 系统程序和数据库   B. 应用程序和文档文件
    C. 存储在硬盘和优盘上的程序   D. 各种程序和相关的文档资料

50. 数据库管理系统是一种( )软件。
    A. 应用   B. 编辑
    C. 会话   D. 系统

51. 系统软件和应用软件的关系是( )。
    A. 系统软件以应用软件为基础   B. 互为基础
    C. 互不为基础   D. 应用软件以系统软件为基础

52. 计算机指令格式的基本结构是由( )两部分组成的。
    A. 操作码、数据码   B. 操作码、地址码
    C. 控制码、地址码   D. 控制码、操作码

53. 下列说法中正确的是( )。
    A. 没有软件的计算机可以正常工作
    B. 没有软件的计算机无法工作
    C. 没有硬件的计算机基本上可以正常工作
    D. 计算机能否工作与软件无关

54. 计算机软件通常分为( )。
    A. 系统软件和应用软件   B. 高级软件和一般软件
    C. 军用软件和民用软件   D. 管理软件和控制软件

55. 下列选项中,不属于计算机病毒特征的是( )。
    A. 破坏性   B. 潜伏性
    C. 传染性   D. 免疫性

56. 目前使用的防杀病毒软件的作用是( )。
    A. 检查计算机是否感染病毒,消除已感染的任何病毒
    B. 杜绝病毒对计算机的侵害
    C. 检查计算机是否感染病毒,消除部分已感染的病毒
    D. 查出已感染的任何病毒,消除部分已感染的病毒

57. 防止计算机传染病毒的方法是( )。
    A. 不使用有病毒的盘片   B. 不让有传染病的人操作
    C. 提高计算机电源稳定性   D. 联机操作

58. 发现计算机优盘有病毒后,比较彻底的清除方式是( )。
    A. 用查毒软件处理   B. 删除优盘文件
    C. 用杀毒软件处理   D. 格式化优盘

59. 计算机病毒是指（   ）。
    A. 一个文件   B. 一段程序
    C. 一条命令   D. 一个标记
60. 计算机病毒具有（   ）。
    A. 传播性、潜伏性、破坏性   B. 传播性、破坏性、易读性
    C. 潜伏性、破坏性、易读性   D. 传播性、潜伏性、安全性
61. 在Windows 7中，下列正确的文件名是（   ）。
    A. MY PRKGRAM GROUP.TXT   B. FILE1|FILE2
    C. A<>B、C   D. A?B.DOC
62. 对话框中的选择按钮分为（   ）。
    A. 单选按钮   B. 复选按钮
    C. 单选按钮和复选按钮   D. 单选按钮、复选按钮和命令按钮
63. 在格式化磁盘时，系统在磁盘上建立一个目录区和（   ）。
    A. 查询表   B. 文件结构表
    C. 文件列表   D. 文件分配表
64. 在对话框中，如果可以同时选择多个项，采用（   ）。
    A. 文本框   B. 下拉列表框
    C. 选项按钮（圆按钮）   D. 复选框
65. 在Windows 7中，利用未清空的（   ）可以恢复被删除的文件。
    A. 回收站   B. 我的公文包
    C. 系统工具   D. 任务栏
66. 在启动程序或打开文档时，如果记不清某个文件或文件夹位于何处，则可以使用Windows 7操作系统提供的（   ）功能。
    A. 设置   B. 帮助
    C. 搜索   D. 浏览
67. 文件夹是一个存储文件的组织实体，采用（   ）结构，用文件夹可以将文件分成不同的组。
    A. 网络型   B. 树型
    C. 逻辑型   D. 层次型
68. 可将整个桌面的图形复制到剪贴板上的按键操作是（   ）。
    A. ［Alt］+［PrtScrnSysRq］   B. ［Ctrl］+［PrtScrnSysRq］
    C. ［PrtScrnSysRq］   D. ［Alt］+［Screen］
69. 在Windows 7的"回收站"中，存放的（   ）。
    A. 只能是硬盘上被删除的文件或文件夹
    B. 只能是优盘上被删除的文件或文件夹
    C. 可以是硬盘或优盘上被删除的文件或文件夹
    D. 可以是所有外存储器中被删除的文件或文件夹
70. 在（   ）情况下，会自动添加滚动条。
    A. 窗口的大小恰好与显示的内容一样大   B. 窗口的大小比显示的内容小

C. 窗口的大小比显示的内容大　　　　　D. 窗口的大小与屏幕一样大

71. 下列关于 Windows 7 屏幕保护程序的说法,不正确的是(　　)。
    A. 屏幕保护程序是指保护显示器不受到人为的物理损坏
    B. 屏幕保护程序的图案可以设置
    C. 屏幕保护程序能减少屏幕的损耗
    D. 屏幕保护程序可以设置口令

72. 对 Windows 7 对话框的描述,正确的是(　　)。
    A. 对话框的标题栏中含有关闭、最大化、最小化这三个按钮
    B. 对话框的大小是可以调整的
    C. 对话框含有菜单栏、工具栏
    D. 对话框中没有状态栏

73. 通配符"*"是表示它所在位置上的(　　)。
    A. 任意字符串　　　　　　　　　　　B. 任意一个字符
    C. 任意一个汉字　　　　　　　　　　D. 任意一个文件名

74. 在 Windows 7 中,为保护文件不被修改,可将它的属性设置为(　　)。
    A. 只读　　　　　　　　　　　　　　B. 存档
    C. 隐藏　　　　　　　　　　　　　　D. 系统

75. 用鼠标拖动来移动窗口时,鼠标指针必须置于(　　)内。
    A. 标尺栏　　　　　　　　　　　　　B. 工具栏
    C. 状态栏　　　　　　　　　　　　　D. 标题栏

76. 微型计算机使用的键盘中,[Shift]键是(　　)。
    A. 上档键　　　　　　　　　　　　　B. 控制键
    C. 空格键　　　　　　　　　　　　　D. 回车换行键

77. Windows 7 中,"显示桌面"按钮在桌面(　　)。
    A. 左下角　　　　　　　　　　　　　B. 右下角
    C. 无此按钮　　　　　　　　　　　　D. 任务栏中部

78. 库可以提供包含(　　)的统一视图。
    A. 多个文件夹　　　　　　　　　　　B. 多个硬盘
    C. 多个文件　　　　　　　　　　　　D. 多个分区

79. 使用"联合搜索"功能,可以使用已经熟悉的 Windows 7 资源管理器用户界面访问(　　)。
    A. 本地数据库　　　　　　　　　　　B. 所有信息
    C. 远程数据库　　　　　　　　　　　D. 网站

80. 文件的类型可以根据(　　)来识别。
    A. 文件的大小　　　　　　　　　　　B. 文件的用途
    C. 文件的扩展名　　　　　　　　　　D. 文件的存放位置

81. 在 Windows 7 操作系统中,将打开窗口拖动到屏幕顶端,窗口会(　　)。
    A. 关闭　　　　　　　　　　　　　　B. 消失
    C. 最大化　　　　　　　　　　　　　D. 最小化

82. 在 Windows 7 操作系统中，显示 3D 桌面效果的快捷键是（   ）。
    A. [Win]+[D]   B. [Win]+[P]
    C. [Win]+[Tab]   D. [Alt]+[Tab]
83. 在 Windows 7 中不可以完成窗口切换的方法是（   ）。
    A. [Alt]+[Tab]   B. [Win]+[Tab]
    C. 单击要切换窗口的任何可见部位   D. 单击任务栏上要切换的应用程序按钮
84. 在 Word 2010 中，使用定位操作，如果当前页为第 11 页，则输入"+2"后，光标将移动到（   ）。
    A. 第 9 页   B. 第 11 页
    C. 第 13 行   D. 第 13 页
85. "左缩进"和"右缩进"调整的是（   ）。
    A. 非首行   B. 首行
    C. 整个段落   D. 段前距离
86. Word 2010 中，选定一行文本的技巧方法是（   ）。
    A. 将鼠标箭头置于目标处，单击
    B. 将鼠标箭头置于此行的选定栏并出现选定光标单击
    C. 用鼠标在此行的选定栏双击
    D. 用鼠标三击此行
87. Word 2010 的模板文件的后缀名是（   ）。
    A. datx   B. xlsx
    C. dotx   D. docx
88. Word 2010 中替换的快捷键是（   ）。
    A. [Ctrl]+[H]   B. [Ctrl]+[F]
    C. [Ctrl]+[G]   D. [Ctrl]+[A]
89. Word 2010 的文档扩展名是下列（   ）。
    A. DOCX   B. XLSX
    C. PPTX   D. ACCDB
90. Word 2010 所认为的字符不包括（   ）。
    A. 汉字   B. 数字
    C. 特殊字符   D. 图片
91. Word 2010 中，"语言"任务组在（   ）功能区中。
    A. 开始   B. 插入
    C. 引用   D. 审阅
92. Word 2010 中，不属于开始功能区的任务组是（   ）。
    A. 页面设置   B. 字体
    C. 段落   D. 样式
93. Word 2010 中，将图片作为字符来移动的版式是（   ）。
    A. 嵌入型   B. 紧密型
    C. 浮于文字上方   D. 四周型

94. Word 2010中,以下有关"项目符号"的说法错误的是( )。
    A. 项目符号可以是英文字母
    B. 项目符号可以改变格式
    C. ♯、& 不可以定义为项目符号
    D. 项目符号可以自动顺序生成

95. Word 2010中,在文档中选取间隔的多个文本对象,应按下( )键。
    A. [Alt]   B. [Shift]
    C. [Ctrl]   D. [Ctrl]+[Shift]

96. Word 2010中"水印"命令位于( )选项中。
    A. 视图   B. 开始
    C. 页面布局   D. 插入

97. Word 2010表格功能相当强大,当把插入点放在表的最后一行的最后一个单元格时,按[Tab]键,将( )。
    A. 在同一单元格里建立一个文本新行
    B. 产生一个新列
    C. 产生一个新行
    D. 插入点移到第一行的第一个单元格

98. Word 2010在表格计算时,对运算结果进行刷新,可使用以下( )功能键。
    A. [F8]   B. [F9]
    C. [F5]   D. [F7]

99. Word 2010中,如果要精确的设置段落缩进量,应该使用以下( )操作。
    A. 页面布局—页面设置   B. 视图—标尺
    C. 开始—样式   D. 开始—段落

100. 按"格式刷"按钮可以进行( )操作。
    A. 复制文本的格式   B. 保存文本
    C. 复制文本   D. 以上三种都不对

101. 当一页内容已满,而文档文字仍然继续被输入,Word 2010将插入( )。
    A. 硬分页符   B. 硬分节符
    C. 软分页符   D. 软分节符

102. 对于[拆分表格],正确的说法是( )。
    A. 只能把表格拆分为左右两部分
    B. 只能把表格拆分为上下两部分
    C. 可以自己设定拆成的行列数
    D. 只能把表格拆分成列

103. 格式刷的作用是用来快速复制格式,其操作技巧是( )。
    A. 单击可以连续使用   B. 双击可以使用一次
    C. 双击可以连续使用   D. 右击可以连续使用

104. 给每位家长发送一份《期末成绩通知单》,用( )命令最简便。
    A. 复制   B. 信封

C. 标签
D. 邮件合并

105. 给文字加上着重符号,可以使用下列(　　)实现。
    A. "字体"对话框
    B. "段落"对话框
    C. "分栏"对话框
    D. "文字方向"对话框

106. 关于 Word 2010 的文本框,哪些说法是正确的(　　)。
    A. Word 2010 中提供了横排和竖排两种类型的文本框
    B. 在文本框中不可以插入图片
    C. 在文本框中不可以使用项目符号
    D. 通过改变文本框的文字方向不可以实现横排和竖排的转换

107. 目录可以通过(　　)选项插入。
    A. 插入
    B. 页面布局
    C. 引用
    D. 视图

108. 能显示页眉和页脚的方式是(　　)。
    A. 普通视图
    B. 页面视图
    C. 大纲视图
    D. 全屏幕视图

109. 当表格超出左、右边距时,应如何设置(　　)。
    A. 根据内容自动调整表格
    B. 根据窗口自动调整表格
    C. 分布行
    D. 分布列

110. 若希望光标在英文文档中逐词移动,应按(　　)。
    A. [Tab]键
    B. [Ctrl]+[Home]
    C. [Ctrl]+左右箭头
    D. [Ctrl]+[Shift]+左右箭头

111. 使用(　　)键,可以将光标快速移至文档尾部。
    A. [Ctrl]+[Shift]+[A]
    B. [Shift]+[Home]
    C. [Ctrl]+[A]
    D. [Ctrl]+[End]

112. 使用(　　)组快捷键可以插入超链接。
    A. [Ctrl]+[J]
    B. [Ctrl]+[K]
    C. [Ctrl]+[P]
    D. [Ctrl]+[M]

113. 使用(　　)组快捷键可以剪切被选中的文本。
    A. [Shift]+[P]
    B. [Shift]+[W]
    C. [Ctrl]+[X]
    D. [Ctrl]+[W]

114. 希望改变一些字符的字体和大小,首先应(　　)。
    A. 选中字符
    B. 在字符右侧单击鼠标左键
    C. 单击工具栏中"字体"图标
    D. 单击【开始】中的【字体】命令

115. 下列不属于"行号"编号方式的是(　　)。
    A. 每页重新编号
    B. 每段重新编号
    C. 每节重新编号
    D. 连续编号

116. 下列哪项不属于 Word 2010 的文本效果(　　)。
    A. 轮廓
    B. 阴影
    C. 发光
    D. 三维

117. 下列软件功能描述错误的是( )。

   A. Word 2010 可以创建信函、通知等文档

   B. Excel 2010 擅长计算数据、分析数据、创建图表

   C. PowerPoint 2010 用来收发电子邮件

   D. Access 2010 用来创建数据库、查询管理数据库

118. 下列软件( )不属于 Microsoft Office 组件。

   A. Word 2010　　　　　　　　B. Excel 2010

   C. Access 2010　　　　　　　D. WPS

119. 下列叙述不正确的是( )。

   A. 删除自定义样式，Word 2010 将从模板中取消该样式

   B. 删除内建的样式，Word 2010 将保留该样式的定义，样式并没有真正删除

   C. 内建的样式中"正文、标题"是不能删除的

   D. 一个样式删除后，Word 2010 将对文档中的原来使用的样式的段落文本一并删除

120. 下面有关 Word 2010 表格功能的说法不正确的是( )。

   A. 可以通过表格工具将表格转换成文本

   B. 表格的单元格中可以插入表格

   C. 表格中可以插入图片

   D. 不能设置表格的边框线

121. 修改字符间距，应执行的操作是( )。

   A. 分散对齐

   B. 两端对齐

   C. "字体"对话框中的"高级"选项卡

   D. 缩放

122. 一般情况下，如果忘记了 Word 2010 文件的打开权限密码，则( )。

   A. 可以以只读方式打开

   B. 可以以副本方式打开

   C. 可以通过属性对话框，将其密码取消

   D. 无法打开

123. 以下关于 Word 2010 查找功能的"导航"侧边栏，说法错误的是( )。

   A. 单击"编辑"功能区的"查找"按钮可以打开"导航"侧边栏

   B. "查找"默认情况下，对字母区分大小写

   C. 在"导航"侧边栏中输入"查找：表格"，即可实现对文档中表格的查找

   D. "导航"侧边栏显示查找内容有三种显示方式，分别是"浏览您文档中的标题""浏览您文档中的页面""浏览您文档中的文本"

124. 以下关于 Word 2010 的主文档说法正确的是( )。

   A. 当打开多篇文档，子文档可再拆分

   B. 对长文档可再拆分

   C. 对长文档进行有效的组织和维护

   D. 创建子文档时必须在主控文档视图中

125. 以下关于 Word 2010 页面布局的功能,说法错误的是(　　)。
    A. 页面布局功能可以为文档设置特定主题效果
    B. 页面布局功能可以设置文档分隔符
    C. 页面布局功能可以设置稿纸效果
    D. 页面布局功能不能设置段落的缩进与间距
126. 应用快捷键[Ctrl]+[B]后,字体发生什么变化(　　)。
    A. 上标　　　　　　　　　　　　B. 底线
    C. 斜体　　　　　　　　　　　　D. 加粗
127. 用于将所选段落的首行除外的其他行向版心的位置进行缩进的是哪一种(　　)。
    A. 左缩进　　　　　　　　　　　B. 右缩进
    C. 首行缩进　　　　　　　　　　D. 悬挂缩进
128. 在 Word 2010 中,下面哪个视图方式是默认的视图方式(　　)。
    A. 普通视图　　　　　　　　　　B. 页面视图
    C. 大纲视图　　　　　　　　　　D. Web 版式视图
129. 在 Word 2010 的哪个选项中,可以调整纸张横/纵方向、大小等(　　)。
    A. 开始　　　　　　　　　　　　B. 视图
    C. 插入　　　　　　　　　　　　D. 页面布局
130. 在 Word 2010 的一张表格中,在对同一列三个连续单元格做合并的前提下,然后再拆分此单元格,则行数可选择的数字为(　　)。
    A. 1 和 3　　　　　　　　　　　B. 2 和 3
    C. 1 和 2 和 3　　　　　　　　　D. 其他都不对
131. 在 Word 2010 文档中的拼音指南功能的作用是(　　)。
    A. 给汉字添加汉语拼音
    B. 将汉字翻译成中文
    C. 把文中出现的拼音用汉字显示出来
    D. 把所有的汉字都转换成拼音
132. 在 Word 2010 中,(　　)选项可以调整纸张方向。
    A. 页面布局　　　　　　　　　　B. 字体设置
    C. 打印预览　　　　　　　　　　D. 页码设置
133. 在 Word 2010 中,"分节符"位于(　　)选项下。
    A. 开始　　　　　　　　　　　　B. 插入
    C. 页面布局　　　　　　　　　　D. 视图
134. 在 Word 2010 中,"项目符号和编号"位于(　　)选项下。
    A. 文件　　　　　　　　　　　　B. 开始
    C. 页面布局　　　　　　　　　　D. 审阅
135. 在 Word 2010 中,1.5 倍行距的快捷键是(　　)。
    A. [Ctrl]+[1]　　　　　　　　　B. [Ctrl]+[2]
    C. [Ctrl]+[3]　　　　　　　　　D. [Ctrl]+[5]
136. 在 Word 2010 中,按[ESC]键可以(　　)当前的查找。

A. 列出　　　　　　　　　　　　B. 取消
　　C. 显示查找　　　　　　　　　　D. 定点查找
137. 在Word 2010中,单元格边距指的是(　　)与上下左右边框线的距离。
　　A. 单元格左边　　　　　　　　　B. 单元格中正文
　　C. 单元格右边　　　　　　　　　D. 单元格上方
138. 在Word 2010中,合并字符功能可以将多个字符合并为一个,最多可以合并(　　)。
　　A. 4　　　　　　　　　　　　　B. 5
　　C. 6　　　　　　　　　　　　　D. 7
139. 在Word 2010中,回车的同时按住(　　)键可以不产生新的段落。
　　A. [Ctrl]　　　　　　　　　　　B. [Shift]
　　C. [Alt]　　　　　　　　　　　 D. 空格键
140. 在Word 2010中,可以通过(　　)功能区对不同版本的文档进行比较和合并。
　　A. 页面布局　　　　　　　　　　B. 引用
　　C. 审阅　　　　　　　　　　　　D. 视图
141. 在Word 2010中,可以通过(　　)功能区对所选内容添加批注。
　　A. 插入　　　　　　　　　　　　B. 页面布局
　　C. 引用　　　　　　　　　　　　D. 审阅
142. 在Word 2010中,可以通过(　　)功能区中的"翻译"对文档内容翻译成其他语言。
　　A. 开始　　　　　　　　　　　　B. 页面布局
　　C. 引用　　　　　　　　　　　　D. 审阅
143. 在Word 2010中,如果要隐藏文档中的标尺,可以通过(　　)功能区来实现。
　　A. 插入　　　　　　　　　　　　B. 编辑
　　C. 视图　　　　　　　　　　　　D. 文件
144. 在Word 2010中,若想建立新文档,可以使用的快捷键是(　　)。
　　A. [Ctrl]+[N]　　　　　　　　　B. [Alt]+[N]
　　C. [Shift]+[N]　　　　　　　　 D. [Ctrl]+[Alt]+[N]
145. 在Word 2010中,若要检查文件中的拼写和语法错误,可以执行下列哪个功能键(　　)。
　　A. [F4]　　　　　　　　　　　　B. [F5]
　　C. [F6]　　　　　　　　　　　　D. [F7]
146. 在Word 2010中,删除行、列或表格的快捷键是(　　)。
　　A. [Backspace]　　　　　　　　 B. [Delete]
　　C. 空格键　　　　　　　　　　　D. 回车键
147. 在Word 2010中,输入的文字默认的对齐方式是(　　)。
　　A. 左对齐　　　　　　　　　　　B. 右对齐
　　C. 居中对齐　　　　　　　　　　D. 两端对齐
148. 在Word 2010中,想打印1,3,8,9,10页,应在"打印范围"中输入(　　)。
　　A. 1,3,8－10　　　　　　　　　 B. 1、3,8－10
　　C. 1－3－8－10　　　　　　　　 D. 1,3,8,9,10
149. 在Word 2010中,要将"微软"文本复制到插入点,应先将"微软"选中,再(　　)。

A. 直接拖动到插入点
B. 单击"剪切",再在插入点单击"粘贴"
C. 单击"复制",再在插入点单击"粘贴"
D. 单击"撤销",再在插入点单击"恢复"

150. 在 Word 2010 中,要想对文档进行翻译,需执行以下哪项操作
    A. "审阅"标签下"语言"功能区的"语言"按钮
    B. "审阅"标签下"语言"功能区的"英语助手"按钮
    C. "审阅"标签下"语言"功能区的"翻译"按钮
    D. "审阅"标签下"校对"功能区的"信息检索"按钮

151. 在 Word 2010 中,在编辑一个文档完毕后,要想知道它打印后的结果,可使用(　　)功能。
    A. 打印预览   B. 模拟打印
    C. 提前打印   D. 屏幕打印

152. 在 Word 2010 中,在文档某字符上连续三次按左键,会选中哪片文本(　　)。
    A. 字符所在的单词   B. 字符所在的句子
    C. 字符所在的段落   D. 整篇文档

153. 在 Word 2010 中"开始"功能区上的段落对齐按钮分别是(　　)。
    A. 左对齐、右对齐、居中对齐、分散对齐、两端对齐
    B. 左对齐、居中对齐、右对齐、两端对齐、分散对齐
    C. 两端对齐、左对齐、右对齐、居中对齐、分散对齐
    D. 上对齐、下对齐

154. 在 Word 2010 中使用标尺可以直接设置段落缩进,标尺顶部的三角形标记代表(　　)。
    A. 首行缩进   B. 悬挂缩进
    C. 左缩进   D. 右缩进

155. 在 Word 2010 中下面哪个选项不是"自动调整"的操作(　　)。
    A. 固定列宽   B. 固定行高
    C. 根据窗口调整表格 D. 根据内容调整表格

156. 在 Word 2010 中选定了整个表格之后,若要删除整个表格中的内容,以下哪个操作正确(　　)。
    A. 单击"布局"菜单中的"删除表格"命令
    B. 按[Delete]键
    C. 按[Space]键
    D. 按[Esc]键

157. 在 Word 2010 表格中若要计算某列的总计值,可以用到的统计函数为(　　)。
    A. SUM   B. TOTA
    C. AVERAGE   D. COUNT

158. 在 Word 2010 默认的制表格式中,文字的缩进方式是(　　)。
    A. 首行缩进   B. 悬挂缩进
    C. 无缩进   D. 与符号缩进相同

159. 在Word 2010中,当将两个表格之间的文字或回车符删除后,两个表格会(　　)。
    A. 依然是两个表　　　　　　　　　B. 合成一个表
    C. 无法确定　　　　　　　　　　　D. 不是表格

160. 在Word 2010中,复制格式的快捷键是下列(　　)。
    A. [Ctrl]+[C]　　　　　　　　　　B. [Ctrl]+[V]
    C. [Ctrl]+[Shift]+[C]　　　　　　D. [Ctrl]+[Shift]+[V]

161. 在Word 2010中,每个段落的段落标记在(　　)。
    A. 段落中无法看到　　　　　　　　B. 段落的结尾处
    C. 段落的中部　　　　　　　　　　D. 段落的开始处

162. 在Word 2010中,如果要让表格的第一行在每一页重复出现,应该使用哪种方法(　　)。
    A. 打印顶端标题行　　　　　　　　B. 打印左端标题列
    C. 标题行重复　　　　　　　　　　D. 标题列重复

163. 在Word 2010中,如果在输入的文字或标点下面出现红色波浪线,表示(　　),可用"审阅"功能区中的"拼写和语法"来检查。
    A. 拼写和语法错误　　　　　　　　B. 句法错误
    C. 系统错误　　　　　　　　　　　D. 其他错误

164. 在Word 2010中若某一段落的行距如果不特别设置,则由Word 2010根据该字符的大小自动调整,此行距称为(　　)行距。
    A. 1.5倍行距　　　　　　　　　　B. 单倍行距
    C. 固定值　　　　　　　　　　　　D. 最小值

165. 在Word 2010中提供了单倍、多倍、固定行距等(　　)种行间距选择。
    A. 5　　　　　　　　　　　　　　B. 6
    C. 7　　　　　　　　　　　　　　D. 8

166. 在Word 2010中欲选定文档中的一个矩形区域,应在拖动鼠标前按下列哪个键不放(　　)。
    A. [Ctrl]　　　　　　　　　　　　B. [Alt]
    C. [Shift]　　　　　　　　　　　　D. 空格

167. 在编辑表格的过程中,如何在改变表格中某列宽度的时候,不影响其他列的宽度(　　)。
    A. 直接拖动某列的右边线
    B. 直接拖动某列的左边线
    C. 拖动某列右边线的同时,按住[Shift]键
    D. 拖动某列右边线的同时,按住[Ctrl]键

168. 在某行下方快速插入一行最简便的方法是将光标置于此行最后一个单元格的右边,按(　　)键。
    A. [Ctrl]　　　　　　　　　　　　B. [Shift]
    C. [Alt]　　　　　　　　　　　　　D. 回车

169. 在选定了整个表格之后,若要删除整个表格中的内容,以下哪个操作正确(　　)。
    A. 单击"表格"菜单中的"删除表格"命令
    B. 按[Delete]键

C. 按[Space]键
D. 按[Esc]键

170. 字号中阿拉伯字号越大,表示字符越____,中文字号越大,表示字符越____。(   )
    A. 大、小   B. 小、大
    C. 不变   D. 大、大

171. Word 2010中,以下哪种操作可以使在下层的图片移置于上层。(   )
    A. "绘图工具"选项中的"下移一层"
    B. "绘图工具"选项中的"上移一层"
    C. "开始"选项中的"上移一层"
    D. "开始"选项中的"下移一层"

172. Excel 2010中,在单元格中输入文字时,缺省的对齐方式是(   )。
    A. 左对齐   B. 右对齐
    C. 居中对齐   D. 两端对齐

173. 如果要在工作表的某单元格内输入两行字符,在输入完第一行后,应当按(   )再输入第二行。
    A. [Enter]   B. [Alt]+[Enter]
    C. [Ctrl]+[Enter]   D. [↓]

174. Excel 2010中,排序对话框中的"升序"和"降序"指的是(   )。
    A. 数据的大小   B. 排列次序
    C. 单元格的数目   D. 以上都不对

175. Excel 2010中,如果给某单元格设置的小数位数为2,则输入100时显示(   )。
    A. 100.00   B. 10000
    C. 1   D. 100

176. Excel 2010中,若选定多个不连续的行所用的键是(   )。
    A. [Shift]   B. [Ctrl]
    C. [Alt]   D. [Shift]+[Ctrl]

177. Excel 2010中,若在工作表中插入一列,则一般插在当前列的(   )。
    A. 左侧   B. 上方
    C. 右侧   D. 下方

178. Excel 2010中,使用"重命名"命令后,则下面说法正确的是(   )。
    A. 只改变工作表的名称   B. 只改变它的内容
    C. 既改变名称又改变内容   D. 既不改变名称又不改变内容

179. Excel 2010中,添加边框、颜色操作要进入哪个选项(   )。
    A. 文件   B. 视图
    C. 开始   D. 审阅

180. Excel 2010中,为表格添加边框的错误的操作是(   )。
    A. 单击"开始"功能区的"字体"组
    B. 单击"开始"功能区的"对齐方式"
    C. 单击"开始"菜单中"数字"组

D. 单击"开始"功能区的"编辑"组

181. Excel 2010 中，一个完整的函数包括（   ）。
    A. "="和函数名　　　　　　　　B. 函数名和变量
    C. "="和变量　　　　　　　　　D. "="、函数名和变量

182. Excel 2010 中，在对某个数据库进行分类汇总之前，必须（   ）。
    A. 不应对数据排序
    B. 使用数据记录单
    C. 应对数据库的分类字段进行排序
    D. 设置筛选条件

183. Excel 单元格中，手动换行的方法是（   ）。
    A. [Ctrl]+[Enter]　　　　　　　B. [Alt]+[Enter]
    C. [Shift]+[Enter]　　　　　　　D. [Ctrl]+[Shift]

184. Excel 2010 中，下面哪一个选项不属于"单元格格式"对话框中"数字"选项卡中的内容（   ）。
    A. 字体　　　　　　　　　　　　B. 货币
    C. 日期　　　　　　　　　　　　D. 自定义

185. Excel 2010 中分类汇总的默认汇总方式是（   ）。
    A. 求和　　　　　　　　　　　　B. 求平均
    C. 求最大值　　　　　　　　　　D. 求最小值

186. Excel 2010 中取消工作表的自动筛选后（   ）。
    A. 工作表的数据消失　　　　　　B. 工作表恢复原样
    C. 只剩下符合筛选条件的记录　　D. 不能取消自动筛选

187. Excel 2010 中向单元格输入 3/5，Excel 会认为是（   ）。
    A. 分数 3/5　　　　　　　　　　B. 日期 3月5日
    C. 小数 3.5　　　　　　　　　　D. 错误数据

188. 给工作表设置背景，可以通过下列哪个选项卡完成（   ）。
    A. "开始"选项卡　　　　　　　　B. "视图"选项卡
    C. "页面布局"选项卡　　　　　　D. "插入"选项

189. 关于 Excel 2010 文件保存，哪种说法错误（   ）。
    A. Excel 2010 文件可以保存为多种类型的文件
    B. 高版本的 Excel 2010 的工作簿不能保存为低版本的工作簿
    C. 高版本的 Excel 2010 的工作簿可以打开低版本的工作簿
    D. 要将本工作簿保存在别处，不能选"保存"，要选"另存为"

190. 关于公式 =Average(A2:C2 B1:B10) 和公式 =Average(A2:C2,B1:B10)，下列说法正确的是（   ）。
    A. 计算结果一样的公式
    B. 第一个公式写错了，没有这样的写法的
    C. 第二个公式写错了，没有这样的写法的
    D. 两个公式都对

191. 求和的函数是（　　）。
    A. AVERAGE B. MIN
    C. SUM D. MAX

192. 如果 Excel 2010 某单元格显示为♯DIV/0,这表示（　　）。
    A. 除数为零 B. 格式错误
    C. 行高不够 D. 列宽不够

193. 如果删除的单元格是其他单元格的公式所引用的,那么这些公式将会显示（　　）。
    A. ♯♯♯♯♯♯♯ B. ♯REF!
    C. ♯VALUE! D. ♯NUM

194. 如果想插入一条水平分页符,活动单元格应（　　）。
    A. 放在任何区域均可 B. 放在第一行 A1 单元格除外
    C. 放在第一列 A1 单元格除外 D. 无法插入

195. 如果要打印行号和列标,应该通过【页面设置】对话框中的哪一个选项卡进行设置（　　）。
    A. 页面 B. 页边距
    C. 页眉/页脚 D. 工作表

196. 如要在 Excel 2010 输入分数形式:1/3,下列方法正确的是（　　）。
    A. 直接输入 1/3
    B. 先输入单引号,再输入 1/3
    C. 先输入 0,然后空格,再输入 1/3
    D. 先输入双引号,再输入 1/3

197. 若 A1 内容是"中国好",B1 内容是"中国好大",C1 内容是"中国好大一个国家",下面关于查找的说法,正确的是（　　）。
    A. 查找"中国好",三个单元格都可能找到
    B. 查找"中国好",只找到 A1 单元格
    C. 只有查找"中国好＊",才能找到三个单元格
    D. 查找"中国好",后面加了一个空格,才表示只查三个字,后面没内容了,可以只找到 A1 单元格

198. 下列函数,能对数据进行绝对值运算的是（　　）。
    A. ABS B. ABX
    C. EXP D. INT

199. 下列哪个格式可以将数据单位定义为"万元",且带两位小数（　　）。
    A. 0.00 万元 B. 0!.00 万元
    C. 0/10000.00 万元 D. 0!.00,万元

200. 下列删除单元格的方法,正确的是（　　）。
    A. 选中要删除的单元格,按[Del]键
    B. 选中要删除的单元格,按剪切按钮
    C. 选中要删除的单元格,按[Shift]+[Del]键
    D. 选中要删除的单元格,使用右键菜单中的删除单元格命令

201. 下面哪种操作可能破坏单元格数据有效性( )。
    A. 在该单元格中输入无效数据
    B. 在该单元格中输入公式
    C. 复制别的单元格内容到该单元格
    D. 该单元格本有公式引用别的单元格,别的单元格数据变化后引起有效性被破坏
202. 下面有关 Excel 2010 工作表、工作簿的说法中,正确的是( )。
    A. 一个工作簿可包含多个工作表,缺省工作表名为 Sheet1/Sheet2/Sheet3
    B. 一个工作簿可包含多个工作表,缺省工作表名为 book1/book2/book3
    C. 一个工作表可包含多个工作簿,缺省工作表名为 Sheet1/Sheet2/Sheet3
    D. 一个工作表可包含多个工作簿,缺省工作表名为 book1/book2/book3
203. 现 A1 和 B1 中分别有内容 12 和 34,在 C1 中输入公式"=A1&B1",则 C1 中的结果是( )。
    A. 1234   B. 12
    C. 34   D. 46
204. 选择 A1:C1,A3:C3,然后右键复制,这时候( )。
    A. "不能对多重区域选定使用此命令"警告
    B. 无任何警告,粘贴也能成功
    C. 无任何警告,但是粘贴不会成功
    D. 选定不连续区域,右键根本不能出现复制命令
205. 已知 Excel 2010 某工作表中的 D1 单元格等于 1,D2 单元格等于 2,D3 单元格等于 3,D4 单元格等于 4,D5 单元格等于 5,D6 单元格等于 6,则 SUM(D1:D3,D6)的结果是( )。
    A. 10   B. 6
    C. 12   D. 21
206. 已知单元格 A1 中存有数值 563.68,若输入函数=INT(A1),则该函数值为( )。
    A. 563.7   B. 563.78
    C. 563   D. 563.8
207. 以下不属于 Excel 2010 中的算术运算符的是( )。
    A. /   B. %
    C. ^   D. <>
208. 以下不属于 Excel 2010 中数字分类的是( )。
    A. 常规   B. 货币
    C. 文本   D. 条形码
209. 以下关于 Excel 2010 的缩放比例,说法正确的是( )。
    A. 最小值 10%,最大值 500%   B. 最小值 5%,最大值 500%
    C. 最小值 10%,最大值 400%   D. 最小值 5%,最大值 400%
210. 以下哪种情况一定会导致"设置单元格格式"对话框只有"字体"一个选项卡( )。
    A. 安装了精简版的 Excel   B. Excel 中毒了
    C. 单元格正处于编辑状态   D. Excel 运行出错了,重启即可解决
211. 以下填充方式( )不是属于 Excel 2010 的填充方式。

A. 等差填充 B. 等比填充
C. 排序填充 D. 日期填充

212. 有关 Excel 2010 打印以下说法错误的理解是（　　）。
 A. 可以打印工作表 B. 可以打印图表
 C. 可以打印图形 D. 不可以进行任何打印

213. 在"编辑"菜单的"移动与复制工作表"对话框中，若将 Sheet1 工作表移动到 Sheet2 之后、Sheet3 之前，则应选择（　　）。
 A. Sheet1 B. Sheet2
 C. Sheet3 D. Sheet4

214. 在 Excel 2010 的分类汇总功能中，最常用的是对分类数据求（　　）。
 A. 求和 B. 求最大值
 C. 求平均值 D. 求最小值

215. 在 Excel 2010 中，插入的行默认是在选中行的（　　）。
 A. 下方 B. 左侧
 C. 右侧 D. 上方

216. 在 Excel 2010 中，工作簿的基本组成元素是（　　）。
 A. 单元格 B. 文字
 C. 工作表 D. 单元格区域

217. 在 Excel 2010 中，仅把某单元格的批注复制到另外单元格中，方法是（　　）。
 A. 复制原单元格，到目标单元格执行粘贴命令
 B. 复制原单元格，到目标单元格执行选择性粘贴命令
 C. 使用格式刷
 D. 将两个单元格链接起来

218. 在 Excel 2010 中，可以通过（　　）功能区对所选单元格进行数据筛选，筛选出符合你要求的数据。
 A. 开始 B. 插入
 C. 数据 D. 审阅

219. 在 Excel 2010 中，默认保存后的工作簿格式扩展名是（　　）。
 A. *.xlsx B. *.xls
 C. *.htm D. *.ptx

220. 在 Excel 2010 中，如果要改变行与行、列与列之间的顺序，应按住（　　）键不放，结合鼠标进行拖动。
 A. ［Ctrl］ B. ［Shift］
 C. ［Alt］ D. 空格

221. 在 Excel 2010 中，为了使以后在查看工作表时能了解某些重要的单元格的含义，则可以给其添加（　　）。
 A. 批注 B. 公式
 C. 特殊符号 D. 颜色标记

222. 在 Excel 2010 中，下面关于分类汇总的叙述错误的是（　　）。

A. 分类汇总前必须按关键字段排序
B. 进行一次分类汇总时的关键字段只能针对一个字段
C. 分类汇总可以删除,但删除汇总后排序操作不能撤销
D. 汇总方式只能是求和

223. 在 Excel 2010 中,右击工作表标签,弹出的菜单中的"重命名"命令,则下面说法正确的是( )。
    A. 只改变工作表的名称 B. 只改变它的内容
    C. 既改变名称又改变内容 D. 既不改变名称又不改变内容

224. 在 Excel 2010 中,在( )功能区可进行工作簿视图方式的切换。
    A. 开始 B. 页面布局
    C. 审阅 D. 视图

225. 在 Excel 2010 中,最多可以按多少个关键字排序( )。
    A. 3 B. 8
    C. 32 D. 64

226. 在 Excel 2010 中套用表格格式后,会出现( )功能区选项卡。
    A. 图片工具 B. 表格工具
    C. 绘图工具 D. 其他工具

227. 在 Excel 2010 中要改变"数字"格式可使用"单元格格式"对话框的哪个选项( )。
    A. 对齐 B. 文本
    C. 数字 D. 字体

228. 在 Excel 2010 中要录入身份证号,数字分类应选择( )格式。
    A. 常规 B. 数字(值)
    C. 科学计数 D. 文本

229. 在 Excel 2010 中要想设置行高、列宽,应选用( )功能区中的"格式"命令。
    A. 开始 B. 插入
    C. 页面布局 D. 视图

230. 在 Excel 2010 中在一个单元格中输入数据为 1.678E+05,它与( )相等。
    A. 1.67805 B. 1.6785
    C. 6.678 D. 167800

231. 在 Excel 2010 数据透视表的数据区域默认的字段汇总方式是( )。
    A. 平均值 B. 乘积
    C. 求和 D. 最大值

232. 在 Excel 2010 中,用以下哪项表示比较条件式逻辑"假"的结果( )。
    A. 0 B. FALSE
    C. 1 D. ERR

233. 在 Excel 2010 中,工作簿一般是由下列哪一项组成( )。
    A. 单元格 B. 文字
    C. 工作表 D. 单元格区域

234. 在 Excel 2010 中,若单元格 C1 中公式为=A1+B2,将其复制到 E5 单元格,则 E5 中的

公式是（　　）。
A．＝C3＋A4　　　　　　　　　B．＝C5＋D6
C．＝C3＋D4　　　　　　　　　D．＝A3＋B4

235．在 Excel 2010 中函数 MIN(10,7,12,0)的返回值是（　　）。
A．10　　　　　　　　　　　　B．7
C．12　　　　　　　　　　　　D．0

236．在 Excel 2010 中（　　）跟踪超链接。
A．［Ctrl］＋鼠标单击　　　　　B．［Shift］＋鼠标单击
C．鼠标单击　　　　　　　　　D．鼠标双击

237．在 Excel 2010 中为了移动分页符,必须处于（　　）方式。
A．普通视图　　　　　　　　　B．分页符预览
C．打印预览　　　　　　　　　D．缩放视图

238．在 Excel 2010 中要将光标直接定位到 A1,可以按（　　）。
A．［Ctrl］＋［Home］　　　　　B．［Home］
C．［Shift］＋［Home］　　　　　D．［PgUp］

239．在 Excel 2010 中有一个数据非常多的成绩表,从第二页到最后页均不能看到每页最上面的行表头,应（　　）解决。
A．设置打印区域　　　　　　　B．设置打印标题行
C．设置打印标题列　　　　　　D．无法实现

240．在 Sheet1 的 C1 单元格中输入公式"＝Sheet2！A1＋B1",则表示将 Sheet2 中 A1 单元格数据与（　　）。
A．Sheet1 中 B1 单元的数据相加,结果放在 Sheet1 中 C1 单元格中
B．Sheet1 中 B1 单元的数据相加,结果放在 Sheet2 中 C1 单元格中
C．Sheet2 中 B1 单元的数据相加,结果放在 Sheet1 中 C1 单元格中
D．Sheet2 中 B1 单元的数据相加,结果放在 Sheet2 中 C1 单元格中

241．在单元格中输入"＝Average(10,－3)－PI()",则显示（　　）。
A．大于 0 的值　　　　　　　　B．小于 0 的值
C．等于 0 的值　　　　　　　　D．不确定的值

242．在工作表中,第 28 列的列标表示为（　　）。
A．AA　　　　　　　　　　　　B．AB
C．AC　　　　　　　　　　　　D．AD

243．"横向分布"针对（　　）及以上的对象。
A．2　　　　　　　　　　　　　B．3
C．4　　　　　　　　　　　　　D．5

244．PowerPoint 2010 母版有（　　）种类型。
A．3　　　　　　　　　　　　　B．4
C．5　　　　　　　　　　　　　D．6

245．PowerPoint 2010 中,"自定义动画"的添加效果是（　　）。
A．进入,退出　　　　　　　　　B．进入,强调,退出

C. 进入,强调,退出,动作路径　　　　D. 进入,退出,动作路径

246. PowerPoint 2010 中,从当前幻灯片开始放映的快捷键说法正确的是(　　)。
    A. [F2]　　　　　　　　　　　　B. [F5]
    C. [Shift]+[F5]　　　　　　　　D. [Ctrl]+[P]

247. PowerPoint 2010 中,快速复制一张同样的幻灯片,快捷键是(　　)。
    A. [Ctrl]+[C]　　　　　　　　　B. [Ctrl]+[X]
    C. [Ctrl]+[V]　　　　　　　　　D. [Ctrl]+[D]

248. PowerPoint 2010 中,如果一组幻灯片中的几张暂时不想让观众看见,最好使用的方法是(　　)。
    A. 隐藏这些幻灯片
    B. 删除这些幻灯片
    C. 新建一组不含这些幻灯片的演示文稿
    D. 自定义放映方式时,取消这些幻灯片

249. PowerPoint 2010 中,要将制作好的 PPT 打包,应在(　　)选项卡中操作。
    A. 开始　　　　　　　　　　　　B. 插入
    C. 文件　　　　　　　　　　　　D. 设计

250. PowerPoint 2010 中,以下(　　)中插入徽标可以使其在每张幻灯片上的位置自动保持相同。
    A. 讲义母版　　　　　　　　　　B. 幻灯片母版
    C. 标题母版　　　　　　　　　　D. 备注母版

251. PowerPoint 2010 中的段落对齐有(　　)个种类。
    A. 3　　　　　　　　　　　　　B. 4
    C. 5　　　　　　　　　　　　　D. 6

252. 超级链接只有在下列哪种视图中才能被激活(　　)。
    A. 幻灯片视图　　　　　　　　　B. 大纲视图
    C. 幻灯片浏览视图　　　　　　　D. 幻灯片放映视图

253. 关于 PowerPoint 2010 的母版,以下说法中错误的是(　　)。
    A. 可以自定义幻灯片母版的版式
    B. 可以对母版进行主题编辑
    C. 可以对母版进行背景设置
    D. 在母版中插入图片对象后,在幻灯片中可以根据需要进行编辑

254. 关于 PowerPoint 2010 的自定义动画功能,以下说法错误的是(　　)。
    A. 各种对象均可设置动画　　　　B. 动画设置后,先后顺序不可改变
    C. 同时还可配置声音　　　　　　D. 可将对象设置成播放后隐藏

255. 幻灯片中占位符的作用是(　　)。
    A. 表示文本的长度　　　　　　　B. 限制插入对象的数量
    C. 表示图形的大小　　　　　　　D. 为文本、图形预留位置

256. 讲义母版包含几个占位符控制区(　　)。
    A. 3　　　　　　　　　　　　　B. 4

C. 5　　　　　　　　　　　　D. 6

257. 某一文字对象设置了超级链接后,不正确的说法是(　　)。
　　A. 在演示该页幻灯片时,当鼠标指针移到文字对象上会变成手形
　　B. 在幻灯片视图窗格中,当鼠标指针移到文字对象上会变成手形
　　C. 该文字对象的颜色会默认的主题效果显示
　　D. 可以改变文字的超级链接颜色

258. 下列幻灯片元素中,(　　)无法打印输出。
　　A. 幻灯片图片　　　　　　　　B. 幻灯片动画
　　C. 母版设置的企业标记　　　　D. 幻灯片

259. 要对幻灯片进行保存、打开、新建、打印等操作时,应在(　　)选项卡中操作。
　　A. 文件　　　　　　　　　　　B. 开始
　　C. 设计　　　　　　　　　　　D. 审阅

260. 要对幻灯片母版进行设计和修改时,应在(　　)选项卡中操作。
　　A. 设计　　　　　　　　　　　B. 审阅
　　C. 插入　　　　　　　　　　　D. 视图

261. 要设置幻灯片的切换效果以及切换方式时,应在(　　)选项卡中操作。
　　A. 开始　　　　　　　　　　　B. 设计
　　C. 切换　　　　　　　　　　　D. 动画

262. 要设置幻灯片中对象的动画效果以及动画的出现方式时,应在(　　)选项卡中操作。
　　A. 切换　　　　　　　　　　　B. 动画
　　C. 设计　　　　　　　　　　　D. 审阅

263. 要在幻灯片中插入表格、图片、艺术字、视频、音频等元素时,应在(　　)选项卡中操作。
　　A. 文件　　　　　　　　　　　B. 开始
　　C. 插入　　　　　　　　　　　D. 设计

264. 以下说法正确的是(　　)。
　　A. 没有标题文字,只有图片或其他对象的幻灯片,在大纲中是不反映出来的
　　B. 大纲视图窗格是可以用来编辑修改幻灯片中对象的位置
　　C. 备注页视图中的幻灯片是一张图片,可以被拖动
　　D. 对应于四种视图,PowerPoint 有四种母版

265. 在 PowerPoint 2010 中,大纲工具栏无法实现的功能是(　　)。
　　A. 升级　　　　　　　　　　　B. 降级
　　C. 摘要　　　　　　　　　　　D. 版式

266. 在 PowerPoint 2010 中,取消幻灯片中的对象的动画效果可通过执行以下(　　)命令来实现。
　　A. "幻灯片放映"功能区中的"自定义幻灯片放映"命令
　　B. "幻灯片放映"功能区中的"设置幻灯片放映"命令
　　C. "幻灯片放映"功能区中的"隐藏幻灯片"命令
　　D. "动画"功能区中的"效果选项"命令

267. 在 PowerPoint 2010 中,默认的视图模式是(　　)。

A. 普通视图 B. 阅读视图
C. 幻灯片浏览视图 D. 备注视图

268. 在PowerPoint 2010中,为所有幻灯片设置统一的、特有的外观风格,应运用( )。
A. 母版 B. 自动版式
C. 配色方案 D. 联机协作

269. 在PowerPoint 2010中,占位符的实质是( )。
A. 一种特殊符号 B. 一种特殊的文本框
C. 含有提示信息的对象框 D. 在所有的幻灯片版式中都存在的一种对象

270. 在PowerPoint文档中能添加下列( )对象。
A. Excel图表 B. 电影和声音
C. Flash动画 D. 以上都对

271. 在大纲视图窗格中输入演示文稿的标题时,执行下列( )操作,可以在幻灯片的大标题后面输入小标题。
A. 右键"升级" B. 右键"降级"
C. 右键"上移" D. 右键"下移"

272. 在幻灯片放映时要临时涂写,应该( )。
A. 按住右键直接拖曳
B. 右击,选"指针选项"/"箭头"
C. 右击,选"指针选项",选"笔"及"墨迹颜色"
D. 右击,选"指针选项"/"屏幕"

273. 在幻灯片浏览视图,以下哪项操作是无法进行的操作( )。
A. 插入幻灯片 B. 删除幻灯片
C. 改变幻灯片的顺序 D. 编辑幻灯片中的占位符的位置

274. 在幻灯片母版设置中,可以起到以下( )的作用。
A. 统一整套幻灯片的风格 B. 统一标题内容
C. 统一图片内容 D. 统一页码

275. 在幻灯片视图窗格中,要删除选中的幻灯片,不能实现的操作是( )。
A. 按下键盘上的[Delete]的键
B. 按下键盘上的[Backspace]键
C. 右键菜单中的"隐藏幻灯片"命令
D. 右键菜单中的"删除幻灯片"命令

276. 用来补偿数字信号在传输过程中的衰减损失的设备是( )。
A. 集线器 B. 中继器
C. 调制解调器 D. 路由器

277. 目前局域网的传播介质(媒体)主要是同轴电缆、双绞线和( )。
A. 通信卫星 B. 公共数据网
C. 电话线 D. 光纤

278. 为了把工作站、服务器等智能设备联入一个网络中,需要在设备上接入一个网络接口板,这网络接口板称为( )。

A. 网卡 B. 网关
C. 网桥 D. 网间连接器

279. 在计算机网络中,( )为局域网。
A. WAN B. Internet
C. MAN D. LAN

280. 为了能在网络上正确地传送信息,制定了一整套关于传输顺序、格式、内容和方式的约定,称之为( )。
A. OSI 参考模型 B. 网络操作系统
C. 通信协议 D. 网络通信软件

281. 为网络提供共享资源并对这些资源进行管理的计算机称之为( )。
A. 网卡 B. 服务器
C. 工作站 D. 网桥

282. 在局域网中,网络硬件主要包括:( )、工作站、网络适配器和通信介质。
A. 网络服务器 B. Modem
C. 打印机 D. 中继站

283. 开放系统互联参考模型的基本结构分为( )层。
A. 4 B. 5
C. 6 D. 7

284. 以下( )设备是有线局域网上必备的硬件。
A. 网卡 B. 声卡
C. 视频卡 D. Modem

285. 要实现网络通信必须具备三个条件,以下条件中不必需的是( )。
A. 解压缩卡 B. 网络协议
C. 网络服务器/客户机 D. 网络接口卡

286. 网卡的主要功能不包括( )。
A. 网络互联 B. 将计算机连接到通信介质上
C. 实现数据传输 D. 进行电信号匹配

287. 数据通信中的信道传输速率单位比特率 bps 的含义是( )。
A. Bits per second B. Bytes per second
C. 每秒电位变化的次数 D. 每秒传送多少个数据

288. 最早出现的计算机网是( )。
A. ARPANET B. ETHERNET
C. BITNET D. Internet

289. 局域网常用的网络拓扑结构是( )。
A. 星型和环型 B. 总线型、星型和树型
C. 总线型和树型 D. 总线型、星型和环型

290. 当数字信号在模拟传输系统中传送时,在发送端和接收端分别需要( )。
A. 调制器和解调器 B. 解调器和调制器
C. 编码器和解码器 D. 解码器和编码器

291. 计算机网络最突出的特点是（　　）。
    A. 精度高　　　　　　　　　　　B. 共享资源
    C. 可以分工协作　　　　　　　　D. 传递信息
292. 下列各数据信息中，（　　）是模拟数据。
    A. 二进制数据　　　　　　　　　B. 计算机键盘键入的信号
    C. 电视图像信号　　　　　　　　D. 文本信息
293. 下面对数据通信方式的说法中正确的是（　　）。
    A. 通信方式包括单工通信、双工通信、半单工通信、半双工通信
    B. 单工通信是指通信线路上的数据有时可以按单一方向传送
    C. 全双工通信是指一个通信线路上允许数据同时双向通信
    D. 半双工通信是指通信线路上的数据有时是单向通信，有时是双向通信
294. 在因特网上，一台主机的 IP 地址由（　　）个字节组成。
    A. 3　　　　　B. 4　　　　　C. 5　　　　　D. 任意
295. 所谓互联网，指的是（　　）。
    A. 同种类型的网络及其产品相互连接起来
    B. 同种或异种类型的网络及其产品相互连接起来
    C. 大型主机与远程终端相互连接起来
    D. 若干台大型主机相互连接起来
296. 已知接入 Internet 网的计算机用户名为 Xinhua，而连接的服务器主机名为 public.tpt.fj.cn，相应的 E－mail 地址应为（　　）。
    A. Xinhua@public.tpt.fj.cn　　　　B. @Xinhua.public.tpt.fj.cn
    C. Xinhua.public@.tpt.fj.cn　　　　D. public.tpt.fj.cn@Xinhua
297. 在目前因特网上广泛使用的 WWW 中的服务器文件是使用（　　）语言描述的。
    A. HTTP　　　　　　　　　　　B. HTML
    C. BASIC　　　　　　　　　　　D. WWW
298. 用户想要在网上查询 WWW 信息，必须安装并运行一个被称为（　　）的软件。
    A. HTTP　　　　　　　　　　　B. YAHOO
    C. 浏览器　　　　　　　　　　　D. 万维网
299. 从 www.uste.edu.cn 可以看出，它是中国（　　）的一个网站。
    A. 政府部门　　　　　　　　　　B. 军事部门
    C. 工商部门　　　　　　　　　　D. 教育部门
300. 下面表示邮件地址的是（　　）。
    A. gz.com.cn　　　　　　　　　B. 197.120.241.2
    C. t18_29@home.net　　　　　　D. mail.sina.com
301. 下列选项是 IP 地址的是（　　）。
    A. SJZ Vocational Railway Engineering Institute
    B. pku.edu.cn
    C. Zhengjiahui@hotmail.com
    D. 202.201.18.21

302. Internet上文件的传送,通常采用超文本传输协议,它的正确缩写是(   )。
    A. TCP   B. IP
    C. FTP   D. HTTP
303. 电子邮件中,在用户名和主机之间用(   )符号隔开。
    A. ://   B. /
    C. \   D. @
304. 目前,Internet为人们提供信息查询的最主要服务方式是(   )的。
    A. Telnet服务   B. FTP服务
    C. WWW服务   D. WAIS服务
305. FTP在计算机网络中的含义是(   )。
    A. 远程登录   B. 文件传输协议
    C. 超文本链接   D. 公告牌
306. 用户的电子邮件信箱是(   )。
    A. 通过邮局申请的个人信箱   B. 邮件服务器内存中的一块区域
    C. 邮件服务器硬盘上的一块区域   D. 用户计算机硬盘上的一块区域
307. 下列叙述中,错误的是(   )。
    A. 发送电子邮件时,一次发送操作只能发送给一个接收者
    B. 收发电子邮件时,接收方无须了解对方的电子邮件地址就能发回信
    C. 向对方发送电子邮件时,并不要求对方一定处于开机状态
    D. 使用电子邮件的首要条件是拥有一个电子信箱
308. 在Internet中,人们通过WWW浏览器观看的有关企业或个人信息的第一个页面称为(   )。
    A. 网页   B. 统一资源定位器
    C. 网址   D. 主页
309. TCP/IP实际上是一组(   )。
    A. 广域网技术   B. 支持同种计算机(网络)互联的通信协议
    C. 局域网技术   D. 支持异种计算机(网络)互联的通信协议
310. 如果电子邮件到达时,你的电脑没有开机,那么电子邮件将(   )。
    A. 退回给发信人   B. 保存在服务商的主机上
    C. 过一会儿对方再重新发送   D. 永远不再发送
311. 数据库系统的核心部分是(   )。
    A. 数据模型   B. 数据库
    C. 计算机硬件   D. 数据库管理系统
312. 关系数据库管理系统能实现的关系运算包括(   )。
    A. 排序、索引、统计   B. 选择、投影、连接
    C. 关联、更新、排序   D. 显示、打印、制表
313. 数据库DB、数据库系统DBS、数据库管理系统DBMS三者之间的关系是(   )。
    A. DB包括DBS和DBMS   B. DBS包括DB和DBMS
    C. DBMS包括DBS   D. DBS包括DB,但不包括DBMS

314. 目前多媒体计算机中对动态图像数据压缩常采用（　　）。
　　A．JPEG　　　　　　　　　　B．GIF
　　C．MPEG　　　　　　　　　　D．BMP
315. JPEG 是（　　）图像压缩编码标准。
　　A．静态　　　　　　　　　　B．动态
　　C．点阵　　　　　　　　　　D．矢量
316. 下面（　　）是常用的图像处理软件。
　　A．Access　　　　　　　　　　B．Photoshop
　　C．PowerPoint　　　　　　　　D．金山影霸
317. 把时间连续的模拟信号转换为在时间上离散，幅度上连续的模拟信号的过程称为（　　）。
　　A．数字化　　　　　　　　　　B．信号采样
　　C．量化　　　　　　　　　　　D．编码
318. 下列文件格式存储的图像，在缩放过程中不易失真的是（　　）。
　　A．bmp　　　　　　　　　　　B．psd
　　C．jpg　　　　　　　　　　　　D．cdr
319. 在动画制作中，一般帧速选择为（　　）。
　　A．30 帧/秒　　　　　　　　　B．60 帧/秒
　　C．120 帧/秒　　　　　　　　 D．90 帧/秒
320. 用树型结构来表示实体之间联系的模型称为（　　）。
　　A．关系模型　　　　　　　　　B．层次模型
　　C．网状模型　　　　　　　　　D．数据模型
321. 关系数据库管理系统存储与管理数据的基本形式是（　　）。
　　A．关系树　　　　　　　　　　B．二维表
　　C．结点路径　　　　　　　　　D．文本文件
322. 数据库系统中数据的最小单位是（　　）。
　　A．文件　　　　　　　　　　　B．记录
　　C．数据项　　　　　　　　　　D．数组
323. 数据库系统具有（　　）等特点。
　　A．数据的结构化　　　　　　　B．较高程度的数据共享
　　C．较小的冗余度　　　　　　　D．三者都是
324. 程序的3种基本控制结构是（　　）。
　　A．过程、子过程和子程序　　　B．顺序、选择和循环
　　C．递归、堆栈和队列　　　　　D．调用、返回和转移
325. 对建立良好的程序设计风格，下列描述正确的是（　　）。
　　A．程序应简单、清晰、可读性好　　B．符号名的命名只要符合语法
　　C．充分考虑程序的执行效率　　　　D．程序的注释可有可无
326. 栈和队列的共同点是（　　）。
　　A．都是先进后出

B. 都是先进先出

C. 只允许在端点处插入和删除元素

D. 没有共同点

327. 数据的存储结构是指（　　）。
    A. 数据所占的存储空间量
    B. 数据的逻辑结构在计算机中的表示
    C. 数据在计算机中的存储方式
    D. 存储在外存中的数据

328. 软件生存周期通常将软件开发划分为（　　）。
    A. 软件定义、软件开发和软件维护
    B. 软件定义、程序设计和程序调试
    C. 软件定义、软件测试和软件维护
    D. 可行性分析、需求分析和系统分析

329. 数据结构中，与所使用的计算机无关的是数据的（　　）。
    A. 存储结构
    B. 物理结构
    C. 逻辑结构
    D. 物理和存储结构

330. 对线性表进行折半查找时，要求线性表必须（　　）。
    A. 以顺序方式存储
    B. 以链接方式存储
    C. 以顺序方式存储，且结点按关键字排序
    D. 以链接方式存储，且结点按关键字排序

331. 在计算机中，算法是指（　　）。
    A. 查询方法
    B. 加工方法
    C. 解题方案的准确而完整的描述
    D. 排序方法

332. 下列叙述中正确的是（　　）。
    A. 线性表是线性结构
    B. 栈与队列是非线性结构
    C. 线性链表是非线性结构
    D. 二叉树是线性结构

333. 结构化程序设计主要强调的是（　　）。
    A. 程序的规模
    B. 程序的易读性
    C. 程序的执行效率
    D. 程序的可移植性

334. 以下数据结构中不属于线性数据结构的是（　　）。
    A. 队列
    B. 线性表
    C. 二叉树
    D. 栈

335. 在下列选项中，（　　）不是一个算法一般应该具有的基本特征。
    A. 确定性
    B. 可行性
    C. 无穷性
    D. 输入和输出

336. 数据的存储结构是指（　　）。
    A. 数据所占的存储空间量
    B. 数据的逻辑结构在计算机中的表示
    C. 数据在计算机中的顺序存储方式
    D. 存储在外存中的数据

337. 下列关于栈的叙述正确的是（   ）。
    A. 在栈中只能插入数据   B. 在栈中只能删除数据
    C. 栈是先进先出的线性表   D. 栈是先进后出的线性表

338. 一般来说，要求声音的质量越高，则（   ）。
    A. 分辨率越低和采样频率越低 B. 分辨率越高和采样频率越低
    C. 分辨率越低和采样频率越高 D. 分辨率越高和采样频率越高

339. 影响视频质量的主要因素是（   ）。
    (1)数据速率   (2)信噪比   (3)压缩比   (4)显示分辨率
    A. 仅(1)   B. (1)(2)
    C. (1)(3)   D. 全部

340. 位图与矢量图比较，可以看出（   ）。
    A. 位图比矢量图占用空间更少
    B. 位图与矢量图占用空间相同
    C. 对于复杂图形，位图比矢量图画对象更快
    D. 对于复杂图形，位图比矢量图画对象更慢

341. 现代信息系统中常提到的"多媒体"是指（   ）。
    A. 存储信息的媒介载体   B. 承载信息的媒体
    C. 声卡、CD-ROM   D. 图像、声音

342. （   ）是多媒体技术最主要的特征。
    A. 数字化   B. 集成性
    C. 多样性   D. 交互性

343. 通常，计算机显示器采用的颜色模型是（   ）。
    A. RGB 模型   B. CMYK 模型
    C. Lab 模型   D. HSB 模型

344. 一首立体声 MP3 歌曲的播放时间是 3 分钟 20 秒，其采样频率为 22.05 kHz，量化位数为 8 位，问其所占的存储空间约为（   ）。
    A. 2.1M   B. 4.2M
    C. 8.4M   D. 16.8M

345. 在一个关系中，能够唯一确定一个元组的属性或属性组合叫作（   ）。
    A. 索引码   B. 关键字
    C. 域   D. 排序码

346. 对于"关系"的描述，正确的是（   ）。
    A. 同一个关系中允许有关键字相同的元组
    B. 同一关系中元组必须按关键字升序存放
    C. 在一个关系中必须将关键字作为该关系的第一个属性
    D. 同一个关系中不能出现相同的属性名

347. 当程序经过编译或汇编以后，形成了一种由机器指令组成的集合，被称为（   ）。
    A. 源翻译   B. 目标程序
    C. 可执行程序   D. 非执行程序

附 选择题参考答案

1. C	2. D	3. D	4. D	5. B	6. D
7. D	8. B	9. B	10. C	11. C	12. A
13. D	14. D	15. B	16. B	17. B	18. B
19. A	20. A	21. A	22. A	23. A	24. C
25. C	26. A	27. A	28. D	29. B	30. B
31. D	32. A	33. D	34. B	35. A	36. A
37. A	38. A	39. B	40. A	41. B	42. B
43. A	44. B	45. B	46. A	47. D	48. D
49. D	50. D	51. D	52. B	53. B	54. A
55. D	56. C	57. A	58. D	59. B	60. A
61. A	62. C	63. D	64. D	65. A	66. C
67. B	68. C	69. A	70. B	71. A	72. D
73. A	74. A	75. D	76. A	77. B	78. A
79. B	80. C	81. C	82. C	83. B	84. D
85. C	86. B	87. C	88. A	89. A	90. D
91. D	92. A	93. A	94. C	95. C	96. C
97. C	98. B	99. D	100. A	101. C	102. B
103. C	104. D	105. A	106. A	107. C	108. B
109. B	110. C	111. D	112. B	113. C	114. A
115. B	116. D	117. C	118. D	119. D	120. D
121. C	122. D	123. B	124. C	125. D	126. D
127. D	128. B	129. D	130. A	131. A	132. A
133. C	134. B	135. D	136. B	137. B	138. C
139. B	140. C	141. D	142. D	143. C	144. A
145. D	146. A	147. D	148. A	149. C	150. C
151. A	152. C	153. B	154. A	155. B	156. B
157. A	158. C	159. B	160. C	161. B	162. C
163. A	164. B	165. B	166. B	167. C	168. D
169. C	170. A	171. B	172. A	173. B	174. B
175. A	176. B	177. A	178. A	179. C	180. D
181. D	182. C	183. B	184. A	185. A	186. B
187. B	188. C	189. B	190. D	191. C	192. A
193. B	194. C	195. D	196. C	197. A	198. A
199. A	200. D	201. C	202. A	203. A	204. B
205. C	206. C	207. D	208. D	209. C	210. C

211. C	212. D	213. C	214. A	215. D	216. C
217. B	218. C	219. A	220. B	221. A	222. D
223. A	224. D	225. D	226. B	227. C	228. D
229. A	230. D	231. C	232. B	233. C	234. B
235. D	236. C	237. B	238. A	239. B	240. A
241. A	242. B	243. B	244. A	245. C	246. C
247. D	248. A	249. C	250. B	251. C	252. D
253. D	254. B	255. D	256. B	257. B	258. B
259. A	260. D	261. C	262. B	263. C	264. A
265. D	266. D	267. A	268. A	269. C	270. D
271. B	272. C	273. D	274. A	275. C	276. B
277. D	278. A	279. D	280. C	281. B	282. A
283. D	284. A	285. A	286. A	287. A	288. A
289. D	290. A	291. B	292. C	293. C	294. B
295. B	296. A	297. B	298. C	299. D	300. C
301. D	302. D	303. D	304. C	305. B	306. C
307. A	308. D	309. D	310. B	311. D	312. B
313. B	314. C	315. A	316. B	317. B	318. D
319. A	320. B	321. B	322. C	323. D	324. B
325. A	326. C	327. B	328. A	329. C	330. C
331. C	332. A	333. B	334. C	335. C	336. B
337. D	338. D	339. D	340. C	341. B	342. D
343. A	344. B	345. B	346. D	347. B	

二、操 作 题

(一) Windows 7 操作

在 F:盘根目录下建立一个文件夹 mydir。
(1)在 mydir 下建立两个子文件夹:mydir1 和 mydir2;
(2)在 mydir1 下建立三个文件:mytxt1.txt、mydoc1.doc、myfile1.fkd;
(3)将 mydir1 下的文件 mytxt1.txt 拷贝到 mydir2 目录下;
(4)将 mydir1 下的文件 mydoc1.doc 移动到 mydir2 目录下;
(5)将 mydir2 下的文件 mydoc1.doc 改名为 myname.ok;
(6)删除 mydir1 下的文件 myfile1.fkd;
(7)将 mydir2 下的文件 myname.ok 改为只读属性;
(8)将文件夹 mydir2 共享,共享名为 mycomputer。

(二) Word 2010 操作

1. 输入下面文字,保存为 word1.docx

电子支付是电子商务中一个极其重要的关键组成部分。网上支付是发生在购买者和销售者之间的利用数字金融工具进行的金融交换,这种交换通常由银行等金融机构作为中介。目前流行的几种网上电子支付工具包括电子现金、电子支票和电子信用卡。

电子现金是以数字形式流通的货币,存储在自己的电子钱包中。电子现金具有使用灵活、简单快捷、安全性、匿名性、低成本、无须直接与银行连接便可使用等优点。

操作要求:

在短文中找到"这种交换通常由银行等金融机构作为中介"这几个字,然后设置:
(1)将其字体改为隶书;
(2)将其颜色改为粉红色;
(3)将其字形设置为斜体;
(4)将其所在段落的左缩进设为 1.2 厘米;
(5)将其所在段落的段前间距设为 8 磅;
(6)将其所在段落的行距设为 11 磅。

在打开的文章中找到"存储在自己的电子钱包中"这几个字,然后设置:
(1)将其文字动态效果设置为闪烁背景;
(2)将其字符间距加宽为 1 磅,并将其位置提升 1 磅;
(3)将其设置底纹,并将底纹图案式样设置为深色横线;
(4)将其设置底纹,并将底纹填充颜色设置为淡紫色。

2. 输入下面文字,保存为 word2.docx

所谓电子政务,是指政府机构在其管理和服务职能中运用现代信息技术,实现政府组织结构和工作流程的重组优化,超越时间、空间和部门分隔的制约,建成一个精简、高效、廉洁、公平的政府运作模式。

电子政务有以下 4 个突出特点：

(1)电子政务使政府工作更公开、更透明；

(2)电子政务使政务工作更有效、更精简；

(3)电子政务为企业和公民提供更好的服务；

(4)电子政务重构政府、企业、公民之间的关系，使之比以前更协调，便于企业和公民更好地参政议政。

操作要求：

(1)设置上、下页边距 3.2 厘米，左、右页边距 3.5 厘米；

(2)设置页眉：文本内容为电子政务，对齐方式为居中，字号为 8.5 磅，字体为黑体；

(3)设置页脚：文本内容为作者 日期，对齐方式为右对齐；

(4)电子政务的 4 个特点设置为项目符号"☆"；

(5)设置第一段首字下沉；

(6)设置背景：文字水印，水印文本内容"传阅"。

3. 输入下面两则幽默，保存为 word3.docx

策略

一天，新兵训练营的士兵被教官从床上赶起来，到训练场上集合。教官站在队伍前喊道："我是杰克逊军士，你们当中有谁认为自己可以把我打倒？"

一位 6.3 英尺高、280 磅重的新兵高高举起他的手说："教官，我认为我可以。"杰克逊教官立刻抓住那人的手，把他带到队伍前面，然后对大伙说："小伙子们，这是我的新助手。现在，你们当中有谁认为自己可以把我们两个人打倒？"

走眼

弟弟乘坐公共汽车时，车上一漂亮姑娘总是打量他。弟弟心想：姑娘可能对自己有意思，不禁心里美滋滋的。姑娘到站下车。弟弟见状马上跟了下去。姑娘在前面走着，还不时地回头看。弟弟鼓足勇气跑上前，不无幽默地搭讪道："小姐，你为什么总看我？是不是我脸上有饭粒儿呀？"姑娘瞪了他一眼说："你有病啊？明知道还不擦。"

操作要求：

(1)将两则幽默的标题居中，字体设为幼圆，字号小二，颜色为蓝色，字符间距加宽1.5磅；

(2)两则幽默的正文的首字下沉：黑体、字号 30 磅、下沉 2 行、无首行缩进；

(3)在文档最前面插入一空行，添加一幅合适的图片，居中；

(4)添加一艺术字对象"幽默两则"，版式设为"浮于文字上方"，将其放置在图片上；

(5)将两则幽默的内容分栏，分为栏宽相等的二栏，栏间间距 1.5 字符，不要分隔线。

4. 绘制下述表格,保存为 word4.docx

学号	姓名	课程				总分	平均
		语文	数学	英语	政治		
10001	张兰	89	91	95	87		
10002	李玫	76	82	65	74		
10003	文丽	92	88	83	90		
	平均						

在上述表格中利用公式计算每位同学的总分和平均分以及班级的平均分。

5. 绘制下述表格,保存为 word5.docx

姓 名		性 别		出生年月			
籍 贯		联系方式				相片	
学历、学位		毕业学校					
毕业时间		所学专业					
兴趣、爱好							
自我评价:							

(三) PowerPoint 2010 操作

1. 创建一个 PowerPoint 2010 文件,保存为 ppt1.pptx

(1)在第 1 张幻灯片中插入一个圆角矩形标注,文字为"热爱祖国";
(2)设置第 2 张幻灯片的背景纹理设为花束;
(3)设置幻灯片播放方式,使其只从第 2 张播放到第 3 张;
(4)在第 2 张幻灯片中插入一个艺术字对象,文字为"分析商品的部分是最难理解的理由是",设置动画—飞入(从左侧);
(5)在第 3 张幻灯片的页脚中加入文字为"领药计划模块";
(6)请在第 4 张幻灯片中插入一个文本框文字内容为"用不同的颜色标明计划不同的执行状态",字体宋体,字号 55,将文字加上阴影;
(7)在第 5 张幻灯片中插入如下表格(表格内每个单元格只输第一个字符即可)。

产品名称	型号	规格	单价

2. 创建一个 PowerPoint 文件,保存为 ppt2.pptx

(1) 插入一张空白版式的幻灯片,设置背景为"蓝白"双色。插入艺术字:"2008 北京奥运"。插入横排文本框:"我们的骄傲";

(2) 在第 1 张后插入一张空白版式的幻灯片;

(3) 下载有关 2008 北京奥运的简要介绍文字到第 2 张幻灯片,并设置为 24、隶书、淡紫色,加粗;

(4) 在第 1 张与第 2 张幻灯片之间插入一张标题幻灯片。输入标题"第 29 届奥林匹克运动会",副标题:"相约在北京"。设置标题的字体为 44、蓝色、倾斜、加下划线;

(5) 设置第 2 张幻灯片的背景为从网上下载的福娃图;

(6) 在第 1 张幻灯片中插入一幅剪贴画,调整其大小;

(7) 交换第 1 张与第 2 张幻灯片的位置;

(8) 将第 3 张幻灯片的文字设置成溶解,声音为打字机声;

(9) 设置第 1 张幻灯片中的标题为螺旋,声音为风铃声。副标题为"上部飞入"。切换效果为盒状展开,中速,声音为疾驰;

(10) 在最后插入一张新幻灯片,版式不限,插入艺术字:"THE END!";

(11) 删除第 2 张幻灯片;

(12) 在第 1 张幻灯片中插入一个自选图形:圆,并设置超级链接到第 3 张幻灯片;

(13) 在最后一张幻灯片中的"THE END!"上设置超级链接到第 2 张幻灯片;

(14) 在第 2 张幻灯片中插入一个声音(从网上下载的有关奥运的歌曲)并设置为自动播放;

(15) 在第 2、3 幻灯片之间插入一张新幻灯片,版式不限。从网上下载一个北京奥运场馆的图片到这张幻灯片中,并设置超级链接到第一张幻灯片。设置本张幻灯片的页脚"奥运"。

3. 创建一个 PowerPoint 文件,保存为 ppt3.pptx

(1) 至少包含 8 张幻灯片;内容应体现出封面,主要目录,部分详细内容;

(2) 选用 Watermark.pot 设计模板并应用于所有模板;

(3) 封面标题"神奇的九寨"为艺术字,黑体,96 号;封面插入垂直文本框,输入作者信息,楷体,44 号,红色。插入背景音乐《神奇的九寨》,设置为自动播放,循环播放;

(4) 第 2 张幻灯片为目录,列出九寨沟的各主要景点,前两个景点定义超链接,链接到相应的幻灯片;

(5) 插入后续幻灯片,添加合适内容;

(6) 设置幻灯片切换方式:

第 1 张:切换效果为"菱形",换页方式为"单击鼠标",声音为"照相机";

第2张:切换效果为"纵向棋盘式",换页方式为"单击鼠标",声音为"风铃";
第3张:动画设置为除标题外右侧中速飞入,方式为"之后、中速"。

(四) Excel 2010 操作

1. 创建一个 Excel 2010 文件,保存为 Excel1.xlsx

(1)在 Sheet 1 工作表中建立如下内容工作表,并用函数求出每人的总评成绩,总评＝平时×25％＋期末×75％,结果保留1位小数,表格行高20,列宽10,数值数据水平右对齐,文字数据水平居中,所有数据垂直靠下,表标题合并、居中、18磅、隶书、红色字,并将工作表命名为"成绩表";

	A	B	C	D	E
1	成绩表				
2	学号	姓名	班级	平时	期末
3	1001	陈越冬	三班	78	87
4	1002	巴特	一班	77	76
5	1003	买买提	二班	86	90
6	1004	马永玲	二班	90	95

(2)按总评成绩从高到低排序;
(3)将成绩表复制到 Sheet2 中,将工作表命名为"统计",筛选出总评成绩80分以上的人,保存。

2. 创建一个 Excel 2010 文件,保存为 Excel2.xlsx

	A	B	C	D
1	2006年1季度国内生产总值			
2	产业	产值(亿元)	同比增长%	百分比%
3	第一产业	3242	4.5	
4	第二产业	21614	12.5	
5	第三产业	18534	8.9	
6	国内生产总值			

(1)合并单元格 A1:D1,居中,蓝色;
(2)计算出2006年1季度我国国内生产总值;
(3)计算出各产业占国内生产总值的百分比,保留1位小数;
(4)建立一个反映各产业在国内生产总值所占百分比的饼图,要求:
　①三维饼图,系列产业在列;
　②图表的标题为"各产业在国内生产总值所占百分比";
　③不显示图例,数据标签包括"类别名称"和"值";
　④将图表位置放在 Sheet1 工作表中的 B8:E20 区域内;
　⑤将图表的标题设为字体隶书、字号20磅、双下划线、粉红色。

(五)网络操作

(1)启动 IE。

(2)使用百度搜索引擎(http://www.baidu.com)搜索 mp3 歌曲《生日快乐》,并下载存放在本地。

(3)打开 126 网站(http://www.126.com),注册一个免费邮箱,用户名、密码任意。

(4)注册成功后,登录邮箱,此时应有一封由网易邮件中心发来的新邮件,阅读该邮件。

(5)给你的朋友发送一封邮件,主题:Happy Birthday! 附件为下载的《生日快乐》歌曲,邮件正文自己书写。

参考文献

[1] 刘卫国,唐文胜.大学计算机基础[M].北京:北京邮电大学出版社,2005.
[2] 薛礼.大学计算机基础[M].北京:清华大学出版社,2012.
[3] 龚沛曾,杨志强.大学计算机[M].6版.北京:高等教育出版社,2013.
[4] 吴宁.大学计算机基础[M].2版.北京:电子工业出版社,2013.
[5] 胡宏智.大学计算机基础[M].北京:高等教育出版社,2013.
[6] 蒋加伏,沈岳.大学计算机[M].4版.北京:北京邮电大学出版社,2013.
[7] 陈国良.计算思维导论[M].北京:高等教育出版社,2012.
[8] 战德臣,聂兰顺,等.大学计算机——计算思维导论[M].北京:电子工业出版社,2013.
[9] 郑阿奇,唐锐,栾丽华.新编计算机导论(基于计算思维)[M].北京:电子工业出版社,2013.
[10] 刘相滨,汪永琳.大学计算机基础[M].2版.上海:复旦大学出版社,2014.
[11] 陆汉权.计算机科学基础[M].2版.北京:电子工业出版社,2015.
[12] 唐培和,徐奕奕.计算思维——计算学科导论[M].北京:电子工业出版社,2015.
[13] 杨俊生,谭志芳,王兆华.C语言程序设计——基于计算思维培养[M].北京:电子工业出版社,2015.